周 期 表

10	11	12	13	14	15	16	17	18
								2He ヘリウム 4.003
			5B ホウ素 10.81	6C 炭素 12.01	7N 窒素 14.01	8O 酸素 16.00	9F フッ素 19.00	10Ne ネオン 20.18
			13Al アルミニウム 26.98	14Si ケイ素 28.09	15P リン 30.97	16S 硫黄 32.07	17Cl 塩素 35.45	18Ar アルゴン 39.95
28Ni ニッケル 58.69	29Cu 銅 63.55	30Zn 亜鉛 65.38	31Ga ガリウム 69.72	32Ge ゲルマニウム 72.63	33As ヒ素 74.92	34Se セレン 78.97	35Br 臭素 79.90	36Kr クリプトン 83.80
46Pd パラジウム 106.4	47Ag 銀 107.9	48Cd カドミウム 112.4	49In インジウム 114.8	50Sn スズ 118.7	51Sb アンチモン 121.8	52Te テルル 127.6	53I ヨウ素 126.9	54Xe キセノン 131.3
78Pt 白金 195.1	79Au 金 197.0	80Hg 水銀 200.6	81Tl タリウム 204.4	82Pb 鉛 207.2	83Bi ビスマス 209.0	84Po ポロニウム 〔210〕	85At アスタチン 〔210〕	86Rn ラドン 〔222〕
110Ds ダームスタチウム 〔281〕	111Rg レントゲニウム 〔280〕	112Cn コペルニシウム 〔285〕	113Nh ニホニウム 〔278〕	114Fl フレロビウム 〔289〕	115Mc モスコビウム 〔289〕	116Lv リバモリウム 〔293〕	117Ts テネシン 〔293〕	118Og オガネソン 〔294〕

64Gd ガドリニウム 157.3	65Tb テルビウム 158.9	66Dy ジスプロシウム 162.5	67Ho ホルミウム 164.9	68Er エルビウム 167.3	69Tm ツリウム 168.9	70Yb イッテルビウム 173.0	71Lu ルテチウム 175.0
96Cm キュリウム 〔247〕	97Bk バークリウム 〔247〕	98Cf カリホルニウム 〔252〕	99Es アインスタイニウム 〔252〕	100Fm フェルミウム 〔257〕	101Md メンデレビウム 〔258〕	102No ノーベリウム 〔259〕	103Lr ローレンシウム 〔262〕

104 番元素以降の諸元素の化学的性質は明らかになっているとはいえない.

やさしく学べる
化学

野島 高彦 著

裳華房

Basic Chemistry for Medical and Nursing Students

by

Takahiko NOJIMA

SHOKABO

TOKYO

はじめに

この本は，医療・看護系の職業に就くことを目標に大学や専門学校に進学したみなさんが化学を学ぶための教科書です．高校時代に「化学」や「化学基礎」で苦労した経験があっても，最後のページまで無事にたどり着くことができるよう，さまざまな工夫をしてあります．試しに p. 42 をめくってみてください．「単位を付けて計算を進める」という項目があります．理科の知識を学ぶのは楽しいのに，計算問題になるとなかなか正しい答えにたどり着かない，という人は珍しくありません．そういう人々の多くは，ここに書いてあるとおりに計算してみると，どうしてこれまで計算問題が解けなかったのかがわかることでしょう．次に p. 51 もめくってみてください．「混合溶液の調製」という項目があります．注射液，輸液，洗浄液など，医療の仕事ではさまざまな溶液を扱います．2 種類以上の濃い溶液を組み合わせて，同時に水で希釈して，2 種類以上の成分を含む溶液をつくることもあるでしょう．そんな難しいことができるのだろうか，と不安を抱いている人もいることでしょう．でも大丈夫です．この本には具体的にどのように考えればよいのかが丁寧に書いてあります．図 4.7 や，そのあとの説明図を見ていただければ，この本が他の教科書や参考書とは違ったものであることがおわかりいただけると思います．

この本は，化学に詳しくなりたいとか，化学の専門家になりたいと考えている人々を読者として想定していません．そのため，一般的な化学の教科書とは違った書き方をしてある箇所があります．たとえば 5 章「熱と反応の速さ，反応の向き」では，化学反応に伴って出入りする熱を説明するときに，「発熱 2880 kJ」とか「吸熱 131 kJ」としてあります．このような場面では，一般的には $\Delta H = -2880$ kJ とか，$\Delta H = +131$ kJ などと記述するのですが，そのためには「ΔH とは何か」から始めなければならなくなってしまい，先に進むのが難しくなってしまいます．そこで思い切って ΔH を使わない説明をすることにしました．

10 章から先では有機化合物について理解を深めます．高校の化学で有機化合物の暗記が追いつかず挫折してしまう人もいますが，この本では暗記しなければならないものごとを最大限に減らしてあります．有機化合物の命名法も扱いません．ご安心ください．

読者のみなさんが，この本で学んだものごとを今後の勉強や仕事に活かし，未来の社会を健康で明るいものにするために活躍してくれることを願っています．

本書をまとめるにあたり，裳華房の内山亮子さんと小島敏照さんにはたいへんお世話になりました．ここに記して深く感謝いたします．

2023 年 10 月

野島 高彦

CONTENTS

1章 この世界は粒子の集まりでできている

2章 粒子はどのように集まっているのか

3章 粒子の量をどのように測るのか？

theme1 2つの考え方を区別しよう

4章　濃度をどのように測るのか？

5章　熱と反応の速さ，反応の向き

6章　物質の三態変化

7章 水溶液とコロイド

8章 酸，塩基，pH

9章 酸化と還元

10章 有機化合物の世界

11章 官能基で見分ける有機化合物の性質

12章 有機化合物の反応

13章 私たちの身体をつくる有機化合物

14章 人間が開発した高分子

本文デザイン／クニメディア株式会社
イラスト／おやすみん

1章 この世界は粒子の集まりでできている

この章の目標

1. 身の回りのさまざまな物質を分類できる.
2. 原子のしくみを説明できる.
3. 元素の周期表がどのように整理されているのかを説明できる.

1.1 私たちのまわりにある「もの」

1.1.1 物体と物質

あなたの財布の中にも一円玉が入っているかもしれない. 一円玉はアルミニウムという材料で作られている. キッチンに行くと, アルミホイルがあるだろう. これも, アルミニウムという材料で作られている. 一円玉もアルミホイルも, 同じアルミニウムという材料で作られている. ここでは材料という表現を使ったが, 自然科学ではこれを**物質** (matter) とよぶ. 一円玉とアルミホイルのように, 同じ物質で作られていても形や大きさが異なる場合には, 同じ物質だが異なる**物体** (object) である, と表現する. **化学** (chemistry) は, 物質の視点で世界を考える科学 (science) である.

1.1.2 純物質と混合物

他の物質についても考えてみよう. 砂糖はスクロース (ショ糖), 食塩は塩化ナトリウム, ペットボトルはポリエチレンテレフタラート, 水は水という物質でできている. 1種類だけの物質からできている物質を**純物質** (pure substance), 2種類以上の物質が混ざった物質を**混合物** (mixture) とよぶ. 塩化ナトリウムは純物質, 水も純物質であるが, 両者を混ぜて作った食塩水は混合物である. 医療に関係する注射液や点滴液, 私たちの血液や尿なども混合物である. 私たちが吸い込んでいる空気は, 主に酸素と窒素の混合物である.

1.1.3 元素と元素記号

水に電気を流すと, 水素と酸素という異なる物質に分解することができる. しかし, 水素も酸素も, それ以上は別の物質に分解することができない. 塩化ナトリウムも強く熱してから電気を流すことによって, 塩素とナトリウムに分解することができる. しかし, 塩素もナトリウムも, それ以

表 1.1 元素記号の例

日本語名	元素記号	英語名（ラテン語名）
水素	H	Hydrogen
ヘリウム	He	Helium
炭素	C	Carbon
窒素	N	Nitrogen
酸素	O	Oxygen
ナトリウム	Na	Sodium (Natrium)
塩素	Cl	Chlorine
アルミニウム	Al	Aluminium
銅	Cu	Copper (Cuprum)
鉄	Fe	Iron (Ferrum)

上は別の物質に分解することができない．水素，酸素，塩素，ナトリウムのように，それ以上は別の物質に分解することができない成分を，**元素**（element）とよぶ．天然には約 90 種類の元素が存在する．元素は**元素記号**（atomic symbol）を用いて表す．表 1.1 に元素記号の例を示す[*1]．

*1 元素記号はアルファベット大文字 1 文字，あるいは大文字 1 文字と小文字 1 文字の組み合わせで表す決まりになっている．

1.1.4 単体と化合物

アルミニウム，窒素や酸素のように，1 種類だけの元素からできている純物質を，**単体**（simple substance）とよぶ．一方，水や塩化ナトリウムのように，2 種類以上の元素が組み合わさってできている純物質を，**化合物**（compound）とよぶ．現在までに発見あるいは合成された化合物の種類は，2 億を超える．しかし，その 2 億種類を超える化合物を構成している元素は，約 90 種類に過ぎない．

化合物と混合物とは異なる物質である．たとえば水は水素と酸素が組み合わさった化合物であり，常温・常圧で液体の物質である．一方，単体の水素と単体の酸素はいずれも常温・常圧で気体の物質であり，これらの混合物もまた常温・常圧で気体の物質である．化合物は単体どうしが化学反応を経て生じる純物質であり，混合物とは異なる．ここまでに出てきた用語を図 1.1 に整理しておく．

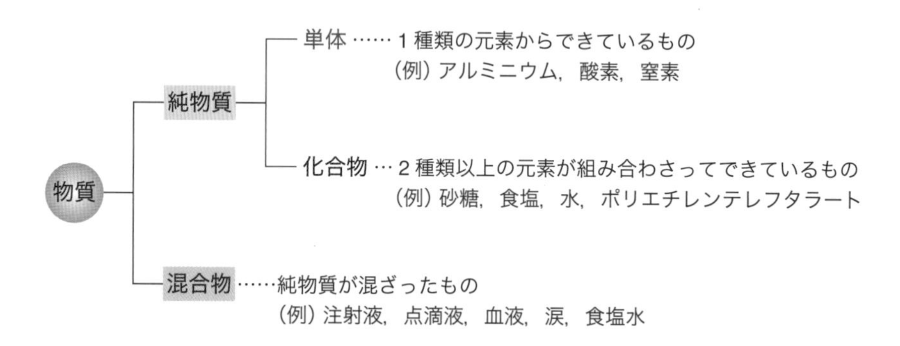

図 1.1 物質の分類

Let's Try! 1.1　次の物質を混合物と純物質に分類せよ．また，純物質については単体と化合物に分類せよ．

水，アルミニウム，食塩，砂糖水，酸素，血液

混合物	純物質	
	単体	化合物
❶	❷	❸

1.2　この世界を組み立てている粒子

1.2.1　原　子

元素はどのような仕組みになっているのだろうか．再びアルミニウムについて考えてみよう．一円玉もアルミホイルも，アルミニウム製の物体は，共通する非常に小さな粒子が集まってできている．この粒子を，アルミニウムの**原子**（atom）とよぶ．この粒子を観察することは，肉眼でも性能の良い光学顕微鏡でも不可能だが，微小な世界の仕組みを探るためのさまざまな機器を用いて行われてきた研究結果から，確かにアルミニウムが微小な粒子の集まりであること，その粒子が半径 0.143 nm[*2] の球状と考えてかまわないこと，1 個の一円玉は 2.23×10^{22} 個のアルミニウム原子が集まってできていることがわかっている[*3]（図 1.2）．同様に，十円玉をつくる銅は銅の原子が，鉄釘をつくる鉄は鉄の原子が集まってできている[*4]．

*2 nm はナノメートルと読む．1 nm は 10^{-9} メートルである．0.143 nm は，1.43×10^{-10} m = 0.000000000143 m である．

*3 ここに出てきた数値を暗記する必要はない．

*4 厳密には，十円玉も鉄釘も他の元素が混ざっている．

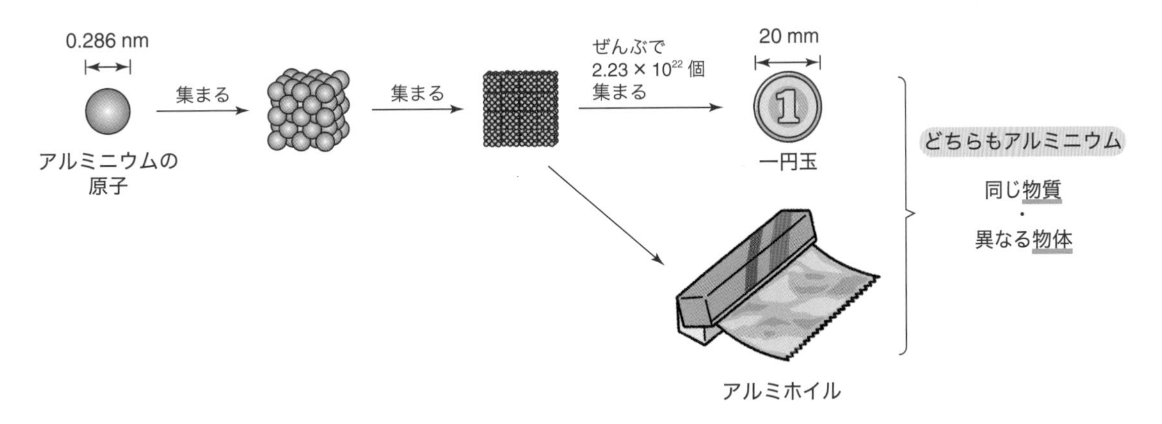

図 1.2　アルミニウムの原子が集まってアルミニウム製の物体をつくる

1.2.2　原子を組み立てている粒子

原子はどのような構造をしているのだろうか．どの原子も中心部に**原子核**（atomic nucleus）があり，その周りを**電子**（electron）が取り巻いている．

Let's Try! 1.1 解
❶ 砂糖水，血液
❷ アルミニウム，酸素
❸ 水，食塩

地球と人工衛星

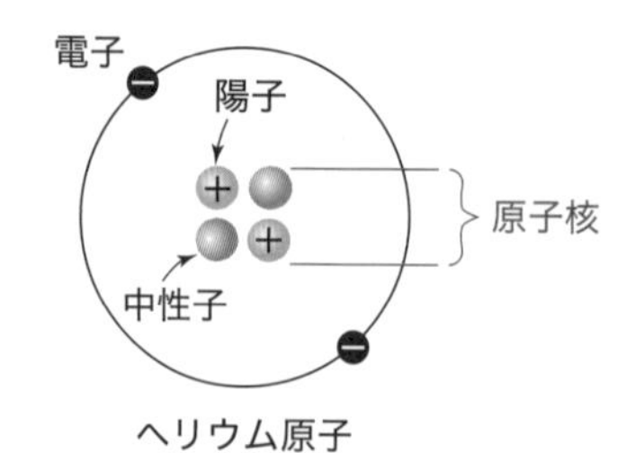

構成粒子	電荷†の比	質量の比
陽子 ⊕	+1	1
中性子 ●	0	およそ 1
電子 ⊖	−1	およそ $\frac{1}{1840}$

† 粒子のもつ電気の量

図 1.3　ヘリウム原子の構成

この関係は，地球と人工衛星の関係に似ている．原子核の大きさは原子全体の約 10 万分の 1 である．説明が簡単な例として，ヘリウム原子を考えることにする（図 1.3）．手を離すと上空に飛んで行ってしまう風船の中に詰まっている気体が，ヘリウムである．

原子核は，正の電気を帯びた**陽子**（proton）と，電気的に中性な**中性子**（neutron）が組み合わさってできている[*5]．一方，電子は負の電気を帯びている．陽子 1 個がもつ電気の量を +1 とすると，電子 1 個がもつ電気の量は −1 である．原子全体では，電子の数と陽子の数が等しく，電気的には中性となっている．たとえばヘリウムの場合には，陽子も電子も 2 個で，電気的につり合っている．陽子と中性子の質量はほぼ等しいが，これらと比べると電子の質量はとても小さい．陽子や中性子 1 個の質量を 1 とした場合，電子 1 個の質量は，約 1840 分の 1 である．そのため，原子の質量の大半は，原子核の質量となっている．原子核に含まれる陽子の数は，元素ごとに異なっている．たとえばヘリウムの場合には 2 個だが，アルミニウムの場合には 13 個である．この数を，その元素の**原子番号**（atomic number）とよぶ．

*5 水素は例外である．これについては，この先に述べる．

1.2.3　質量数と同位体

風船に詰まったヘリウム原子のほとんどにおいて，原子核は陽子 2 個と中性子 2 個の組み合わせになっている．原子核に含まれる陽子の数と中性子の数を足し合わせたものを，**質量数**（mass number）とよぶ．ここでは，陽子 2 個と中性子 2 個が組み合わさっているので，質量数は 4 になる．しかし，ヘリウム原子には，ごくわずかに，中性子が 1 個のものも混じっている[*6]．この場合，質量数は 3 になる．同じ元素の原子で，質量数が異なるものどうしを，互いに**同位体（アイソトープ）**（isotope）であるという．元素記号に質量数や原子番号を含めて表す場合には，図 1.4 のように記す．

*6 100 万個に 1 個の割合．

水素の場合，図 1.5 のように質量数 1，2，3 のものが存在する．それぞれ ^{1}H（軽水素），^{2}H（重水素），^{3}H（三重水素，トリチウム）とよぶ．同位体どうしの化学的性質は，ほぼ同じである．同位体の存在比は地球上ではほぼ一定である．同位体が存在する元素と存在しない元素とがある．

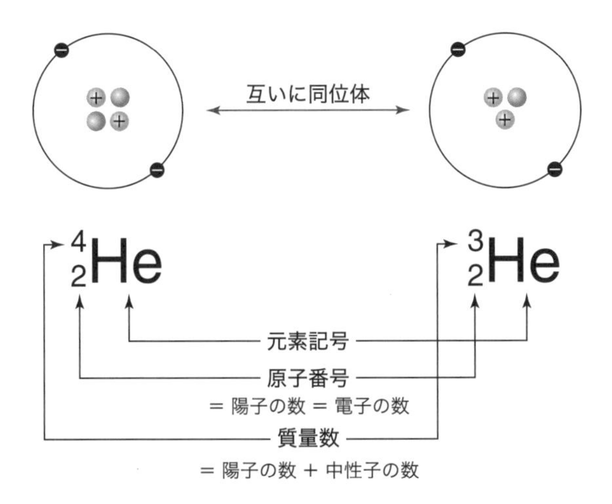

図 1.4 元素記号，質量数，原子番号の表し方

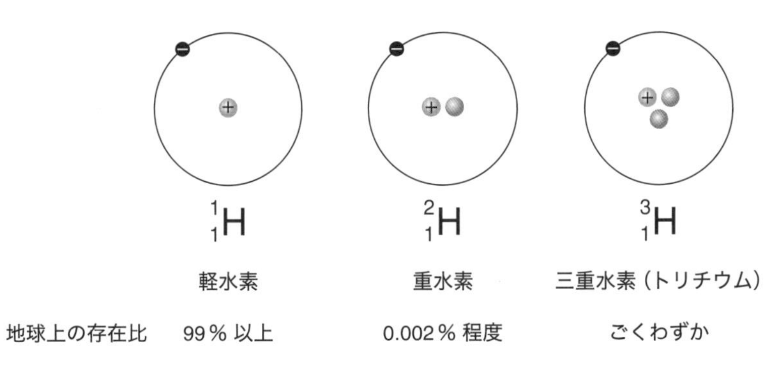

図 1.5 水素の同位体

Let's Try! 1.2 次の原子の原子番号，陽子の数，中性子の数，電子の数，質量数を求めよ（解答は p.6）．

(a) $^{13}_{6}C$ (b) $^{19}_{9}F$ (c) $^{197}_{79}Au$ (d) $^{235}_{92}U$

	原子番号	陽子の数	中性子の数	電子の数	質量数
$^{13}_{6}C$	❶	6	❺	❶	13
$^{19}_{9}F$	9	❸	10	❽	❾
$^{197}_{79}Au$	❷	79	❻	79	197
$^{235}_{92}U$	92	❹	❼	92	❿

1.2.4 同素体

同位体と似た用語に，**同素体**（allotrope）がある．同素体とは，同じ元素からできているが，異なる性質を示す単体のことである．たとえば石炭の主成分である黒鉛と，宝石のダイヤモンドはどちらも炭素原子が集まったものであり，互いに同素体の関係にある．私たちが呼吸する空気中の酸素と，医療器具の殺菌に用いられるオゾンも，互いに同素体の関係にある[*7]．

*7 化学式を用いて表すと，私たちが呼吸している酸素は O_2，オゾンは O_3 である．

Let's Try! 1.2 解

❶ 6 ❷ 79 ❸ 9 ❹ 92 ❺ 7 ❻ 118 ❼ 143 ❽ 9 ❾ 19 ❿ 235

1.2.5 電 子

続いて電子について考えよう．原子内で電子が存在できる空間を，**電子殻**（electron shell）とよぶ．電子殻は何層にも重なって存在しており，内側から順にK殻，L殻，M殻，N殻，……とよぶ（図 1.6）．それぞれの電子殻に収まることができる電子の数は決まっており，K殻から順に 2 個，8 個，18 個，32 個，…，$2n^2$ 個となっている．

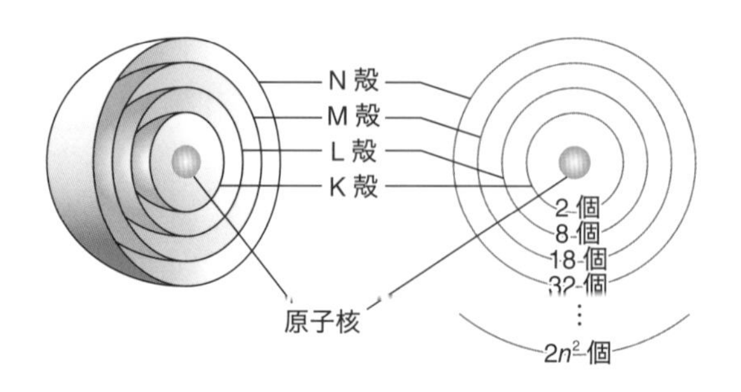

図 1.6 電子殻のモデル図

(a) 電子配置

原子番号 1 番から 20 番までの電子の配列の仕方を，図 1.7 に示す．これを**電子配置**（electron configuration）とよぶ．もっとも外側の電子殻（最外殻）に存在する電子を，**最外殻電子**（outermost electron）とよぶ．この数

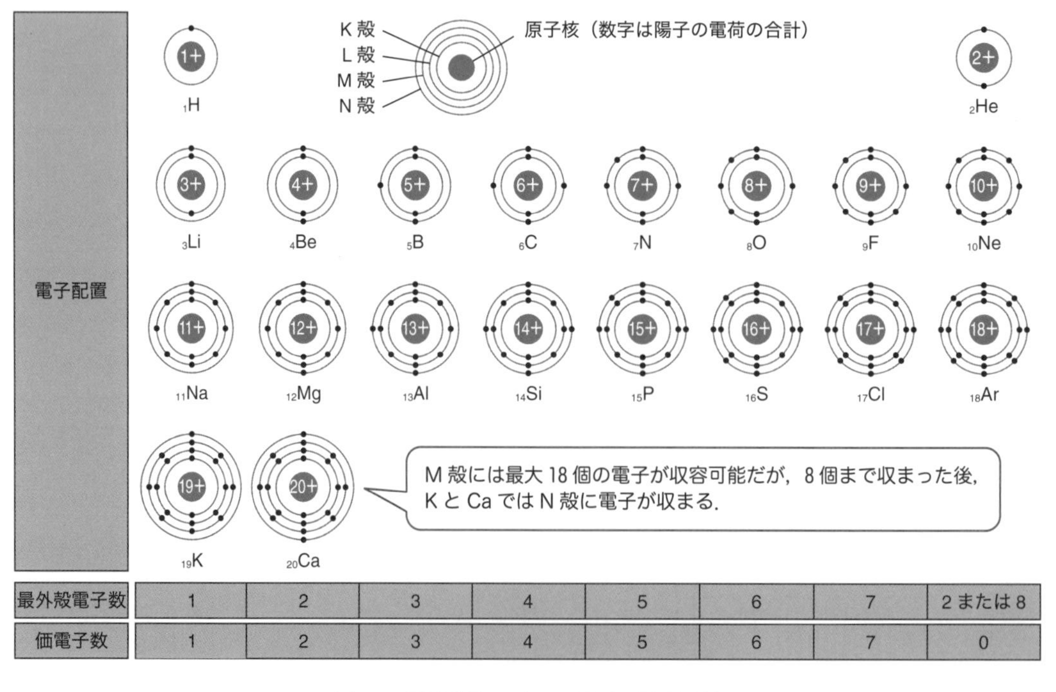

最外殻電子数	1	2	3	4	5	6	7	2 または 8
価電子数	1	2	3	4	5	6	7	0

図 1.7 原子番号 20 までの原子の電子配置

が1から7の場合，これらを**価電子**（valence electron）とよぶ．価電子は，原子が他の原子と反応するときに重要な役割を果たす．ヘリウム $_2$He および最外殻電子が8個の原子においては，価電子の数を0個とする．

(b) 電子の収まり方

原子番号1の水素 $_1$H では，電子はK殻に1個収まっている．原子番号2のヘリウム $_2$He では同じくK殻に2個収まっている．K殻にはこれ以上の電子が入らないので，原子番号3のリチウム $_3$Li では，3個目の電子がL殻に収まる．これ以降，原子番号が大きくなるに従ってL殻に収まる電子が1個ずつ増えていく．ネオン $_{10}$Ne ではL殻に8個の電子が収まっており，ここにはこれ以上の電子が入らない．このように，電子が最大限に収まった電子殻を，**閉殻**（closed shell）の状態にあるという．最外殻が閉殻の場合や，最外殻電子が8個の場合（ヘリウム He では2個），その電子配置は安定となり，その原子は他の原子と反応しにくくなる．このため，貴ガス（この先で学ぶ）はほとんど反応することがない．

ナトリウム $_{11}$Na からは，M殻に電子が収まっていく．M殻は最大18個まで電子を収めることができるが，アルゴン $_{18}$Ar でM殻に8個収まったところで一区切りとなり，カリウム $_{19}$K ではN殻に1個の電子が，カルシウム $_{20}$Ca ではN殻に2個の電子が収まる．その先，スカンジウム $_{21}$Sc からは再びM殻に戻って次の電子が入っていく．この先，電子がどの電子殻にどの順番で入っていくのかについては複雑な面があるが，本書では考えないことにする．

Let's Try! 1.3　空欄に電子の数を記入せよ．

	K殻	L殻	M殻
$_5$B	2	❷	0
$_8$O	❶	❸	❺
$_{13}$Al	❶	8	❻
$_{17}$Cl	❶	❹	❼
$_{18}$Ar	❶	❹	❽

1.3　元素の世界を整理する周期表

1.3.1　周期表と周期律

元素の世界の全体像を把握するために，すべての元素を1つの表にまとめたものが，元素の**周期表**（periodic table）である．典型的な周期表を図1.8に示す．

周期表においては，**周期律**（periodic law）に従って元素が並んでいる．

Let's Try! 1.3 解

❶2　❺0
❷3　❻3
❸6　❼7
❹8　❽8

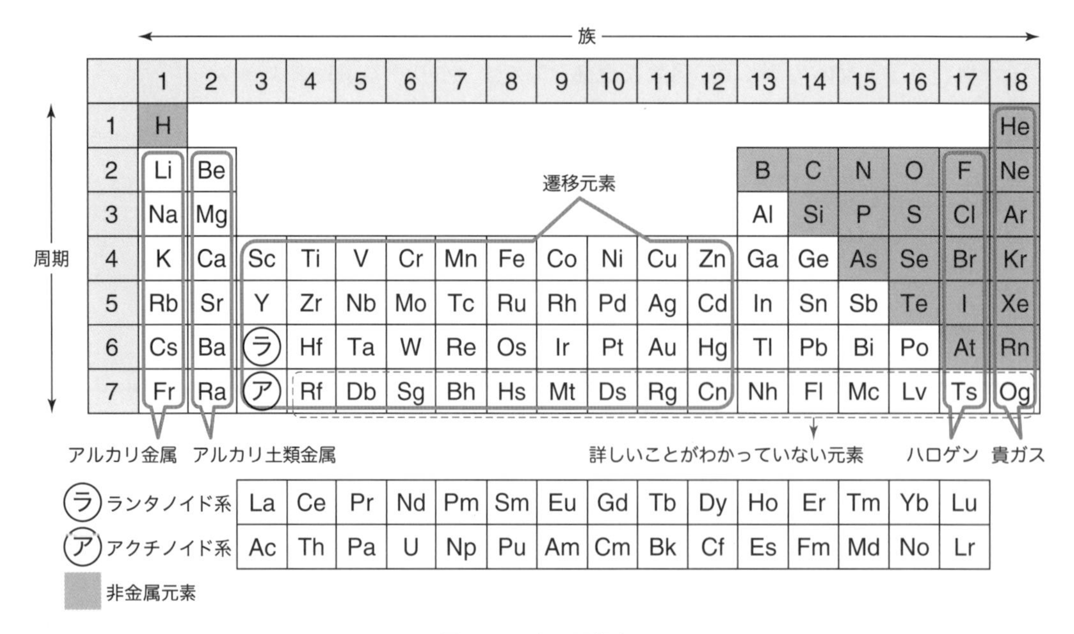

図 1.8　元素の周期表

周期律とは，元素を原子番号順に並べていった際に見られるさまざまな性質の周期性のことである．たとえば，価電子の数（図 1.9(a)），原子の大きさ（図 1.9(b)），単体の融点，などである．

周期表においては，性質のよく似た元素が縦に並ぶように元素が並んでいる．周期表の横の行を**周期**（period），縦の列を**族**（group）とよぶ．周期は第 1 周期から第 7 周期まで，族は 1 族から 18 族までとなっている．特別の名称が付いている族もある．たとえば水素を除く 1 族を**アルカリ金属**（alkali metal），2 族を**アルカリ土類金属**（alkaline earth metal）[*8]，17 族を**ハロゲン**（halogen），18 族を**貴ガス**（noble gas）とよぶ．アルカリ金属は価電子を 1 個もち，いずれも水と激しく反応する．ハロゲンは 2 原子分

*8 Be や Mg をアルカリ土類金属に含めない場合もある．

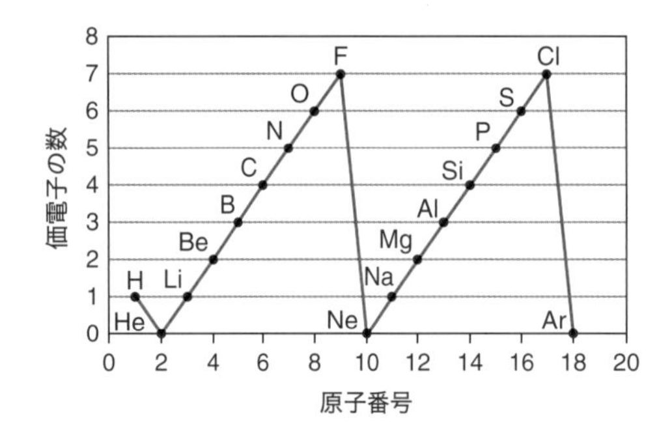

図 1.9(a)　原子番号と価電子の数

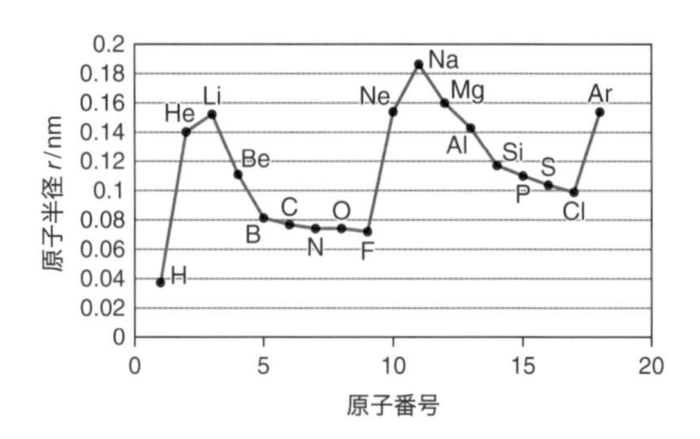

図 1.9(b)　原子番号と原子半径

各周期で貴ガスの半径が大きくなっているが，これは貴ガスの半径の考え方が他の元素の場合と異なるためである．

子[*9]として存在し，人体に有毒である[*10]．貴ガスは価電子をもたず，化学反応することはほとんどない[*11]．

*9 2原子分子については2章で学ぶ．

*10 テネシン Ts については不明である．

*11 オガネソン Og については不明である．

1.3.2 元素の分類

(a) 金属と非金属

元素を**金属元素**（metallic element）と**非金属元素**（nonmetallic element）に二分して考えることがある．金属光沢があり，電気や熱をよく導く元素を，金属元素とよぶ．金属元素以外の元素を非金属元素とよぶ[*12]．

*12 金属元素と非金属元素の分類は厳密なものではない．たとえばホウ素B，ケイ素Si，ゲルマニウムGe，ヒ素As，アンチモンSb，テルルTe，ポロニウムPo，アスタチンAtなどは金属の性質と非金属の性質を併せもつので，どちらに含める場合もある．

(b) 典型元素と遷移元素

3族から12族の元素を**遷移元素**（transition element）に，それ以外の元素を**典型元素**（main group element）に二分して考えることもある[*13]．典型元素では同じ族の元素どうしが同じ数の価電子をもち，互いによく似た化学的性質を示すが，族が異なると化学的性質は大きく異なる．遷移元素の場合には，最外殻電子の数は1個か2個であり[*14]，周期表で隣り合った元素どうしでも化学的によく似た性質を示すことがある．遷移元素はすべて金属元素である．

*13 第12族の元素を典型元素に含める場合もある．

*14 遷移元素においては原子番号が増加しても，最外殻の内側の電子殻に電子が収まっていくからである．

(c) 生命現象に関わる元素

天然に存在する約90種類の元素の中には，私たちの身体に必要不可欠なものが存在する．私たちの体重の約96 %は，水素H，炭素C，窒素N，酸素Oの4元素が占める．これら4元素に加えて，鉄Feよりも多く存在する元素を主要元素とよび，ナトリウムNa，マグネシウムMg，リンP，硫黄S，塩素Cl，カリウムK，カルシウムCaが該当する．鉄Fe以下の存在量で必要不可欠なものもあり，微量元素とよぶ．たとえばヨウ素Iや亜鉛Znが該当する．本書の後半で学ぶ有機化合物は，炭素Cを含む化合物であり，水素H，窒素N，酸素Oが頻繁に登場することになる．タンパク質，アミノ酸，DNA，RNAといった生命分子においては，これら4元素に加えて硫黄SとリンPが含まれる．

コラム 1 放射性同位体

同位体の中には，原子核が自然に壊れ，他の原子に変わるものもある．この現象を原子核の**壊変**(disintegration) や**崩壊** (decay) とよぶ．原子核が壊れるときに，**放射線** (radiation) とよばれる粒子あるいは電磁波が原子核から放出される．放射線を出す性質を**放射能** (radioactivity) とよび，この性質をもつ同位体を，**放射性同位体** (**ラジオアイソトープ**) (radio isotope) とよぶ．放射性同位体が壊変する速度は，同位体ごとに決まっている．壊変によって放射性同位体の量が元の半分になる時間を，**半減期** (half-life) とよぶ (図 1.10)．放射線の中には，細胞を破壊したり遺伝子を改変したりする作用をもつものもあるので，医療器具の殺菌，がん治療，遺伝学の研究などでさまざまな放射性同位体が用いられている．

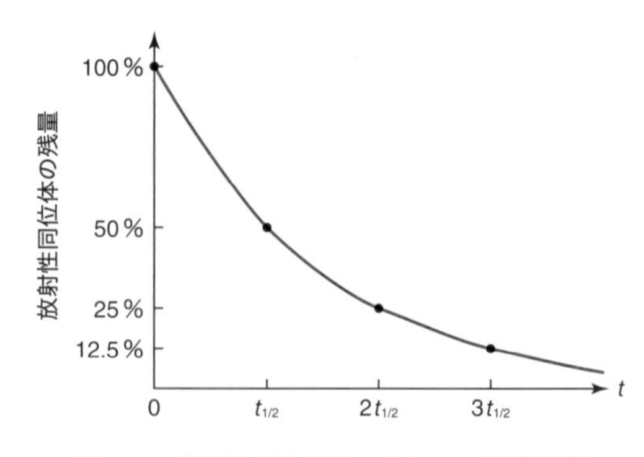

図 1.10　**放射性同位体量の変化．$t_{1/2}$ は半減期**

コラム 2 新元素の合成

天然に存在する元素は約 90 種類であるが，元素の周期表には現在 118 種類の元素が記されている．この数に差があるのは，人工的に合成した元素が存在するからである．加速器とよばれる大型装置を使って原子どうしを高速衝突させ，原子核を一体化させることによって，質量数の大きな元素を合成することができる．たとえば，亜鉛 $_{30}Zn$ をビスマス $_{83}Bi$ に衝突させることによって原子番号 113 の元素が合成された (30 + 83 = 113)．この合成は日本の研究機関で行われ，ニホニウム (nihonium) Nh という名前が付けられた (2016 年)．加速器で合成された元素の寿命は非常に短く，化学的性質を解析するために必要な数の原子を合成することは非常に難しい．周期表 (図 1.8) で原子番号 104 以降の元素について詳しいことがわからないのは，このためである．

2章 粒子はどのように集まっているのか

この章の目標

1. イオン結合と共有結合の違いを，具体的な例を挙げて説明できる．
2. 組成式，分子式，構造式の表すものごとを説明できる．
3. イオン結晶，分子結晶，共有結合結晶，金属結晶の違いを説明できる．
4. 配位結合と水素結合を説明できる．

2.1 化合物があるからたくさんの物質が存在する

この世界は約 90 種類の元素から組み立てられている．しかし物質の種類は 90 種類だけでなく，2 億種類を超える．これは異なる種類の元素が反応して化合物をつくるからである．では，化合物はどのような仕組みになっているのだろうか．原子のスケールではどのようなことが起きているのだろうか．まずは共有結合とイオン結合という 2 つの化学結合を理解するところから始めよう．

2.2 プラスとマイナスで結び合うイオン結合

2.2.1 食塩の粒はどうなっているのか

キッチンにある食塩について考えてみる．食塩は塩化ナトリウムという化合物である．直径 1 mm にも満たない食塩の粒（しかし原子と比べると圧倒的に巨大なかたまりだ！）の中にはどれも，プラスの電気をもった粒子と，マイナスの電気をもった粒子がそれぞれ同じ数ずつ含まれていて，規則正しく並んで積み重なった構造になっている（図 2.1）．粒子が規則正しく配列した固体を，**結晶**（crystal）とよぶ．

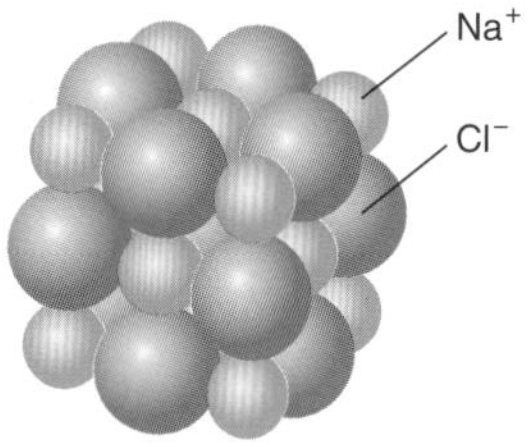

食塩の結晶を組み立てている，電気をもった粒子はどこから来たのだろうか．プラスの電気をもった粒子は，ナトリウム原子が姿を変えたものであり，マイナスの電気をもった粒子は，塩素の原子が姿を変えたものである．この仕組みを考えよう．

図 2.1 塩化ナトリウムの結晶構造

2.2.2 プラスの電気をもった粒子はどこから来るのか

ナトリウム $_{11}Na$ の電子配置を考える．価電子の数は 1 個である．この価電子を手放すと，最外殻の電子殻は L 殻になり，ここは 8 個の電子が収まった閉殻の構造となる．閉殻構造は安定な構造なので，ナトリウム Na

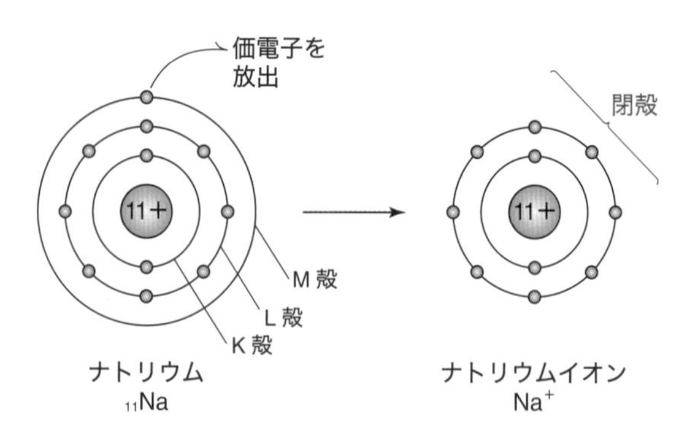

図 2.2 ナトリウム原子とナトリウムイオン

原子は，条件が整えば電子を 1 個手放して閉殻構造になる（図 2.2）．ナトリウム Na 原子が電子を 1 個失ったものを，ナトリウムイオンとよび，Na^+ と記す．原子は電気的に中性だが，ここからマイナスの電気をもった電子が出ていったので，プラスの電気が残った．それで元素記号の右肩にプラス（+）の記号が付いている．原子が電子を失って生じる，プラスの電気をもった粒子を，**陽イオン**（cation）とよぶ．

2.2.3 マイナスの電気をもった粒子はどこから来るのか

次に塩素 $_{17}Cl$ の電子配置を考える．価電子の数は 7 個である．ここに電子を 1 個受け取ることができれば，M殻の電子は 8 個となり，閉殻となる（図 2.3）．塩素 Cl 原子が電子を 1 個受け取ったものを，塩化物イオン*1 とよび，Cl^- と記す．マイナスの電気をもった電子を受け取ったので，マイナス（−）の記号が付いている．原子が電子を受け取って生じる，マイナスの電気をもった粒子を，**陰イオン**（anion）とよぶ．

*1 塩素イオンとはよばず，塩化物イオンとよぶ．

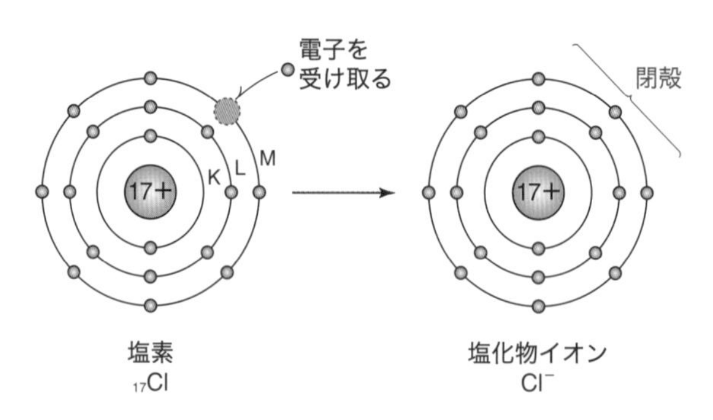

図 2.3 塩素原子と塩化物イオン

2.2.4 再度，食塩の粒はどうなっているのか

食塩のかたまりは，ナトリウムイオン Na^+ と塩化物イオン Cl^- が静電気の力によって結びついている．このように，陽イオンと陰イオンとが静電

気的な力[*2]によって引き合ってできる結合を，**イオン結合** (ionic bond) とよぶ．元素記号を用いて塩化ナトリウムを表すときには，NaCl と記す．これは，Na：Cl＝1：1 の比で組み合わさっていることを意味する．構成するイオンの種類と，その数の割合をもっとも簡単な整数比で表したものを，**組成式** (compositional formula) とよぶ．

イオン結合によって陽イオンと陰イオンが規則正しく配列した結晶を，**イオン結晶** (ionic crystal) とよぶ．一般にイオン結晶は融点が高く，硬い．また，イオン結晶の固体は電気を通さないが，熱を加えて溶かしたり，水に溶かしたりすると，電気を通す[*3]．

*2 この力を，クーロン力 (Coulomb's force) とよぶ．

*3 イオン結晶が水に溶けるときの仕組みについては，7 章で学ぶ．

2.2.5 イオン結合している化合物にはどのようなものがあるか

次に塩化マグネシウムについて考える．塩化マグネシウムは，海水からとれる「にがり」の主成分であり，常温・常圧では結晶となっている．マグネシウム Mg の場合には，価電子が 2 個である．この価電子 2 個を手放すと，この原子の最外殻は閉殻となる (図 2.4)．

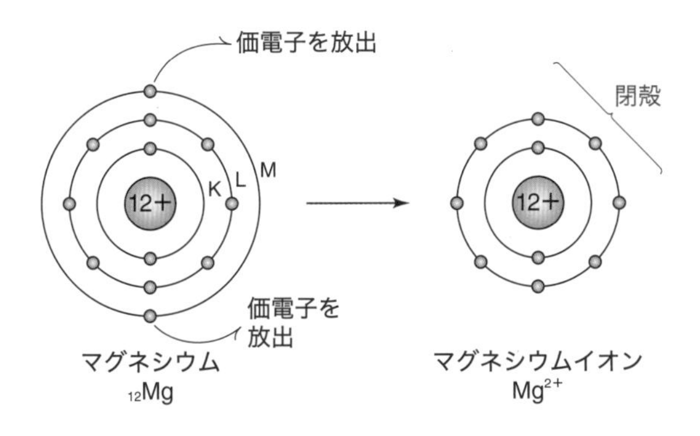

図 2.4 マグネシウム原子とマグネシウムイオン

マグネシウムの原子が電子を 2 個手放すことによって生じるイオンを，マグネシウムイオンとよび，Mg^{2+} と記す．Mg^{2+} は Na^{+} と比べて，もっているプラスの電気の量が 2 倍なので，塩化マグネシウムの結晶の中では，Mg^{2+}：Cl^{-}＝1：2 の割合になっている (そうなっていないと結晶全体で電気的に中性にならない)．そのため，塩化マグネシウムの組成式は $MgCl_2$ となる[*4]．

*4 組成式を記すときには，陽イオンを先にする決まりになっている．Cl_2Mg とか，ClNa などとしてはいけない．

2.2.6 イオンのもつ電気の量

ナトリウムイオン Na^{+} やカリウムイオン K^{+} のように，もっている電気の量が 1+ のイオンを，1 価の陽イオンとよぶ．マグネシウムイオン Mg^{2+} やカルシウムイオン Ca^{2+} のように，もっている電気の量が 2+ のイオンを，2 価の陽イオンとよぶ．塩化物イオン Cl^{-} やフッ化物イオン F^{-}

表 2.1 主なイオン

	陽イオン	陰イオン
1価	水素イオン H^+ ナトリウムイオン Na^+ カリウムイオン K^+ 銅(Ⅰ)イオン Cu^+ アンモニウムイオン NH_4^+ ★	塩化物イオン Cl^- 水酸化物イオン OH^- ★ 硝酸イオン NO_3^- ★ 炭酸水素イオン HCO_3^- ★ 酢酸イオン CH_3COO^- ★
2価	マグネシウムイオン Mg^{2+} カルシウムイオン Ca^{2+} バリウムイオン Ba^{2+} 鉄(Ⅱ)イオン Fe^{2+} 銅(Ⅱ)イオン Cu^{2+}	酸化物イオン O^{2-} 硫化物イオン S^{2-} 炭酸イオン CO_3^{2-} ★ 硫酸イオン SO_4^{2-} ★
3価	アルミニウムイオン Al^{3+} 鉄(Ⅲ)イオン Fe^{3+}	リン酸イオン PO_4^{3-} ★

- ★多原子イオン
- Cu^+ と Cu^{2+}, Fe^{2+} と Fe^{3+} のように，同じ元素でも電荷が異なるものもある．電荷の大きさを（Ⅰ）や（Ⅱ）などのローマ数字で表して区別する．
- 酢酸イオンを CH_3COO^- と書く理由は，11 章で学ぶ．

のように，もっている電気の量が 1− のイオンを，1 価の陰イオンとよぶ．酸化物イオン O^{2-} や硫化物イオン S^{2-} のように，もっている電気の量が 2− のイオンを，2 価の陰イオンとよぶ．イオンの例を表 2.1 に記した．

2.2.7 多原子イオン

2 個以上の原子の集まりからなる**多原子イオン** (polyatomic ion) もある．代表的なものを表 2.1 に記した．多原子イオンを 2 個以上含む化合物の組成式を記すときは，多原子イオンを括弧(かっこ)でくくる．たとえば水酸化カルシウムは Ca^{2+} と OH^- が 1：2 の比でイオン結合しており，これを $Ca(OH)_2$ と記す．硫酸アンモニウムは NH_4^+ と SO_4^{2-} が 2：1 の比でイオン結合しており，これを $(NH_4)_2SO_4$ と記す．

Let's Try! 2.1 次の陽イオンと陰イオンとの組み合わせからなるイオン結晶の組成式を記せ．
❶ K^+ と Cl^- ❷ Ca^{2+} と F^- ❸ Mg^{2+} と OH^- ❹ Al^{3+} と O^{2-}

2.2.8 陽イオンになるのか陰イオンになるのか

もともとは原子だったものが電子を失って陽イオンになったり，あるいは受け取って陰イオンになったりする．このときにどちらのイオンになるのだろうか．元素の周期表で第 3 周期までの範囲では，次のような傾向がある．

- 価電子が 1 個，2 個，3 個 ⟶ 価電子をすべて手放して，陽イオンに

Let's Try! 2.1 解
❶ KCl
❷ CaF_2
❸ $Mg(OH)_2$
❹ Al_2O_3

なる[*5].

- 価電子が 4 個，5 個 ⟶ イオンになりにくい．
- 価電子が 6 個，7 個 ⟶ 最外殻が 8 個になるまで電子を受け取って，陰イオンになる．

*5 水素Hの場合には水素イオン H^+ となる場合が多いが，例外的にヒドリドイオン H^- となる場合もある．

Let's Try! 2.2 次の元素の原子を，❶ 1 価の陽イオンになりやすいもの，❷ 2 価の陽イオンになりやすいもの，❸ 1 価の陰イオンになりやすいもの，❹ 2 価の陰イオンになりやすいものに分けよ．

$_3$Li，$_4$Be，$_8$O，$_9$F，$_{11}$Na，$_{12}$Mg，$_{16}$S，$_{17}$Cl

2.3 電子を共有して結びつく共有結合

例として塩素 $_{17}$Cl を考える．塩素は常温・常圧では黄緑色の気体である．塩素の原子番号は 17 なので，塩素原子では原子核に 17 個の陽子が，原子核の周りに 17 個の電子が存在している．価電子は 7 個である．あと 1 個で最外殻の M 殻は閉殻になる，という状況である（図 2.5）．

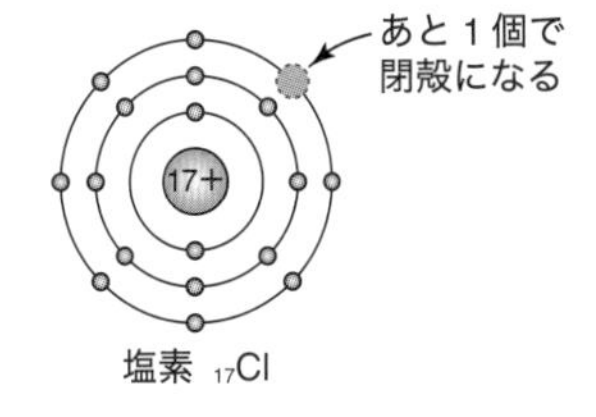

図 2.5 塩素原子の電子配置

塩素の気体では，塩素の原子が空間を飛び回っているわけではない．2 個の塩素原子がペアを組んで飛び回っている．このペアを塩素分子とよぶ．一般に，2 個以上の原子が組み合わさってひとまとまりになった粒子を，**分子**（molecule）とよぶ．元素記号を用いて塩素分子を表すと，Cl_2 となる．これを塩素の**分子式**（molecular formula）とよぶ．分子式は，分子を構成する原子の種類と数を記す．

塩素分子の電子配置を次のように描くことにしよう（図 2.6）．

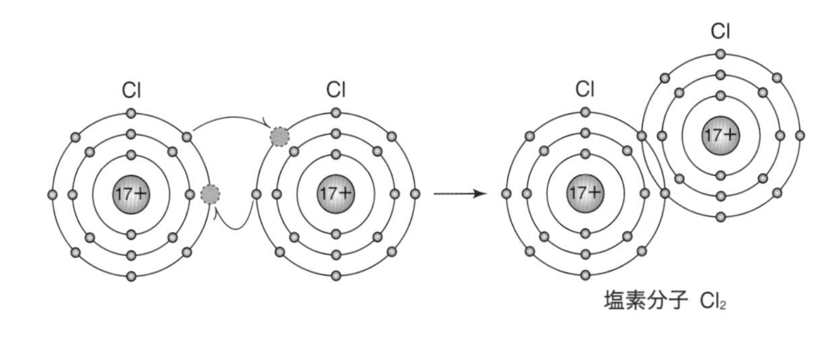

図 2.6 塩素分子の電子配置

価電子に注目しよう．片方の塩素原子が価電子 1 個を，もう片方の塩素原子に渡すのと同時に，もう片方の塩素原子から価電子を 1 個受け取っている．これによって，どちらの塩素原子も閉殻の状態を取るようになった．この状態が安定なので，塩素は原子として存在するのではなく，分子として存在する．このように，原子どうしが価電子を出し合い，互いに電子を共有することによってつくられる結合を，**共有結合**（covalent bond）とよ

Let's Try! 2.2 解

❶ $_3$Li，$_{11}$Na
❷ $_4$Be，$_{12}$Mg
❸ $_9$F，$_{17}$Cl
❹ $_8$O，$_{16}$S

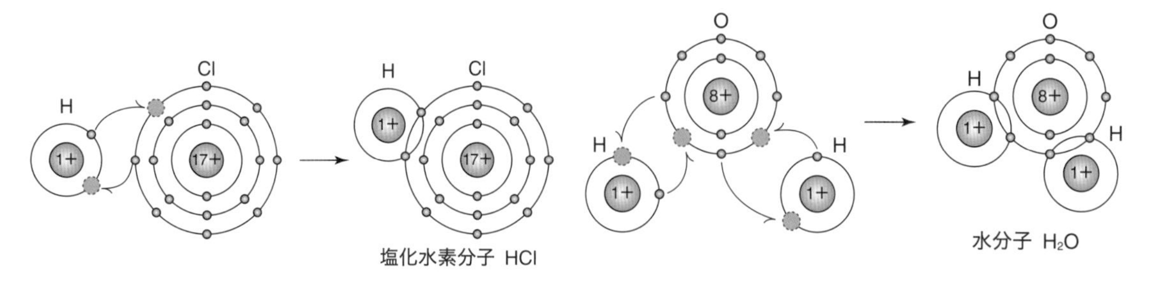

図 2.7 **塩化水素の電子配置**

図 2.8 **水分子の電子配置**

ぶ．原子が組み合わさって分子をつくるときは，最外殻の空きを埋めるようにして電子を共有する．

共有結合は，異なる種類の原子どうしの間でもつくられる．たとえば塩化水素 HCl の分子は，1 個の水素原子 H と 1 個の塩素原子 Cl が組み合わさった分子である（図 2.7）．

3 個以上の原子が集まってつくられる分子もある．たとえば水 H_2O は，2 個の水素原子 H と 1 個の酸素原子が組み合わさった分子である（図 2.8）．

分子を組み立てる原子の数には，限界が知られていない．数個のものもあれば数百万個のものもある（詳しくは 13 章と 14 章で学ぶ）．

2.3.1 価電子だけに注目する

原子と原子の結合を考えるときには，価電子だけを考える．そこで，元素記号の周囲に価電子を点で表した表記法が用いられている．これを**点電子構造**（electron-dot structure）や**ルイス構造**（Lewis structure）とよぶ．

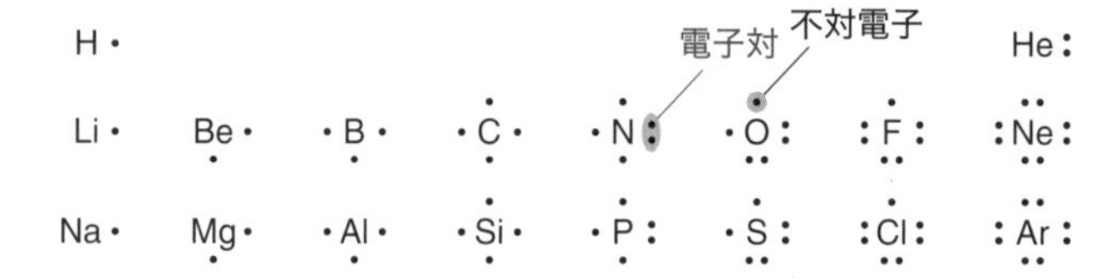

この方法を用いるときには，次のようなルールがある．

- 元素記号の上下左右 4 箇所に，それぞれ最大 2 個まで電子が入る[*6]．
- 4 個目までは，それぞれ別の場所に 1 個ずつ入る（入る順番に決まりはない）．
- 5 個目から 8 個目までは，すでに入っている電子と 2 個ペアを組む（ペアを組む順番に決まりはない）．このペアを，**電子対**（electron pair）とよぶ．
- ペアを組んでいない電子を，**不対電子**（unpaired electron）とよぶ．

たとえば窒素 N の場合，価電子は 5 個なので左上のどれを用いてもよい．

*6 K殻は電子 2 個で閉殻になるので，H と He では 1 つの辺だけを使う．

○

N N N N

N

4 辺に 1 個ずつ収めてからペアをつくる．

この表記法を用いて分子を表すと，次のようになる．

非共有電子対
共有電子対

塩素 Cl_2　塩化水素 HCl　水 H_2O　メタン CH_4　アンモニア NH_3

※ たとえば水 H_2O は，でもでもよい．
原子のつながる順番が同じなら，好きに描いてよい．

ここで，原子と原子の結合に使われている電子対を，**共有電子対**（sheared electron pair），もともとペアを組んでいて原子と原子の結合に使われていない電子対を，**非共有電子対**（unshared electron pair）とよぶ．原子と原子が共有結合をつくるときは，それぞれの不対電子を 1 個ずつ組み合わせて共有電子対にする．原子はそれぞれ，不対電子の数だけの共有結合をつくることができる．

2.3.2　二重結合と三重結合

共有電子対を 2 組や 3 組もつ分子もある．たとえば二酸化炭素分子 CO_2 の炭素原子 C と酸素原子 O の間では，それぞれの原子から不対電子を 2 個ずつ出し合い，2 組の共有電子対をつくっている．これを**二重結合**（double bond）とよぶ（図 2.9）．二酸化炭素分子 CO_2 は，二重結合を 2 組もつ分子である．

窒素分子 N_2 の場合は，2 個の窒素原子 N からそれぞれ不対電子を 3 個ずつ出し合い，3 組の共有電子対をつくっている．これを**三重結合**（triple bond）とよぶ（図 2.10）．なお，1 組の共有電子対によってつくられる共有結合は，**単結合**（single bond）とよぶ．

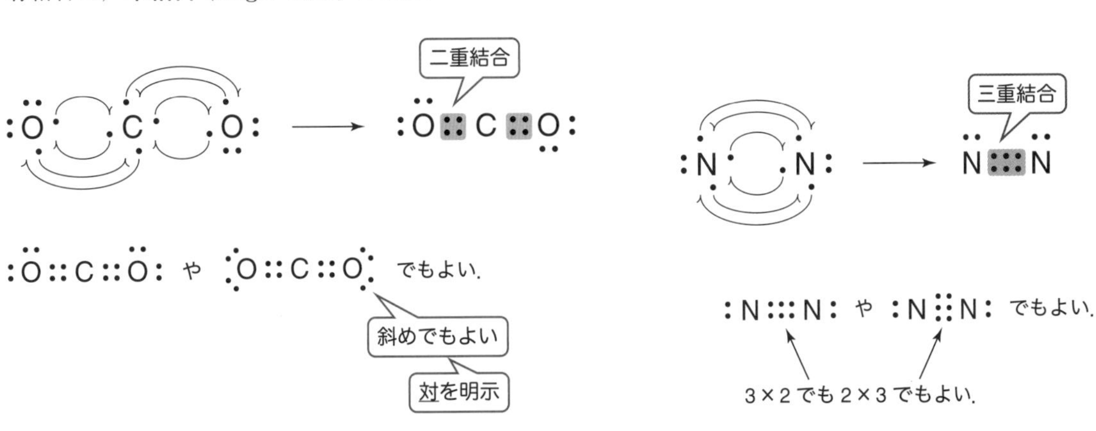

図 2.9　二酸化炭素のルイス構造

図 2.10　窒素のルイス構造

2.3.3 結合を線で表す

分子内で原子がどのような順番で結合しているのかを表すためには，原子どうしを線で結んだ表記法が用いられている．これを，**線結合構造**(line-bond structure)，**ケクレ構造**(Kekule structure)，**構造式**(structural formula)などとよぶ．このときは1組の共有電子対を1本の線で表す．また，必要がなければ非共有電子対は記さない．組成式，分子式，構造式などをまとめて**化学式**(chemical formula)とよぶ．

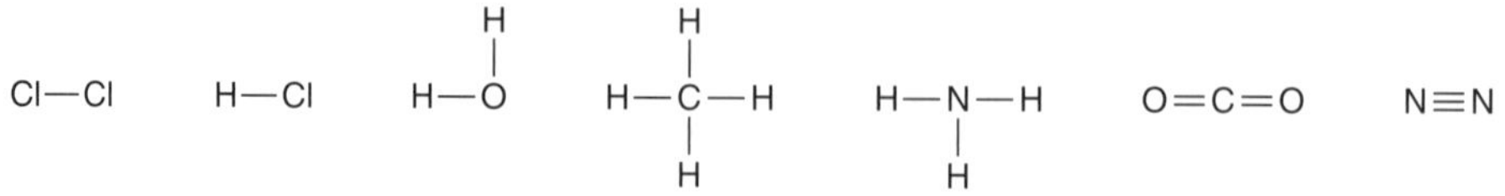

塩素 Cl_2　塩化水素 HCl　水 H_2O　メタン CH_4　アンモニア NH_3　二酸化炭素 CO_2　窒素 N_2

例題 2.1

次の分子のルイス構造とケクレ構造を記せ．

(a) H_2　(b) F_2　(c) CH_3Cl　(d) HCN　(e) H_2S

解

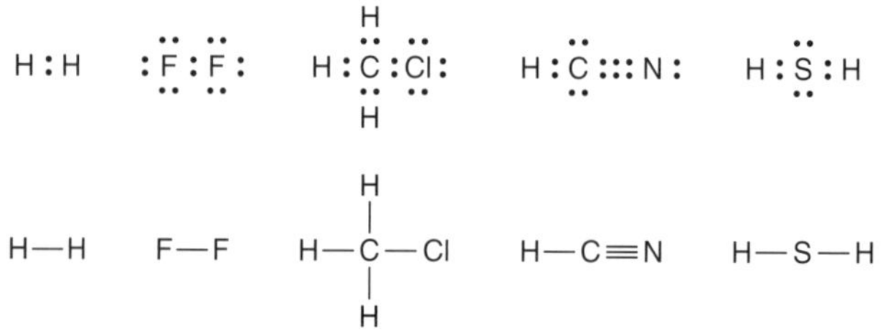

(a)　(b)　(c)　(d)　(e)

2.4 配位結合

水 H_2O の一部は次のように電離している(詳しくは8章で学ぶ)．

$$H_2O \longrightarrow H^+ + OH^-$$

水にアンモニア NH_3 を溶かすと，次のように非共有電子対が H^+ に提供されて，共有される．H^+ が持ち込んだプラスの電気は，5個の原子全体で帯びる．これを表すために，原子の集まりをまとめて[ ]でくくって，その右肩にプラス(+)を記す．

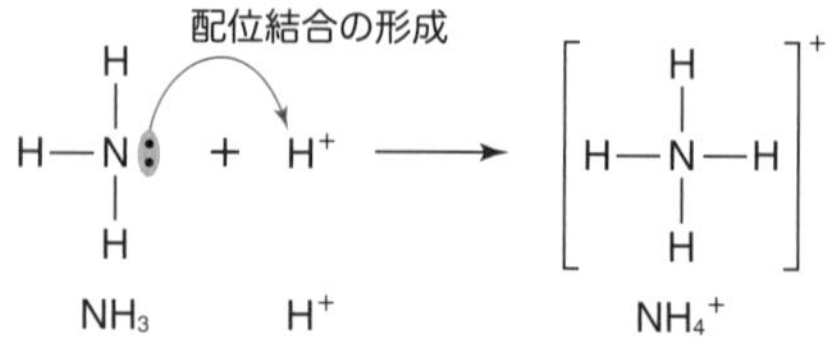

NH_3　H^+　NH_4^+

水 H_2O と H^+ との間でも同じように非共有電子対が H^+ に提供されて共有される．

配位結合の形成

$$H_2O + H^+ \longrightarrow [H_3O]^+$$

このように，電子対が一方の原子から提供されてできる共有結合を，**配位結合** (coordinate bond) とよぶ．$NH_4{}^+$ でも H_3O^+ でも，配位結合によってできる結合は，もとからある共有結合と全く同じ共有結合になる．$NH_4{}^+$ の 4 本の N−H はどれも同じものであって区別できない．また，H_3O^+ の 3 本の O−H はどれも同じものであって区別できない．

2.5 電気陰性度と分子の極性

原子は共有結合している電子を引き寄せる．この強さは，原子によって異なる．たとえば塩化水素 H−Cl の場合，水素Hよりも塩素 Cl の方が電子を強く引き寄せるので，水素H原子と塩素 Cl 原子で共有されている電子対は，塩素原子 Cl の方に大きく偏って存在している (図 2.11)．その結果，塩化水素 HCl 分子の Cl 原子はわずかに負の電気を帯び ($\delta-$ と表現する)，H原子はわずかに正の電気を帯びる ($\delta+$ と表現する)[*7]．このように，共有結合している原子間に電気的な偏りがあるとき，結合に**極性** (polarity) があるといい，結合に極性が生じることを，**分極** (polarization) するという．

結合の分極がどの程度なのかを判断するときには，**電気陰性度** (electronegativity) を考える (表 2.2)．電気陰性度とは，共有結合している原子間で，原子が共有電子対を引き寄せる度合いを数値で表したものである．周期表で貴ガスを除き，右上にある元素ほど電気陰性度が大きくなる[*8]．

2 種類の共有結合を比べて，どちらの方が分極しているのかを考えるときは，共有結合で結ばれた 2 個の原子の電気陰性度の差を比べる[*9]．たと

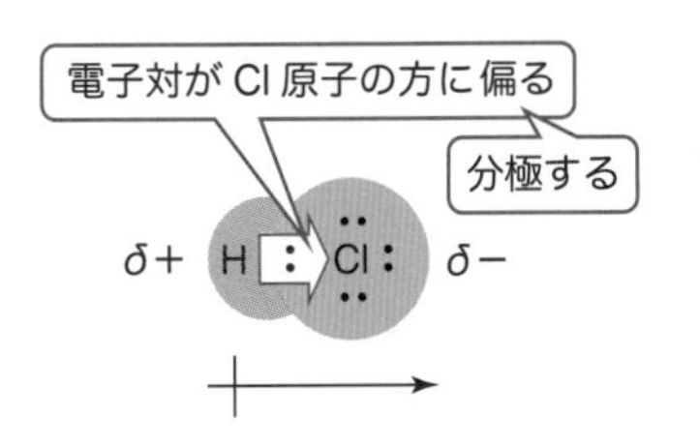

分極の方向は，電子の偏りの方向と同じく，$\delta+$ から $\delta-$ に向かう．

┼──→ は分極を表すときに使われる記号である．矢印は $\delta+$ から $\delta-$ に向いている．

図 2.11 HCl の分極

*7 δ はデルタと読み，わずかな量であることを意味する．$\delta+$ はわずかにプラスの電気を帯びていることを，$\delta-$ はわずかにマイナスの電気を帯びていることを意味する．$\delta-$ と書かずに単に − と書いてしまうと，電子 1 個ぶんのマイナスの電気が移動したことになってしまう．そこまで大きく移動していないことを示すために，$\delta-$ と書く．

*8 電気陰性度の求め方にはいくつか方法がある．表 2.2 に挙げた値は，『理科年表 2022』記載のものである．

*9 電気陰性度の差を求めるときは，大きな数値から小さな数値を引く．

表 2.2 元素の電気陰性度[†]

	1	2	13	14	15	16	17
1	H 2.2						
2	Li 1.0	Be 1.6	B 2.0	C 2.6	N 3.0	O 3.4	F 4.0
3	Na 0.9	Mg 1.3	Al 1.6	Si 1.9	P 2.2	S 2.6	Cl 3.2
4	K 0.8	Ca 1.0	Ga 1.8	Ge 2.0	As 2.2	Se 2.6	Br 3.0
5	Rb 0.8	Sr 1.0	In 1.8	Sn 2.0	Sb 2.1	Te 2.1	I 2.7

[†]『理科年表 2022』記載.

えばH—ClとH—Fのどちらが大きく分極しているのかを比べる場合を考える.

$$\text{H—Cl} \quad 3.2 - 2.2 = 1.0$$
$$\text{H—F} \quad 4.0 - 2.2 = 1.8$$

H—Fの方が大きな値になっているので，こちらの方が大きく分極していることがわかる．H—HやCl—Clのように，同じ原子どうしの共有結合では，分極しない（電気陰性度の差は0である）.

2.5.1 分子の極性と形

(a) 原子2個から組み立てられている分子の場合

H—ClやH—Fのように，2個の原子からなる分子で，結合に極性がある場合，分子全体としても極性をもつ．極性をもつ分子を，**極性分子**（polar molecule）とよぶ．これに対して，H_2やCl_2のように，結合に極性がない場合には，分子全体としても極性をもたない．こうした分子を，**無極性分子**（nonpolar molecule）とよぶ.

(b) 原子2個以上から組み立てられている分子の場合

次に3個以上の原子からなる分子について考える（図2.12）．たとえば二酸化炭素CO_2の分子を考える．この分子では3個の原子がO=C=Oの順に一直線上に並んでいる．2つのO=C結合は同じ大きさに分極しているが，向きが正反対なために互いに分極を打ち消し合っている．そのため，二酸化炭素CO_2分子は，極性分子とはならない．結合の極性と分子の極性は違うものである.

水H_2Oは2本のO—H結合をもち，この結合は分極している．水は折

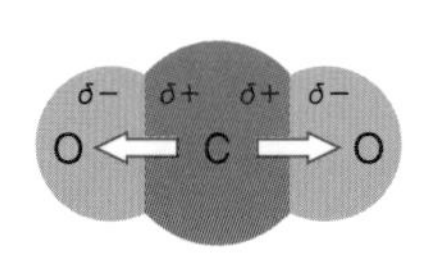

⇦と⇨がつり合っているので，分子は極性をもたない．

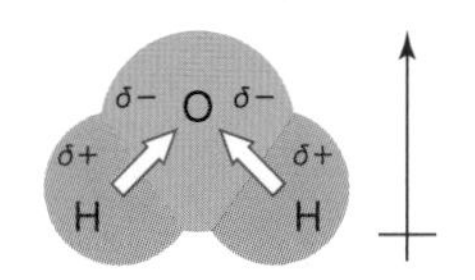

O−H 結合の分極は打ち消し合わないので，極性分子になる．

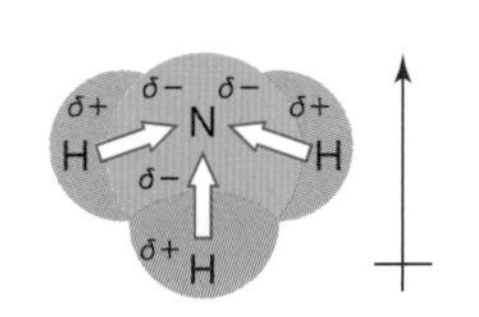

N−H 結合の分極は打ち消し合わないので，極性分子になる．

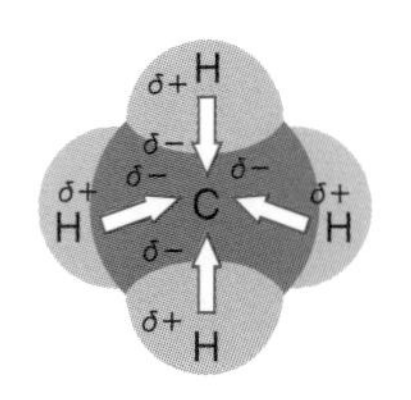

分子は正四面体の形をしているので，4つの C−H 全体でつり合っており，分子は無極性になる．

図 2.12　**極性分子・無極性分子**

れ線形をしているため，分極は打ち消し合わない．そのため，水分子は極性分子となる．

アンモニア NH_3 は3本の N−H 結合をもっている．アンモニアは三角錐形をしているために分極は打ち消されない．そのため，アンモニア NH_3 分子は極性分子となる．

メタン CH_4 は4本の C−H 結合をもっている．この結合はわずかに分極しているが，メタン分子が正四面体の形をしているため，4本の分極が打ち消され，メタン CH_4 は無極性分子となる．

2.5.2　極性と溶けやすさ

極性分子どうしは，わずかにプラスの電気を帯びた部分（δ+）と，わずかにマイナスの電気を帯びた部分（δ−）とで引き合う．水は極性分子なので，さまざまな極性分子が水に溶ける．一方，無極性分子は水に溶けにくい．

Let's Try! 2.3　次のうち水に溶けにくいものが1つある．それはどれか．
アンモニア NH_3，メタン CH_4，塩化水素 HCl，フッ化水素 HF

2.6　分子と分子を結ぶ分子間力

陽イオンと陰イオンはイオン結合によって静電気的に結ばれる．これに対して，分子どうしを結ぶ力が，**分子間力**（intermolecular force）である．分子間力には，ファンデルワールス力と，水素結合がある．

2.6.1　ファンデルワールス力

砂糖はスクロース（ショ糖）の分子が集まった固体である．分子と分子の間には，イオン結合や共有結合よりも弱い力が働いており，これを**ファンデルワールス力**（van der Waals force）とよぶ．ファンデルワールス力によって分子が規則正しく配列してできる結晶を，**分子結晶**（molecular crystal）とよぶ．砂糖，グルコース（ブドウ糖），ヨウ素，ドライアイス

Let's Try! 2.3 解
メタン CH_4

考え方
メタンだけが無極性分子である．他の3つが極性分子であることは，本文中に記してある．

(固体の二酸化炭素)などは，分子がファンデルワールス力で引き合ってできた分子結晶である．ファンデルワールス力は，液体や気体の状態でもはたらいている．ファンデルワールス力は，イオン結合や共有結合よりも弱い結合である．イオン結晶と比べると，分子結晶は融点が低く，軟らかいものが多い．

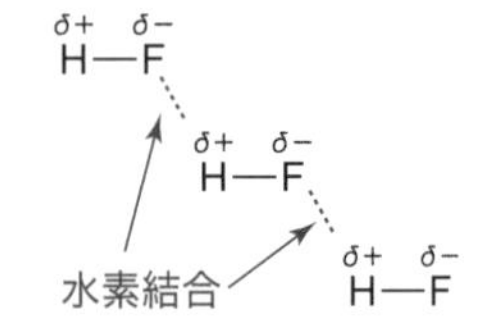

図 2.13 HF の水素結合

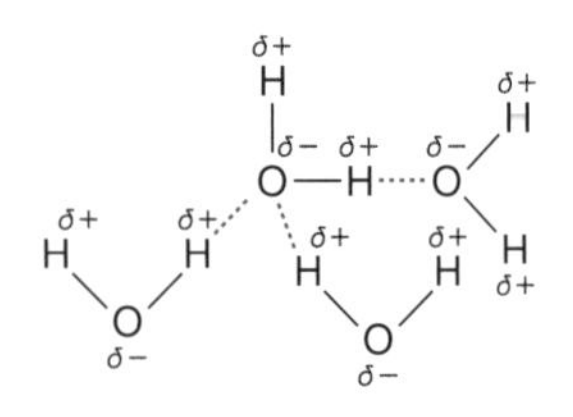

図 2.14 水の水素結合

2.6.2 水素結合

フッ化水素 HF について考える．水素Hとフッ素Fの電気陰性度の差が大きいので，フッ化水素 HF は大きく分極している．フッ化水素 HF 分子どうしが引き合うときには，プラスの電気を強く帯びたH原子 ($\delta+$) と，マイナスの電気を強く帯びたF原子 ($\delta-$) との間で，静電気的な引力が大きくはたらき，結合をつくる (図 2.13)．このように，水素原子を仲立ちとしてできる結合を，**水素結合** (hydrogen bond) とよぶ．

水分子 H_2O やアンモニア NH_3 の水素原子も，同様に水素結合する (図 2.14)．アンモニア水中ではアンモニア NH_3 と水 H_2O とが水素結合する．水素結合する水素原子は，電気陰性度の大きな元素 (フッ素F，酸素O，窒素N) に直結した水素原子である．水素結合の強さは，イオン結合や共有結合よりも弱いが，ファンデルワールス力よりは強い*[10]．

水素結合する化合物では融点や沸点が高くなる．これは融かしたり気体に変化させたりするために必要な熱量が大きくなるからである*[11]．仮に水 H_2O が水素結合しなかった場合，大気圧下で水 (氷) が融ける温度は −100 ℃，沸騰する温度は −91 ℃あたりになるだろうと見積もられている．

*10 水素結合している分子どうしの間には，ファンデルワールス力もはたらいている．

*11 熱については6章で考える．

2.7 共有結合結晶

ダイヤモンドはイオン結晶でもなく，分子結晶でもなく，**共有結合結晶** (covalent crystal) である．多数の原子が共有結合でつながってできた結晶を，共有結合結晶とよぶ．ダイヤモンドでは，炭素原子Cが隣り合う4個の炭素原子と共有結合で結びつき，正四面体の構造が繰り返された立体構造をとっている．ダイヤモンド1個が巨大分子であると考えることもできる (図 2.15)．

一方，黒鉛 (グラファイト) では炭素原子Cが隣り合う3個の炭素原子と共有結合で結びつき，正六角形の構造が繰り返された平面構造をつくる．そしてこの構造が，弱い分子間力で積み重なっている (図 2.16)．

共有結合の結晶となっている物質には他に，ケイ素 Si，炭化ケイ素 SiC，二酸化ケイ素 SiO_2 などがある．共有結合の結晶は，分子の集まりではないので，化学式は組成式である*[12]．共有結合の結晶は，融点が高く硬いものが多い．

*12 SiC や SiO_2 という分子は存在しない．いずれも結晶中の原子の組成である．

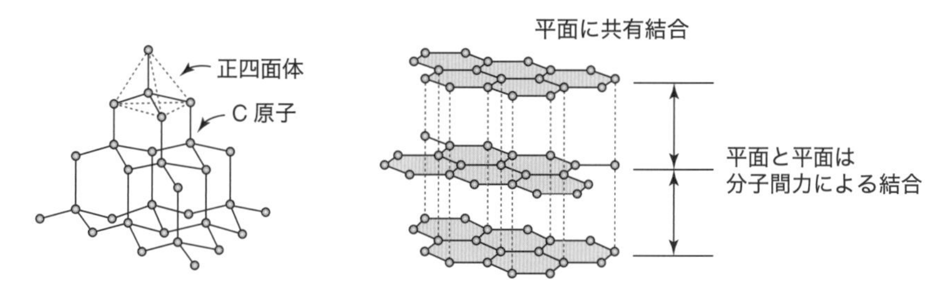

図 2.15　**ダイヤモンドの結晶構造**　　図 2.16　**黒鉛の結晶構造**

2.8　金属結合

金属の原子は，電子を手放して陽イオンになりやすい．このため，原子が集まった金属の単体では，価電子がそれぞれの原子から離れ，特定の原子に所属することなく金属全体を自由に移動できる状態にある．このような電子を，**自由電子**（free electron）とよび，自由電子による金属原子どうしの結合を，**金属結合**（metallic bond）とよぶ（図 2.17）．また，金属結合によって生じる結晶を，**金属結晶**（metallic crystal）とよぶ．

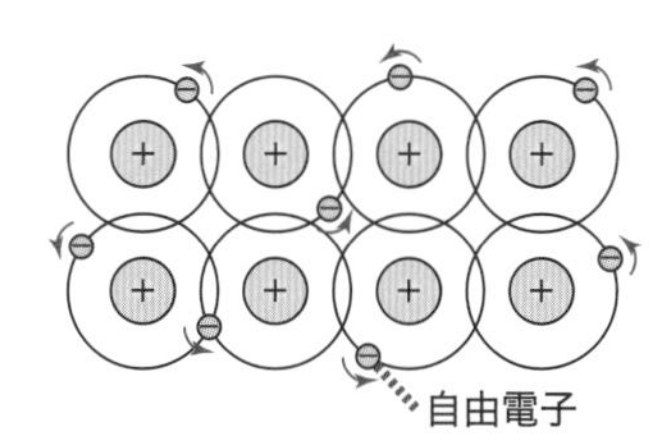

図 2.17　**金属結合**

2.8.1　金属の性質

(a) 形を変える

金属には叩くと広がる性質[*13]や，引っ張ると伸びる性質[*14]がある．これは，金属結晶において原子の配列が変わっても，自由電子によって原子どうしの結合が保たれるからである．こうした性質を利用して，細長い形やごく薄く延ばしたものなど，さまざまな形状の金属製品をつくることができる．

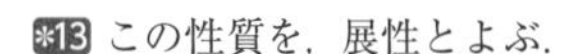

*13 この性質を，展性とよぶ．

*14 この性質を，延性とよぶ．

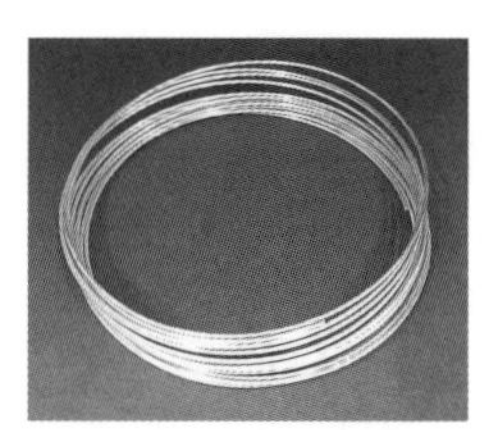

● 形状の異なる金属製品（左から鉄板，針金，アルミホイル，金箔）

(b) 電気，光，熱を伝える

金属の中では自由電子が動き回れるので，金属は電気をよく伝える．この性質を利用して，電気製品にさまざまな金属が用いられている．自由電子が動き回ることによって，熱もよく伝わる．さまざまな加熱調理器具が金属でつくられている．金属が金属光沢をもつのも，自由電子が動き回ることと関係がある*15．

*15 この仕組みについては，物理学についての理解が必要なので，本書では説明を省く．

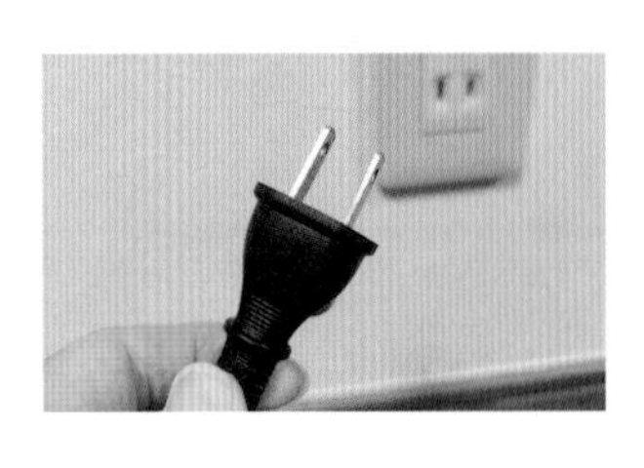

© 大電株式会社

● 身近な金属製品
コンセント（左）や電線（中央）は電気を伝え，フライパン（右）は熱を伝える．

Let's Try! 2.4 次の固体を，❶ イオン結晶，❷ 分子結晶，❸ 共有結合結晶，❹ 金属結晶に分類せよ．

銅 Cu，ダイヤモンド C，塩化ナトリウム NaCl，スクロース

2.9 さまざまな固体を分類する

ここまでは原子のスケールで，粒子がどのように結ばれるかを考えてきた．ここでは逆の方向から，身近にあるさまざまな固体がどのような結合でできているのかを考えてみよう．

Let's Try! 2.4 解
❶ 塩化ナトリウム NaCl
❷ スクロース
❸ ダイヤモンド C
❹ 銅 Cu

2.9.1 イオン結晶

キッチンに行ってみよう．本章では最初に食塩について考えた．食塩はイオン結晶であり，陽イオンと陰イオンの集まりである．一般に，イオン

結晶は，融点が高く，常温で固体である．イオン結晶は，水に溶けやすいものも多く，水に溶けるとイオンに分かれる．この仕組みについては，7章で学ぶ．イオン結晶を化学式で表すときには，組成式を用いる．たとえば塩化ナトリウムは NaCl と表すが，NaCl という分子は存在しない[*16]．

*16 塩化ナトリウムを強熱して気体にした場合は，NaCl という分子になる．

2.9.2　分子結晶

離れたところから見ると食塩と区別がつきにくい砂糖は，スクロース分子が集まったものである．スクロース分子どうしは，分子間力で結びついている．砂糖のかたまりは，分子結晶である．一般に分子結晶は，イオン結晶と比べると融点や沸点が低い．分子結晶を構成する分子は，分子式で表す．

2.9.3　共有結合結晶

密封された食品や調味料のパッケージの中に，透明袋入りの乾燥剤が入っていることがある．直径数 mm の透明な球は，シリカゲルとよばれる物質である[*17]．シリカゲルは，ケイ素と酸素が共有結合してできた，共有結合結晶である．結晶中のケイ素 Si と酸素 O の比が 1：2 なので，組成式は SiO_2 となる[*18]．この物質名は二酸化ケイ素である．

*17 シリカゲルについては 7.5.1 項でも学ぶ．

*18 SiO_2 という分子は存在しない．

2.9.4　金属結晶

ステンレスの流し台，アルミホイル，ナイフやフォークやスプーンなどの食器は，金属原子の集まった金属結晶である．

2.9.5　その他のものは具体的に何でできているのか？

この機会に，身の回りにあるさまざまな固体がどのようなものなのかも考えておこう．コップやビンに使われているガラスは，二酸化ケイ素 SiO_2 の共有結合結晶からできているが，共有結合がところどころで途切れており，ここにナトリウムイオン Na^+ やカルシウムイオン Ca^{2+} などが入り込んでいる[*19]．皿や茶碗に使われている陶磁器も，主成分は二酸化ケイ素 SiO_2 である．ペットボトル，カップラーメン容器，ストローなどに使われているプラスチックについては，14 章で学ぶ．また，テーブル，椅子，床材などに使われている木材については，13 章で学ぶ．

*19 ガラスの結晶構造は不規則なものであり，固体としての性質と液体としての性質を併せもっていると考えることができる．

コラム 1 ダイヤモンドの硬さを医療に応用する

ダイヤモンドは非常に硬い共有結合結晶である．この硬さを利用して，ダイヤモンドを埋め込んだドリルやカッターが，コンクリートや金属などの硬い材料を削ったり，孔を開けたりする作業に用いられている．このダイヤモンドの硬さは，医療にも応用されている．動脈硬化が進んだ血管の内壁は，石灰化を起こしており，血液の流れが悪くなる．これを削り取るために，ロータブレーターとよばれる医療器具が用いられる．これは直径20 ～ 30 μm のダイヤモンド粒子が埋め込まれた，先端の直径 1.25 mm ～ 2.5 mm の，1 分間に 15 万回転以上の高速で回転するドリルである．これを用いて血管の内部を削り取る処置が行われている．

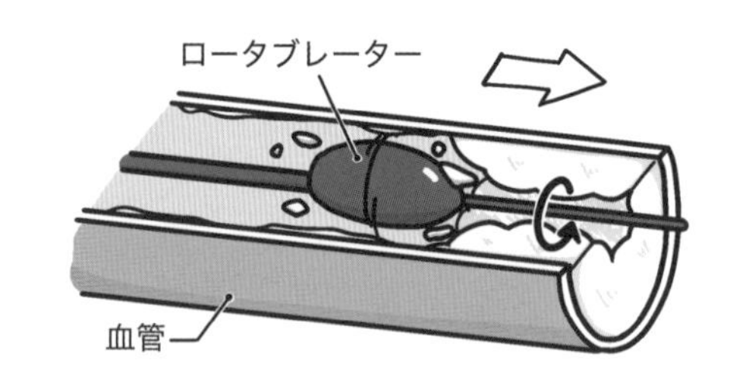

コラム 2 凍ると膨らむ：水の性質

水は大気圧下，0℃で凍る．このときに体積が増える．この温度では 1 g の液体の水の体積は 1.00 cm^3 だが，氷になると 1.09 cm^3 になる．凍ると体積が 9 %も増えることになる．これが困った事態を招くことがある．冬期の水道管破裂である．日中，水道管の中は液体の水で満たされている．これが冬の寒い夜になると凍結する．そのときに管の内部に封じ込められた水の体積が 9 %膨張し，水道管が破裂することがある．これを防ぐために，寒冷地では冬期の夜間に蛇口を緩めておいて水を流しておく場合がある．また，水道管の周りに断熱材を巻いたり，電気ヒーターを取り付けたりする場合もある．水素結合の強さは共有結合の 10 分の 1 程度だが，一方で，鉄でつくられた水道管を破裂させるだけの威力を示すこともあるのだ．液体から固体に状態が変化するときに体積が増える物質は珍しい．私たちの身近なところでは水だけである[*20]．

※20 水の他には，アンチモン Sb，ビスマス Bi，ガリウム Ga などがこの性質をもつ．

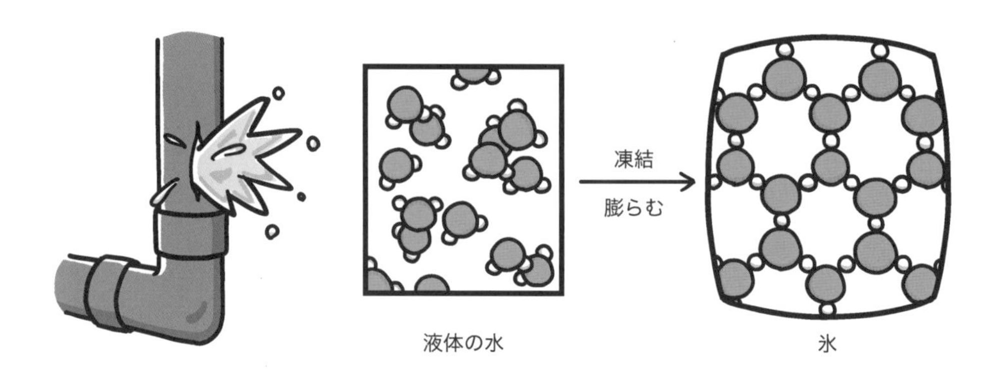

3章 粒子の量をどのように測るのか？

この章の目標

1. 原子の相対質量の考え方，原子量，分子量，式量を説明できる．
2. モルを単位とする物質量の考え方，物質量と粒子数，物質量と質量の関係を説明できる．
3. 化学反応式を立てて，反応の前後における物質の粒子数および質量の関係を説明できる．

theme1 2つの考え方を区別しよう

この章では2つの考え方を学ぶ．1つは原子，分子，イオンといった粒子の相対的な質量についてであって，もう1つは膨大な数の粒子をひとまとまりの量として取り扱う方法についてである．後者にはモルという単位で表される量が出てくるが，これは前者を学ぶときには関係がない．高校時代にモルが出てきてから化学が難しくなったという読者がいるかもしれないが，この先の数ページ（3.1.4項まで）は「モルは関係ない」ものごとについて理解を深めていくことにする．

有効数字

ここから先に数値を使った計算がでてくるので，有効数字について簡単に確認しておくことにしよう．

(a) 掛け算・割り算では，もっとも少ない桁に合わせる

たとえば，1.2 × 3.45 × 6.789 では，2桁で答える．

(b) 足し算・引き算では，共通する最小桁で切る

たとえば，1.2 + 3.45 + 6.789 では，小数点以下1桁で答える．

```
      1.2
 +)   3.45
 +)   6.789     ← 四捨五入する
 ----------
     11.439
```

ここまでが有効数字

11.4と答える（1.14 × 10でも可）

(c) 右側のゼロは有効数字に含める・左側のゼロは有効数字に含めない

たとえば，120は有効数字3桁，12は有効数字2桁である．0.120の場合，一の位の0は有効数字に含めないが，小数点以下3位の0は有効数字に含める．

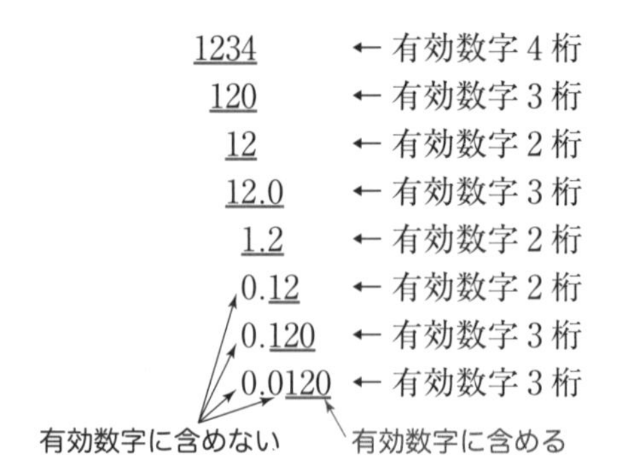

3.1 粒子の相対的な質量

3.1.1 原子の相対質量

ものが「どれくらい」あるのかを考えるとき，「何グラムある」という考え方，すなわち質量を考えるのには馴染みがある．化学の世界でも，原子や分子といった小さな粒子を考えるときに，質量を考えることがある．そのためには「具体的に何グラムの質量がある」という考え方をするよりも，「相対的にどれくらいの質量がある」という考え方をするほうが便利な場面が多い．なぜなら，原子や分子はあまりにも小さく，その質量も私たちの感覚では小さすぎて，把握することも想像することも難しいからである．たとえば ^{1}H 水素原子1個の質量は 1.674×10^{-24} g，^{12}C 炭素原子1個の質量は 1.993×10^{-23} g，^{16}O 酸素原子1個の質量は 2.656×10^{-23} g である．こういう量を見せられても，互いにどれくらいの違いがあるのか判断するのは難しい．こうした場合には，何かの原子の質量を相対的に1として，これを基準に原子の質量を比較するのが良いだろう．

そこで，もっとも軽い原子である ^{1}H 原子の質量を1として比較してみると，^{12}C は相対的に $1.993 \times 10^{-23}\,\mathrm{g}/(1.674 \times 10^{-24}\,\mathrm{g}) = 11.91 \approx 12$，^{16}O は相対的に $2.656 \times 10^{-23}\,\mathrm{g}/(1.674 \times 10^{-24}\,\mathrm{g}) = 15.87 \approx 16$ となり，^{1}H : ^{12}C : ^{16}O の比は，およそ1 : 12 : 16の比になっていることがわかる[*1]．この比は，質量数の比にほぼ等しい．なぜなら，1章で学んだように，原子の質量のほとんどが原子核の質量だからである．実際にはいくつかの事情があり，^{1}H を1とするのではなく，^{12}C を12とする方法が採られている（詳しくは**コラム1**，p.39参照）．この場合は ^{1}H : ^{12}C : ^{16}O = 1.008 : 12 : 15.99 となるが，およそ1 : 12 : 16の比であることに変わりはない．

*1 ここで使った≈は，ほぼ等しいことを意味する記号である．高校までは≒という記号を使ってきたかもしれないが，世界的には≈の方が広く用いられている．

表 3.1 原子の相対質量の例

原子の種類	^{1}H	^{4}He	^{12}C	^{16}O	^{35}Cl	^{37}Cl
相対質量	1.008	4.003	12	15.99	34.97	36.97

原子の質量を考える際には，^{12}C 原子 1 個の質量を 12 とする基準を定め，これと比較して他の**原子の相対質量** (relative atomic mass) を決める．いくつかの原子について，原子の相対質量を表 3.1 に示す．

3.1.2 原子量

元素の多くには同位体が存在する．原子を取り扱うときには，膨大な数の粒子を取り扱うことになるが，同位体の存在する元素の原子を取り扱うときには，この膨大な数の粒子が同位体の混ざり物であることを考える必要がある．そのため，原子の相対質量を考えるときは，同位体の混ざり物としての相対質量を考えることになる．たとえば $_{17}Cl$ の場合，天然には粒子数の割合で ^{35}Cl (相対質量 34.97) が 75.76 %，^{37}Cl (相対質量 36.97) が 24.24 %含まれている．この場合，Cl としての相対質量は，次のようになる．

$$
\begin{aligned}
&{}^{35}\text{Cl の存在割合} \times {}^{35}\text{Cl の相対質量} + {}^{37}\text{Cl の存在割合} \times {}^{37}\text{Cl の相対質量} \\
&= 0.7576 \times 34.97 + 0.2424 \times 36.97 \\
&= 35.45
\end{aligned}
$$

したがって，同位体を含めた Cl としての相対質量は 35.45 となる．このように，元素を構成する同位体それぞれの相対質量に存在比を掛けて求めた平均値を，**原子量** (atomic weight) とよぶ．表 3.1 に例として挙げた元素について原子量を挙げると表 3.2 のようになる．

表 3.2 原子量の例

元素の種類	H	He	C	O	Cl
原子量	1.008	4.003	12.01	16.00	35.45

H には ^{2}H や ^{3}H も含まれるが，その割合はとても小さいので，有効数字 4 桁では H の原子量と ^{1}H の相対質量に差は見られない．He についても同様である．C については同位体のほとんどが ^{12}C で，^{13}C が 1.08 %含まれているので，原子量は 12 よりも若干高くなっている．

例題 3.1

地球上に存在する銅 Cu には，原子数の割合で ^{63}Cu (相対質量 62.93) が 69.15 %，^{65}Cu (相対質量 64.93) が 30.85 %存在する．銅 Cu の原子量を有効数字 4 桁で求めよ．

解 63.55

考え方 ^{63}Cu の存在割合 × ^{63}Cu の相対質量 ＋ ^{65}Cu の存在割合 × ^{65}Cu の相対質量

$= 0.6915 \times 62.93 + 0.3085 \times 64.93 = 43.516095 + 20.030905 = 63.547 = 63.55$

3.1.3 分子量

^{12}C 原子の質量を基準にして粒子の質量を考える方法は，原子だけでなく分子に対しても適用できる．^{12}C 原子を相対的に 12 とした基準で表した分子の相対質量を，**分子量** (molecular weight) とよぶ．分子量は，その分子に含まれるすべての元素の原子量を足し合わせたものになる．たとえば水 H_2O の場合，表 3.2 掲載の原子量を使って分子量を有効数字 4 桁で求めると，次のようになる．

$$H_2O \text{ の分子量} = 2 \times (\text{H の原子量}) + 1 \times (\text{O の原子量})$$
$$= 2 \times 1.008 + 1 \times 16.00 = 18.016 = 18.02$$

例題 3.2

二酸化炭素 CO_2 の分子量を有効数字 4 桁で求めよ．原子量は表 3.2 の値を用いよ．

解 44.01

考え方 CO_2 の分子量 $= 1 \times (\text{C の原子量}) + 2 \times (\text{O の原子量})$

$= 12.01 + 2 \times 16.00 = 44.01$

3.1.4 式 量

原子や分子ではない物質に対しては，**式量** (formula weight) を用いて相対的な質量を考える．式量とは，化学式に含まれるすべての原子について，その元素の原子量を足し合わせたものである．たとえば塩化ナトリウム NaCl の場合，これは 2 章で学んだように，Na^+ と Cl^- が 1：1 の割合で組み合わさったイオン結晶であり，分子が集まったものではない．この場合には，Na の原子量 (22.99) と Cl の原子量 (35.45) を足した 58.44 を式量とする．同様に，塩化マグネシウム $MgCl_2$ の場合には，Mg (原子量 24.31) と Cl (原子量 35.45) が 1：2 の割合で組み合わさっていることに注

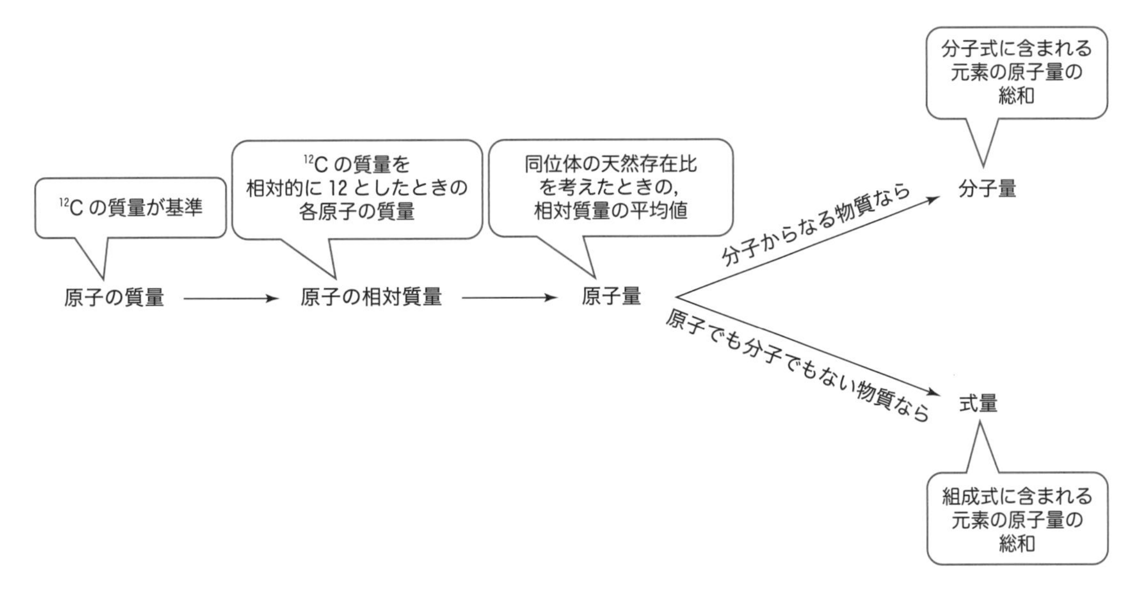

図 3.1　原子量，分子量，式量の関係

意して，$24.31 + 2 \times 35.45 = 95.21$ が式量となる．

ナトリウムイオン Na^+ の場合も，式量を考える．Na^+ は Na 原子から電子が 1 個外れたものである．電子 1 個の質量は原子全体と比べて非常に小さいので，Na の質量と Na^+ の質量との差は無視できる．そのため，Na^+ の式量は Na の原子量と同じものとみなすことができるので，22.99 とする．同様に Mg^{2+} の式量も Mg の原子量と変わらないものと考えて，24.31 としてよい．Cl^- の場合には Cl 原子に電子が 1 個追加された状態だが，電子が 1 個追加されても全体の質量にほとんど影響がないので，Cl^- の式量は Cl の原子量と変わらないものと考えて，35.45 としてよい．

ダイヤモンド C，ケイ素 Si，二酸化ケイ素 SiO_2 のように，原子が共有結合で結ばれて全体として巨大な分子とみなせる構造をとっている場合も，式量を考える．

図 3.1 に原子量，分子量，式量の関係を示す．原子なら原子量，分子なら分子量，それ以外なら式量を考える．いずれも相対的な値なので，単位は付かない．

確認問題 3.1

以下の (1)～(3) の式量を小数点以下 1 桁まで求めよ．ただし原子量は H：1.0，N：14.0，O：16.0，S：32.1，Ca：40.1，Cu：63.5 とする．

(1) 硫酸銅（Ⅱ）$CuSO_4$　　(2) 水酸化カルシウム $Ca(OH)_2$

(3) 硝酸イオン NO_3^-

解答はこちら ▶ 

3.2 物質量

3.2.1 ひとまとまりにして考えると便利な数がある

ここでいったん原子の相対質量に関係するものごとを忘れて，別のことを考えることにしよう．私たちは大きな数をひとまとまりにして考えることがある．たとえば昔の出来事を考えるとき，何年前のことなのかとは考えるが，何日前のことなのかとは考えない．365日をひとまとまりにして，1年という時間の長さで考えたほうが便利だからである．同じように，缶ジュースや鉛筆を数えるときも，12本をひとまとまりにして1ダースと考える．米を炊くときも，米粒を一粒ずつ数えることはせず，一合，二合と数える．このように，ある程度まとまった数を便利な単位で考える場面がある．

3.2.2 粒子をひとまとまりにして数える単位

これと似た考え方を原子や分子の世界に持ち込む．ここでは，1**モル**（1 mol）という量を考える．そして，$6.02214076 \times 10^{23}$個を1 molと定義する[*2]．粒子の種類に関係なく，1 molはすべて$6.02214076 \times 10^{23}$個である．$6.02214076 \times 10^{23}$個などという数になっている理由については，後で述べる．この$6.02214076 \times 10^{23}$という数には，**アボガドロ数**（Avogadro's number）という名前が付いている（単位は付かない）．また，1 molあたりの粒子の数がアボガドロ数個であることを意味する**アボガドロ定数**（Avogadro constant）$N_A = 6.02214076 \times 10^{23}\ \text{mol}^{-1}$が定められている．ここで$\text{mol}^{-1}$という単位がわかりにくい読者がいるかもしれない．1 molあたり$6.02214076 \times 10^{23}$個であることをそのまま記述すると，$6.02214076 \times 10^{23}$個/mol $= 6.02214076 \times 10^{23}$個 mol^{-1}となるが，「個」というのは日本語のときだけに現れる単位であって，これは単位としては用いられない．したがって$6.02214076 \times 10^{23}\ \text{mol}^{-1}$となる．モル（mol）は単位であって，量の名称ではない．粒子が何個あるかに注目して表した物質の量を，**物質量**（amount of substance）とよび，物質量の単位に用いられるのがmolである．この関係は，質量という量の単位にキログラム（kg）が用いられるのとか，長さという量の単位にメートル（m）が用いられるのと同じである．

*2 $6.02214076 \times 10^{23}$という9桁の数値を覚えなくてもよい．ここでは1 molが約6.02×10^{23}個ということだけ覚えておくこと．

例題 3.3

水分子2.5 molには何個の水分子が含まれているか．有効数字2桁で答えよ．アボガドロ定数は$6.02 \times 10^{23}\ \text{mol}^{-1}$とせよ．

解 1.5×10^{24}個

考え方 1 mol のときに 6.02×10^{23} 個である．では 2.5 mol なら何個か．この比例関係を式にして解けばよい．1 mol : 6.02×10^{23} 個 = 2.5 mol : x を解いて，$x = 2.5 \times 6.02 \times 10^{23}$ 個 $= 15.05 \times 10^{23}$ 個 $= 1.5 \times 10^{24}$ 個.

確認問題 3.2

炭素原子 9.03×10^{24} 個の物質量は何 mol か．有効数字 2 桁で答えよ．アボガドロ定数は $6.02 \times 10^{23}\ \mathrm{mol^{-1}}$ とせよ．

解答はこちら ▶ 

3.2.3 1モルあたりの質量

たとえば 1 mol の炭素原子の質量は 12.01 g であり，1 mol の水分子の質量は 18.02 g である．原子でも分子でもイオンでも，粒子 1 mol あたりの質量を**モル質量**（molar mass）とよぶ．炭素原子のモル質量は $12.01\ \mathrm{g\ mol^{-1}}$，水分子のモル質量は $18.02\ \mathrm{g\ mol^{-1}}$ となる．モル質量の単位には一般的に $\mathrm{g\ mol^{-1}}$ を用いる．モル質量，質量，物質量の間には次の関係がある．これはモル質量の定義である．正しく覚えておくこと．

$$\text{モル質量}\ (\mathrm{g\ mol^{-1}}) = \frac{\text{質量}\ (\mathrm{g})}{\text{物質量}\ (\mathrm{mol})}$$

ここで単位の表し方について補足しておく．たとえば炭素原子のモル質量は，12.01 g/mol と書くこともあるし，$12.01\ \mathrm{g\ mol^{-1}}$ と書くこともある．どちらも同じことを意味している．単位は数字の文字記号と同様に扱ってよい．a/b は ab^{-1} と書くこともあるし，$b^{-1}a$ と書くこともある．どれも同じことを意味している．

例題 3.4

2.0 mol の酸素原子 O の質量は何 g か．有効数字 2 桁で答えよ．酸素原子 O のモル質量は $16\ \mathrm{g\ mol^{-1}}$ とせよ．

解 32 g

考え方 モル質量，質量，物質量の関係を思い出す．この関係から，質量 = 物質量 × モル質量 $= (2.0\ \cancel{\mathrm{mol}}) \times (16\ \mathrm{g}\ \cancel{\mathrm{mol^{-1}}}) = 32\ \mathrm{g}$．計算を進めるときには，必ず単位を付けておくこと．この場合には mol と $\mathrm{mol^{-1}}$ が掛け合わされて消え，g が残ることがわかる．g で答える問題なので，正しく計算していることがわかる．数値だけを取り出して計算を進めると間違える確率が高くなる．

別の考え方 比例関係で考えてもよい．モル質量が $16\ \mathrm{g\ mol^{-1}}$ ということは，1 mol の質量が 16 g であることを意味する．では，2 mol なら何 g か．この比例関係を式にして解けばよい．1 mol : 16 g = 2.0 mol : w を解いて，$w = (2.0\ \cancel{\mathrm{mol}}) \times (16\ \mathrm{g})/(1\ \cancel{\mathrm{mol}}) = 32\ \mathrm{g}$.

解答はこちら ▶ 

確認問題 3.3

70 g の窒素分子 N_2 の物質量は何 mol か．有効数字 2 桁で答えよ．窒素分子 N_2 のモル質量は 28 g mol^{-1} とせよ．

3.3 原子の相対質量の考え方と物質量の考え方を結ぶ

3.3.1 12 g の ^{12}C を基準にする考え方

ここからは物質量の考え方と，原子の相対質量の考え方が合流する．2019 年以前は現在の定義と異なっており，12 g の ^{12}C 原子に含まれる原子の数を 1 mol としていた．これを計測すると $6.02 \cdots \times 10^{23}$ 個となるので，1 mol は $6.02 \cdots \times 10^{23}$ 個ということになった[*3]．ここを整理しておくと次のようになる．

*3 正確に計測することは難しく，6.02 に続く値は「…」で表している．詳しくはコラム 2 を参照．

12 g の ^{12}C = 1 mol = $6.02 \cdots \times 10^{23}$ 個，^{12}C のモル質量は 12 g mol^{-1}[*4]

*4 この 12 は厳密な 12 なので，有効数字は 2 桁ではなく無限桁として扱う．

3.1.1 項で原子の相対質量を考えたとき，^{12}C 原子 1 個の質量を相対的に 12 として他の原子の質量を比べる考え方を学んだ．たとえば ^{1}H なら 1.008，^{16}O なら 15.99 となるのであった．これは 1 個どうしの比だが，100 個どうしでも成り立つし，5000 個どうしでも成り立つし，6.02×10^{23} 個どうし，つまり 1 mol どうしでも成り立つ．したがって次の関係が成り立つ．

12 g の ^{12}C = 1 mol = $6.02 \cdots \times 10^{23}$ 個，^{12}C のモル質量は 12 g mol^{-1}
1.008 g の ^{1}H = 1 mol = $6.02 \cdots \times 10^{23}$ 個，^{1}H のモル質量は 1.008 g mol^{-1}
15.99 g の ^{16}O = 1 mol = $6.02 \cdots \times 10^{23}$ 個，^{16}O のモル質量は 15.99 g mol^{-1}

同位体の存在比を考慮して求めた相対的な質量，すなわち原子量についても以下の関係が成り立つ．

12.01 g の $_{6}C$ = 1 mol = $6.02 \cdots \times 10^{23}$ 個，$_{6}C$ のモル質量は 12.01 g mol^{-1}
1.008 g の $_{1}H$ = 1 mol = $6.02 \cdots \times 10^{23}$ 個，$_{1}H$ のモル質量は 1.008 g mol^{-1}
16.00 g の $_{8}O$ = 1 mol = $6.02 \cdots \times 10^{23}$ 個，$_{8}O$ のモル質量は 16.00 g mol^{-1}

原子に限らず，分子やイオンについても同じことが成り立つ．

18.02 g の H_2O = 1 mol = $6.02 \cdots \times 10^{23}$ 個，
H_2O のモル質量は 18.02 g mol^{-1}
58.44 g の NaCl = 1 mol = $6.02 \cdots \times 10^{23}$ 個，
NaCl のモル質量は 58.44 g mol^{-1}
22.99 g の Na^+ = 1 mol = $6.02 \cdots \times 10^{23}$ 個，
Na^+ のモル質量は 22.99 g mol^{-1}

以上のことから，かつての定義では，原子量，分子量，式量に g mol^{-1} を付けたものがモル質量と等しいことがわかる．では，現在の定義ではどうであろうか？

3.3.2 2019年以降のモルの定義

長らく 1 mol は 12 g ちょうどの ^{12}C に含まれる原子の数と定義されてきたが，2019 年に定義が変わり，現在は粒子の種類に関係なく，$6.02214076 \times 10^{23}$ 個の粒子が 1 mol として定義されている．この結果，12 g の ^{12}C は厳密には 1 mol ではなくなった．したがって，^{12}C のモル質量も厳密には 12 g mol^{-1} ではなくなった．とはいえ，この定義変更によって生じる違いは非常に小さなものであって，化学の計算（精密な計算でもせいぜい有効数字 4 桁である）を行うときには，12 g の ^{12}C を 1 mol とみなしてよい．また，原子量，分子量，式量に g mol^{-1} を付けるとモル質量になるとみなしてよい．なお，1 mol の定義変更の後も，^{12}C 原子を基準とする原子の相対質量の考え方には変更がない．つまり，3.1 節で学んだ内容は，影響を受けていない．

例題 3.5

アンモニア NH_3 のモル質量は何 g mol^{-1} か．有効数字 3 桁で答えよ．ただし水素Hの原子量は 1.0，窒素Nの原子量は 14.0 とする．

解 17.0 g mol^{-1}

考え方 原子量から分子量を求め，g mol^{-1} を付ければよい．NH_3 の分子量は $14.0 + 3 \times 1.0 = 17.0$.

確認問題 3.4

二酸化炭素 CO_2 のモル質量は 44.01 g mol^{-1} である．二酸化炭素 CO_2 の分子量を有効数字 4 桁で答えよ．

解答はこちら ▶ 

theme2 化学反応式を立てよう

3.4 化学反応式の書き方

水素 H_2 と酸素 O_2 が反応すると水 H_2O が生じる．物質が別の物質に変化することを**化学反応**（chemical reaction）とよぶ．

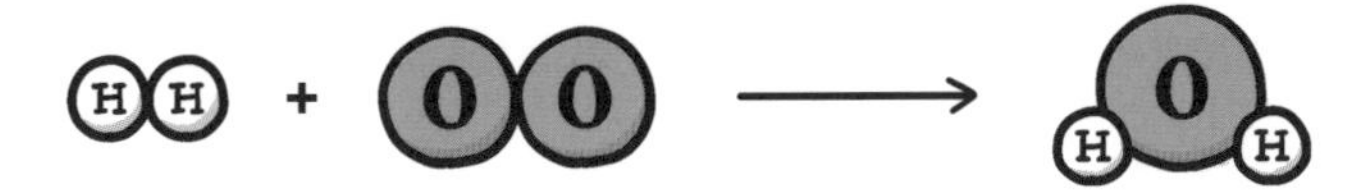

これだと酸素原子の数が反応後に1個減っているので，そうならないように次のように描きなおすことにする．

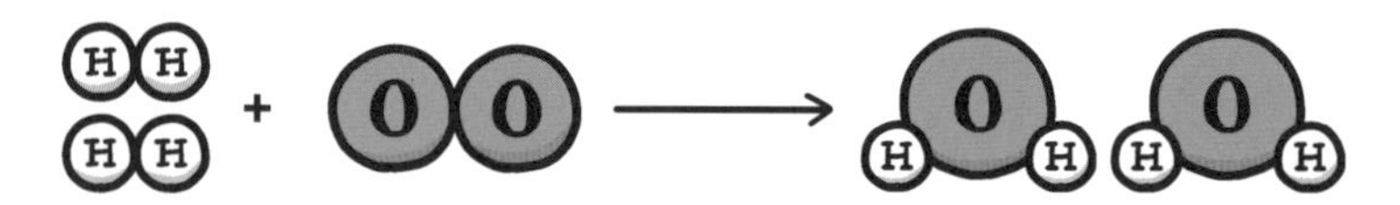

化学式を用いてこの反応を記述すると次のようになる．

$$2H_2 + O_2 \longrightarrow 2H_2O$$

化学式を用いて化学反応を記述した式を，**化学反応式** (chemical equation) や**反応式**とよぶ．化学反応では反応する物質を**反応物** (reactant) とよび，左辺に記す．また，反応によって生じる物質を**生成物** (product) とよび，右辺に記す．ここでは水素 H_2 と酸素 O_2 が反応物，水 H_2O が生成物になっている．反応物と生成物は右向き矢印で結ぶのが一般的である．反応物と生成物で原子の種類と数が等しくなるように，化学式の前に係数を付ける．ただし係数が1の場合は省略する．係数はもっとも簡単な整数の組み合わせとする．

例題 3.6

メタン CH_4 が酸素 O_2 と反応して二酸化炭素 CO_2 と水 H_2O になる化学反応の化学反応式を記せ．以下のモデル図を参考に考えてよい．

解 $CH_4 + 2O_2 \longrightarrow CO_2 + 2H_2O$

3.4.1 未定係数法

複雑な反応だと，化学反応式を記述する際に簡単に係数が求められないことがある．そのような場合には，係数を未知数として両辺の原子それぞれに関する連立方程式を立て，係数の比を求める方法を用いるとよい．この方法を未定係数法とよぶ．たとえばアンモニア NH_3 と酸素 O_2 が反応して一酸化窒素 NO と水 H_2O が生成する反応を考える．まず各物質に係数 a ～ d を割り当てる．

$$aNH_3 + bO_2 \longrightarrow cNO + dH_2O \quad \text{------- ❶}$$

反応の前後でそれぞれの原子の数は変わらないので，次の3つの関係が成り立つ．

$$窒素N：a = c \quad \text{----------} ❷$$

$$水素H：3a = 2d \quad \text{----------} ❸$$

$$酸素O：2b = c + d \quad \text{----------} ❹$$

未知の数が4つあるのに対して関係式は3つなので，具体的に数を定めることができない（4つの数の比は求められる）．そこで，どれか1つをとりあえず1としてみる．aを1とすると❷から$c = 1$，❸から$2d = 3$，すなわち$d = 3/2$，この2つを❹に代入すると$2b = 1 + 3/2 = 5/2$となり$b = 5/4$となる．以上を❶に代入すると次のようになる．

$$NH_3 + \frac{5}{4}O_2 \longrightarrow NO + \frac{3}{2}H_2O$$

係数は最小の整数比にするので，全体を4倍して次のようになる．

$$4NH_3 + 5O_2 \longrightarrow 4NO + 6H_2O$$

確認問題 3.5

プロパンC_3H_8と酸素O_2が反応して二酸化炭素CO_2と水H_2Oが生成する化学反応式を記せ．

解答はこちら ▶ 

3.5　化学反応式からわかること

メタンCH_4が酸素O_2と反応して二酸化炭素CO_2と水H_2Oになる化学反応を考える（図3.2）．モル質量は次の値を用いる．メタンCH_4：16 g mol^{-1}，酸素O_2：32 g mol^{-1}，二酸化炭素CO_2：44 g mol^{-1}，水H_2O：18 g mol^{-1}．また，アボガドロ定数は6.02×10^{23} mol^{-1}とする．

ここから，次のような量的関係が読み取れる．

(1) メタン1分子と酸素2分子から，二酸化炭素1分子と水2分子ができる．

この分子の数の関係は，2倍，3倍，…，10倍，…，1万倍，…，6.02×10^{23}倍と増やしていっても変わらない．そのため，次のことも意味している．どのような分子であっても，6.02×10^{23}個は1 molだからである．

(2) メタン1 mol（$1 \times 6.02 \times 10^{23}$個）と酸素2 mol（$2 \times 6.02 \times 10^{23}$個）から，二酸化炭素1 mol（$1 \times 6.02 \times 10^{23}$個）と水2 mol（$2 \times 6.02 \times 10^{23}$個）ができる．

ここからは物質量（mol）の関係がわかるが，さらに質量（g）の関係を導くこともできる．モル質量の定義から，質量 = 物質量 × モル質量となっていることを利用して質量を求めると，次のことがわかる．

(3) メタン16 g（1 mol）と酸素64 g（2 mol）から，二酸化炭素44 g（1 mol）

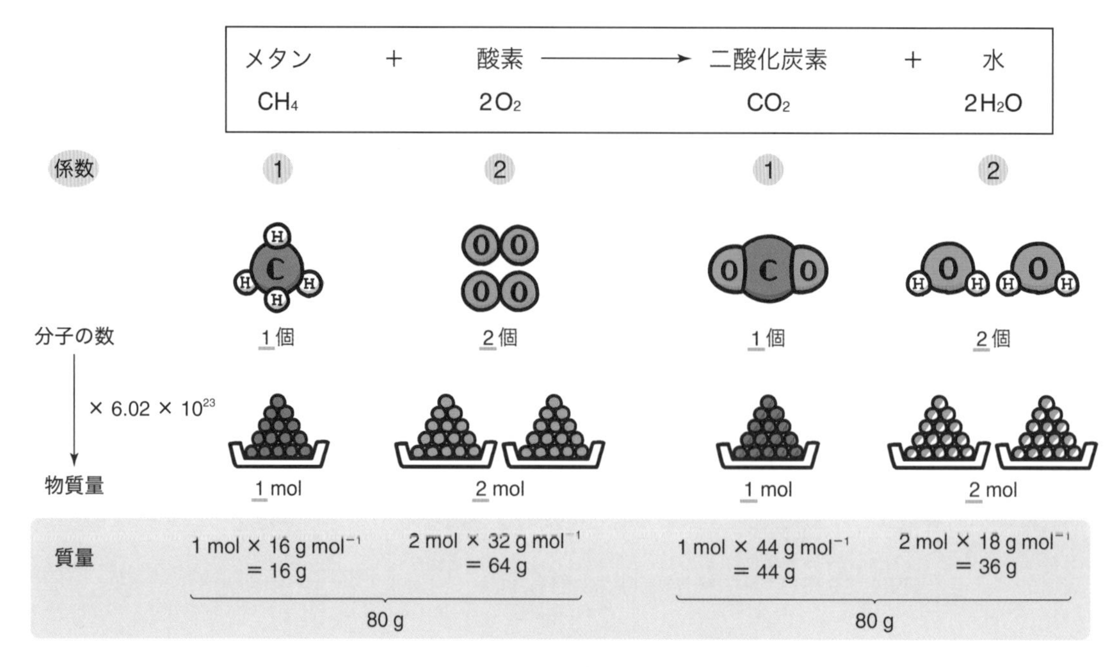

図 3.2 メタンの燃焼反応における量的関係

と水 36 g (2 mol) が生成する．

ここで反応物の質量と生成物の質量を比べてみよう．

反応物：メタン 16 g，酸素 64 g，合計 80 g

生成物：二酸化炭素 44 g，水 36 g，合計 80 g

どちらも同じ 80 g である．化学反応の前後では，反応物の質量の和と，生成物の質量の和は同じである．これを**質量保存の法則** (law of conservation of mass) とよぶ．

例題 3.7

反応 $C_3H_8 + 5O_2 \rightarrow 3CO_2 + 4H_2O$ において，22 g の C_3H_8 と過不足なく反応する O_2 は何 g か．また，この反応において 144 g の H_2O が生じるのは，何 g の C_3H_8 が燃焼したときか．モル質量は C_3H_8：44 g mol^{-1}，O_2：32 g mol^{-1}，H_2O：18 g mol^{-1} とせよ．

解 O_2：80 g，C_3H_8：88 g.

考え方 化学反応式の係数を見ると，$C_3H_8 : O_2 = 1 : 5$ になっている．したがって，1 mol の C_3H_8 と過不足なく反応する O_2 は，1 mol の 5 倍の 5 mol である．では C_3H_8 が 22 g だったら，これと過不足なく反応する O_2 は何 mol になるのか，まずそれを求める．そのために，22 g の C_3H_8 が何 mol なのかを計算する．物質量 ＝ 質量/モル質量 ＝ 22 g/(44 g mol^{-1}) ＝ 0.50 mol．これと過不足なく反応する O_2 は，5×0.50 mol ＝ 2.5 mol．これの質量は，質量 ＝ 物質量×モル質量 ＝ $(2.5\ \mathrm{mol}) \times (32\ \mathrm{g\ mol^{-1}})$ ＝ 80 g.

H_2O についても同じように考える．係数の比は，C_3H_8：H_2O ＝ 1：4 ＝ (1/4)：1 なので，1 mol の H_2O は (1/4) mol の C_3H_8 から生成する．では H_2O が 144 g 生成するためには何 mol の C_3H_8 が燃焼しなければならないか，まずそれを求める．そのために，144 g の H_2O が何 mol なのかを計算する．物質量＝質量/モル質量＝ $144\ \mathrm{g}/(18\ \mathrm{g\ mol^{-1}}) = 8.0\ \mathrm{mol}$．これの 1/4 は 2.0 mol である．これの質量は，質量 ＝ 物質量×モル質量 ＝ $(2\ \mathrm{mol}) \times (44\ \mathrm{g\ mol^{-1}}) = 88\ \mathrm{g}$.

覚えておかなければならない関係式

- アボガドロ定数 $N_A = 6.02 \times 10^{23}\ \mathrm{mol^{-1}}$
  粒子 1 mol は種類を問わず 6.02×10^{23} 個

- モル質量 $(\mathrm{g\ mol^{-1}}) = \dfrac{\text{質量 (g)}}{\text{物質量 (mol)}}$

- 原子量，分子量，式量に $\mathrm{g\ mol^{-1}}$ を付けるとモル質量

コラム 1 なぜ原子量の基準を ^{12}C にしたのか

何かを基準にするときは何かを 1 とするのが一般的である．原子量についても，最初はもっとも軽い原子であるHを 1 とすることが考えられた．しかし，水素を基準にするよりも，さまざまな元素と化合物をつくる酸素を基準にした方が便利なので（化学の研究では反応前後の質量を測ることが多い），質量の基準は酸素になった．酸素を 100 とする方法を経て，酸素原子を 16 とすることが国際的に取り決められた．ところが，酸素には同位体が存在することがわかり，化学分野では，O（同位体の混合物）＝ 16 とする原子量が，物理学分野では ^{16}O（^{16}O 原子のみ）＝ 16 とする原子量が使われるようになった．基準が 2 種類あると不便なので統一することとなり，どちらの基準からでも変更幅が小さくなる基準として，^{12}C（^{12}C 原子のみ）が選ばれた．

コラム 2 アボガドロ定数 N_A の定義変更

原子量の基準に ^{12}C（^{12}C 原子のみ）が選ばれた頃，1 mol の定義にも ^{12}C 原子が選ばれた．12 g ちょうどの ^{12}C 原子に含まれる原子の数が 1 mol と定義された．その数が具体的に何個なのかは，実験で確かめていくことになった．ところがこの測定は非常に難しく，6.02 …と続く数の小数点以下 7 桁目より先を求めることが困難であった．通常の化学計算では 6.02 とか 6.022 までわかっていればかまわないが，科学技術が進歩すると精密な数値が必要になるだろう．そこで，人類のもつ最先端の技術を組み合わせて測定を行い，その値をもとに 1 mol を定義することになった．その結果，$N_A = 6.02214076 \times 10^{23}\ \mathrm{mol^{-1}}$ とすることが決まった．かつては測定値であった N_A は現在，^{12}C とは無関係な定義値となっている．

4章

濃度をどのように測るのか？

この章の目標

1. 溶液とは何かを説明できる．
2. 質量パーセント濃度，質量/体積パーセント濃度，モル濃度，溶解度がどのような量なのかを説明できる．
3. 溶液の濃度・質量・密度，溶質の質量・物質量が関係する計算ができる．
4. 質量パーセント濃度，質量/体積パーセント濃度，モル濃度の間での換算ができる．
5. 混合溶液の調製に必要な溶液体積の計算ができる．

4.1　はじめに ～なぜ濃度を学ぶのか～

注射液，点滴液，点眼液などを取り扱うときも，血液や唾液や尿を検査するときも，そのときに注目している成分が液体の中にどれくらい溶けているのかを考える．これが**濃度**（concentration）である．一方，水や輸液に対して薬品や栄養素などを加えて混ぜていく操作では，どこまで溶かすことができるのかを考える．これが**溶解度**（solubility）である．医療の仕事では，さまざまな液体を取り扱う（図 4.1）．そのために濃度と溶解度について理解しておくことが必要である．

図 4.1　医療で取り扱う液体の例

4.2　水溶液の濃度を考える

液体に他の物質が溶けて均一に混ざり合うことを，**溶解**（dissolution）とよぶ．液体に溶けている物質を**溶質**（solute），溶質を溶かしている物質を**溶媒**（solvent）とよぶ．溶解によってできた液体を**溶液**（solution）とよぶ．特に溶媒が水の場合には，**水溶液** (aqueous solution) とよぶ．本章では水溶液について考えていくことにする．濃度とは，溶液中に溶けている溶質の割合である．濃度にはさまざまなものがあるが，ここでは医療に関係する3種類の濃度について学ぶ (表4.1)*1．

表4.1 さまざまな濃度

濃度の名称	単位	濃度の定義
質量パーセント濃度	%	$\dfrac{\text{溶質の質量 (g)}}{\text{溶液の質量 (g)}} \times 100\ \%$
質量/体積パーセント濃度	%	$\dfrac{\text{溶質の質量 (g)}}{\text{溶液の体積 (mL)}} \times 100\ \%$
モル濃度	mol L^{-1}	$\dfrac{\text{溶質の物質量 (mol)}}{\text{溶液の体積 (L)}}$

*1 3種類の濃度を考える際，質量，体積，物質量の単位が出てくる．以下の表のものは覚えておくこと．

質量	g
体積	L，cm^3
物質量	mol

4.2.1 質量パーセント濃度

溶液全体の質量のうち，溶質の質量の割合を百分率 (パーセント) で表したものが，**質量パーセント濃度** (weight percentage) である*2．たとえば，100 g の食塩水の中に食塩が 1 g 溶けているとき，食塩の質量パーセント濃度は 1 % となる (図4.2)．質量パーセント濃度では質量だけを考える．溶液の体積や溶質の物質量などは，一切考えない．

*2 質量百分率とよぶこともある．

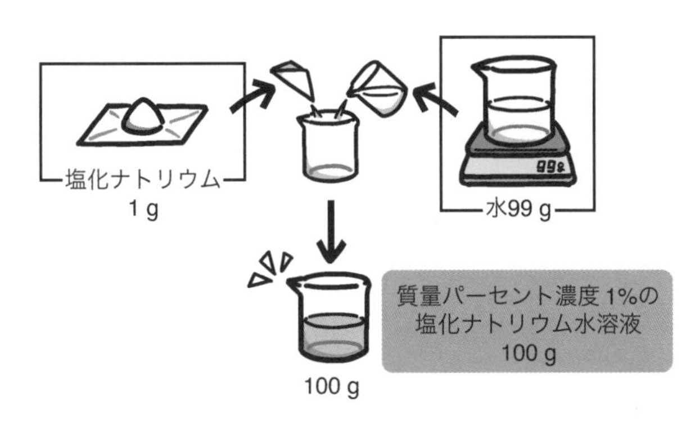

図4.2 **質量パーセント濃度**
質量パーセント濃度1 %の塩化ナトリウム水溶液100 g の調製．塩化ナトリウム1 g と水99 g を混合し，100 g の水溶液にする．100 g の溶液中に1 g の溶質が溶けているとき，質量パーセント濃度は1 % である．

例題 4.1

砂糖水 200 g の中に砂糖 40 g が溶けている．このときの砂糖の質量パーセント濃度は何%か．有効数字2桁で答えよ．

解　20 %

考え方　質量パーセント濃度の定義（表 4.1）より，

$$\frac{溶質の質量}{溶液の質量} = \frac{40\,\cancel{g}}{200\,\cancel{g}} = 0.20$$

1 が 100 % なので，0.20 は 20 % になる．

単位を付けて計算を進める

途中計算では単位を外さずに処理を進める．数値だけ抜き出して処理すると，計算を誤る確率が高くなる．特に g と kg，m^3 と L と mL が混在している場合，単位を付けておかないと，桁を 3 桁とか 6 桁とかずらしてしまうことがある．計算を進めるとき，割り算で分母と分子に同じ単位が出てきたときは，例題 4.1 のように消去すればよい．

接頭語

長さを表す基本的な単位は m（メートル）だが，隣町までの距離は km（キロメートル）で考えるし，靴のサイズは cm（センチメートル）で考える．k（キロ）は $1000 = 10^3$ を意味しており，$1\,\mathrm{km} = 1000\,\mathrm{m} = 10^3\,\mathrm{m}$ である．単位に k（キロ）を組み合わせることによって，数値を 3 桁小さくすることができる．一方，c（センチ）は $1/100 = 10^{-2}$ を意味しており，$1\,\mathrm{cm} = 1/100\,\mathrm{m} = 10^{-2}\,\mathrm{m}$ である．単位に c（センチ）を組み合わせることによって，数値を 2 桁大きくすることができる．このように，基本的な単位と組み合わせることによって，数値の桁を動かす記号を，接頭語とか接頭辞とよぶ．以下に本書で使う主な接頭語を挙げる．

表 4.2　主な接頭語

接頭語	k	h	c	m	μ	n	p
読み	キロ	ヘクト	センチ	ミリ	マイクロ	ナノ	ピコ
量	10^3	10^2	10^{-2}	10^{-3}	10^{-6}	10^{-9}	10^{-12}

確認問題 4.1

解答はこちら ▶ 

水 150 g にブドウ糖 50 g を溶かした．このときのブドウ糖の質量パーセント濃度は何%か．有効数字 2 桁で答えよ．

4.2.2　質量/体積パーセント濃度

液体を取り扱うときは，全体の量を質量で考えるより体積で考える方が実用的である．注射液も点滴液も，何 g かを考えるより何 mL かで考える場面の方が多いからだ．しかし，その中に溶けている溶質については，質量で考えた方が便利である．たとえば 500 mL の中に 25 g のブドウ糖が溶けているブドウ糖注射液，といった考え方である．そこで，**質量/体積パーセント濃度** (weight/volume percentage) が用いられる*3．たとえば，100 mL の食塩水の中に食塩が 1 g 溶けているとき，食塩の質量/体積パーセント濃度は 1 %となる (図 4.3)．この濃度はわかりにくい面がある．1 g/(100 mL) を 1 %と表しているためである．そこで，質量/体積パーセント濃度を考えるときには，溶液 100 mL の場合を基準にした比例関係を考えるとわかりやすい．

*3 質量対容量百分率とよぶこともある．

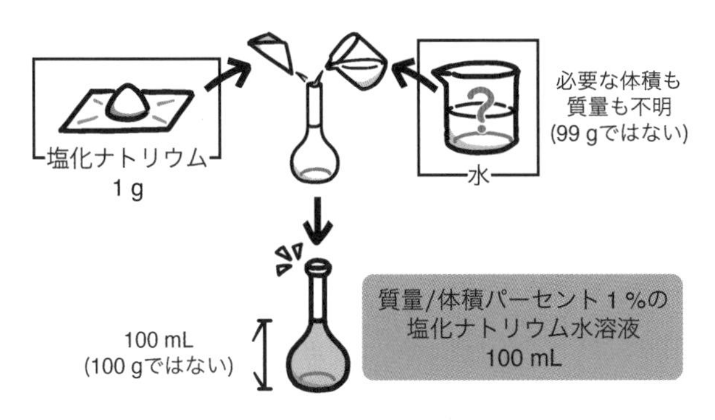

図 4.3　**質量/体積パーセント濃度**

質量/体積パーセント濃度 1 %の塩化ナトリウム水溶液 100 mL の調製．塩化ナトリウム 1 g を水に溶解し，全体で体積 100 mL の水溶液にする．100 mL の溶液中に 1 g の溶質が溶けているとき，質量/体積パーセント濃度は 1 %である．この水溶液の質量は 100 g にはならない．100 mL が 100 g になるのは純粋な水の場合であって，食塩水 100 mL は 100 g にならない．

例題 4.2

砂糖水 200 mL の中に砂糖 40 g が溶けている．このときの砂糖の質量/体積パーセント濃度は何%か．有効数字 2 桁で答えよ．

解 20 %

考え方 質量/体積パーセント濃度の基本は，「100 mL 中に 1 g が溶けているときに 1 %とする」ことである．だから溶液 100 mL の場合について考える．100 mL に溶けている砂糖の質量を x とすると，次の比例関係が成り立つ．100 mL : x = 200 mL : 40 g．これを解いて x = 20 g．100 mL に 20 g 溶けているので，質量/体積パーセント濃度は 20 %となる．

確認問題 4.2

質量/体積パーセント濃度で 25 %のブドウ糖水溶液が 200 mL ある．この水溶液中にブドウ糖は何 g 溶けているか．有効数字 2 桁で答えよ．

解答はこちら ▶ 

4.2.3 モル濃度

溶液中に溶けている溶質が何 g（質量）なのかではなく，何 mol（物質量）なのかを考える場合もある．この場合には**モル濃度**（molar concentration, molarity）を用いる．たとえば，体積 1 L の食塩水の中に食塩が 1 mol 溶けている場合，食塩のモル濃度は 1 mol L^{-1} となる（図 4.4）．

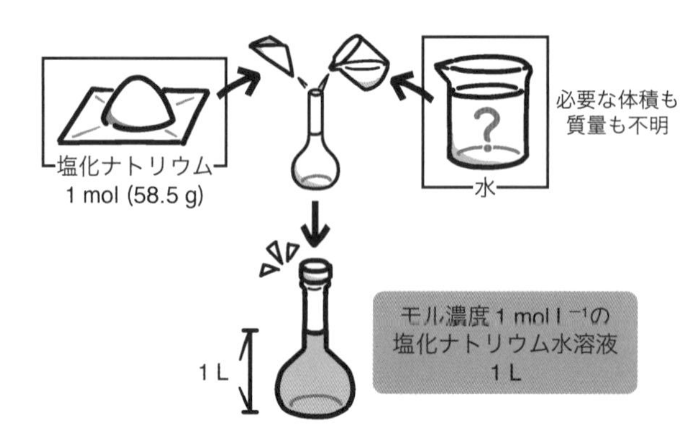

図 4.4 **モル濃度**
モル濃度 1 mol L^{-1} の塩化ナトリウム水溶液 1 L の調製．塩化ナトリウム 1 mol（58.45 g）を水に溶解し，全体で体積 1 L の水溶液にする．1 L の溶液中に 1 mol の溶質が溶けているとき，モル濃度は 1 mol L^{-1} である．

例題 4.3

食塩水 2.5 L の中に食塩が 5.0 mol 溶けている．このときの食塩のモル濃度は何 mol L^{-1} か．有効数字 2 桁で答えよ．

解 2.0 mol L^{-1}

考え方 モル濃度の定義から考える．

$$\text{モル濃度} = \frac{\text{溶質の物質量}}{\text{溶液の体積}} = \frac{5.0\ \text{mol}}{2.5\ \text{L}} = \frac{5.0}{2.5}\frac{\text{mol}}{\text{L}} = 2.0\ \text{mol/L} = 2.0\ \text{mol L}^{-1}$$

解答はこちら ▶

確認問題 4.3

モル濃度 1.5 mol L^{-1} のブドウ糖水溶液 500 mL 中に溶けているブドウ糖の物質量は何 mol か．有効数字 2 桁で答えよ．

4.3 濃度の換算

質量/体積パーセント濃度がわかっている水溶液のモル濃度を知りたい場合や，モル濃度がわかっている水溶液の質量パーセント濃度を知りたい場合がある．ある単位で表された量を，別の単位で表すことを換算とよぶ．換算は一度やり方を身に付けてしまえば，簡単である．質量パーセント濃度，質量/体積パーセント濃度，モル濃度の間での換算 6 通りについて換算のやり方を身に付けていこう．ここでは図 4.5 のうち，①，③，⑤の 3 通りを扱うが，実際にはどれも同じ考え方を使い回していることがわかるだろう．

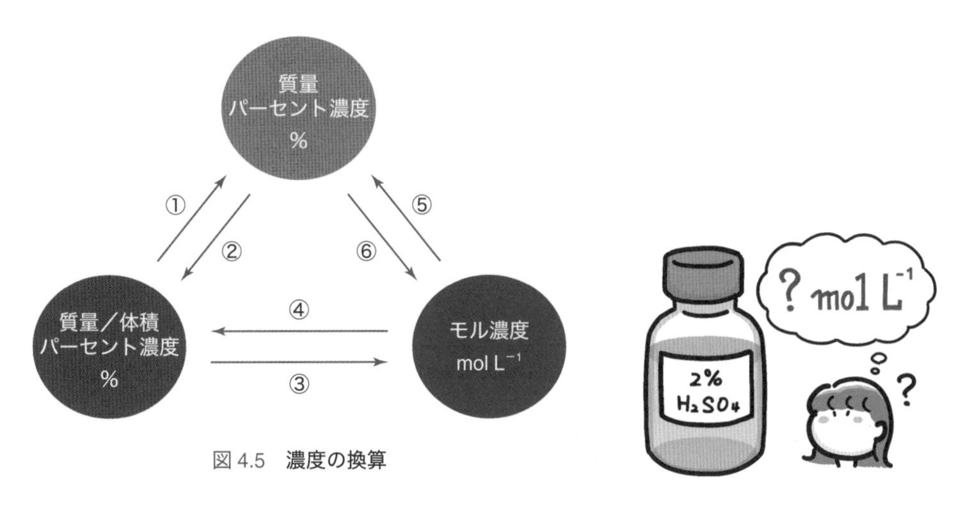

図 4.5 **濃度の換算**

4.3.1 密度についての復習

濃度の換算を行うときに，密度を使った計算が必要になる場合がある．そこで，密度について復習しておくことにする（図 4.6）．密度とは，質量を体積で割った量である．

$$密度 = \frac{質量}{体積}$$

たとえば，ある液体の体積 1.0 cm^3（これは 1 mL と同じである）の質量が 1.1 g であった場合，その密度は次のようになる．

$$密度 = \frac{質量}{体積} = \frac{1.1\ \mathrm{g}}{1.0\ \mathrm{cm^3}} = \frac{1.1}{1.0}\frac{\mathrm{g}}{\mathrm{cm^3}} = 1.1\ \mathrm{g/cm^3} = 1.1\ \mathrm{g\ cm^{-3}}$$

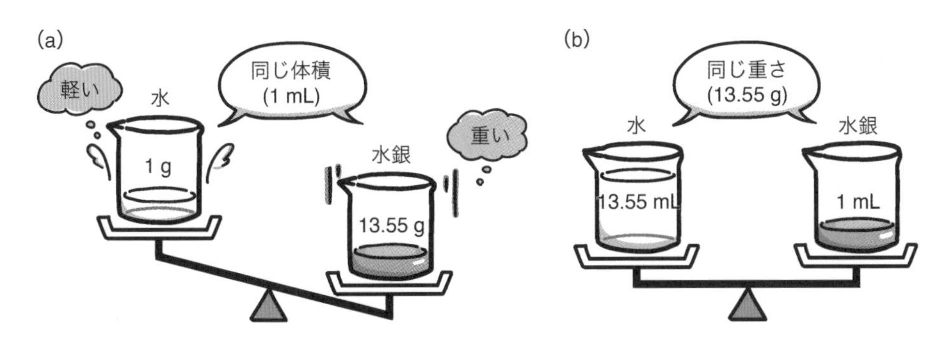

図 4.6 **密度と体積，質量の関係**

常温常圧で水の密度はおよそ 1 g cm^{-3} = 1 g mL^{-1}，水銀の密度は 13.55 g cm^{-3} = 13.55 g mL^{-1} である．(a) 水 1 mL と水銀 1 mL では，体積は同じだが質量が異なる．(b) 水 13.55 mL と水銀 1 mL とは同じ質量である．

密度がわかっていれば，体積を測ることによって質量を，質量を測ることによって体積を求めることができる．

例題 4.4

ある液体 5.0 mL の質量を測定したところ，7.0 g であった．この液体の密度は何 g cm^{-3} か．有効数字 2 桁で答えよ．

解 1.4 g cm^{-3}

考え方

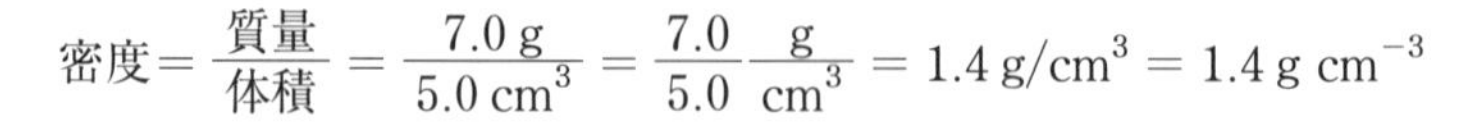

$$密度 = \frac{質量}{体積} = \frac{7.0\ \mathrm{g}}{5.0\ \mathrm{cm^3}} = \frac{7.0}{5.0}\frac{\mathrm{g}}{\mathrm{cm^3}} = 1.4\ \mathrm{g/cm^3} = 1.4\ \mathrm{g\ cm^{-3}}$$

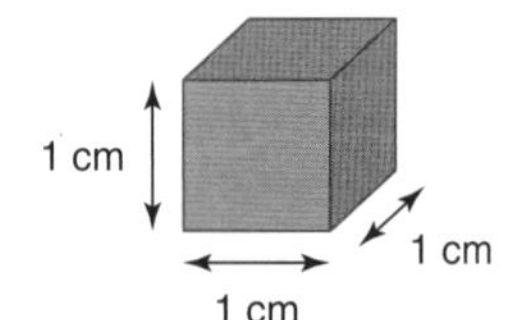

1 cm × 1 cm × 1 cm
= 1 cm^3 = 1 mL

5.0 mL は 5.0 cm^3 である．液体の体積については mL や L を使うことが多く，密度の単位としては g cm^{-3} を使うことが多い．一辺 1 cm の立方体の体積が 1 cm^3 であり，これは 1 mL でもある．

確認問題 4.4

密度が 1.2 g cm^{-3} の液体の質量が 6.0 g であった．この液体の体積は何 cm^3 か．有効数字 2 桁で答えよ．

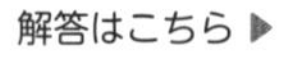

4.3.2　質量/体積パーセント濃度を質量パーセント濃度に換算する

濃度の換算を行うときには，組み合わさっているどの量がどの量に変換されるのかを考えてから計算に取りかかる．質量/体積パーセント濃度を質量パーセントに換算するときは，溶液の体積 (mL) を質量 (g) に変換する必要がある．

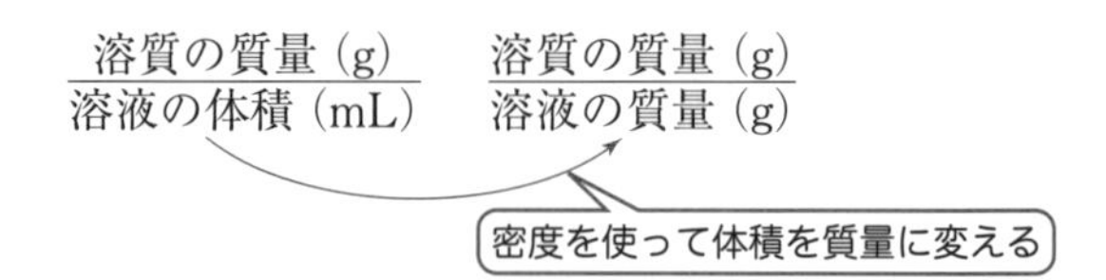

溶液の体積には好きな量を設定してかまわない．質量/体積パーセント濃度から計算を始めるので，この濃度の基本になっている 100 mL を考えると計算を進めやすい．100 mL あたりの溶質の質量をもとにして，100 g あたりの溶質の質量を求める．この考え方で次の例題を解いてみよう．

例題 4.5

質量/体積パーセント濃度で 70 %のブドウ糖水溶液 (密度 1.26 g cm^{-3}) の質量パーセント濃度は何%か．有効数字 2 桁で答えよ．

解 56 %

考え方

$$\frac{70\ \mathrm{g}}{100\ \mathrm{mL}} \qquad \frac{70\ \mathrm{g}}{126\ \mathrm{g}}$$

100 mL について考える　密度を使って体積を質量に変える

溶液 100 mL について考える．質量パーセント濃度を計算するためには，溶液の質量が必要になる．これは密度を使って求めることができる．単位をそろえておくために，100 mL は 100 $\mathrm{cm^3}$ として計算を進める．

$$溶液の質量 = 密度 \times 溶液の体積 = (1.26\ \mathrm{g\ \cancel{cm^{-3}}}) \times (100\ \mathrm{\cancel{cm^3}}) = 126\ \mathrm{g}$$

この 126 g の中に，溶質が 70 g 溶けているので，質量パーセント濃度は次のようになる．

$$\frac{溶質の質量}{溶液の質量} = \frac{70\ \mathrm{g}}{126\ \mathrm{g}} = 0.555 \cdots \approx 56\ \%$$

4.3.3 質量/体積パーセント濃度をモル濃度に換算する

質量/体積パーセント濃度をモル濃度に換算するときは，次のような量の組み合わせになっていることを考えて，分母と分子をそれぞれ変換してから整理する．

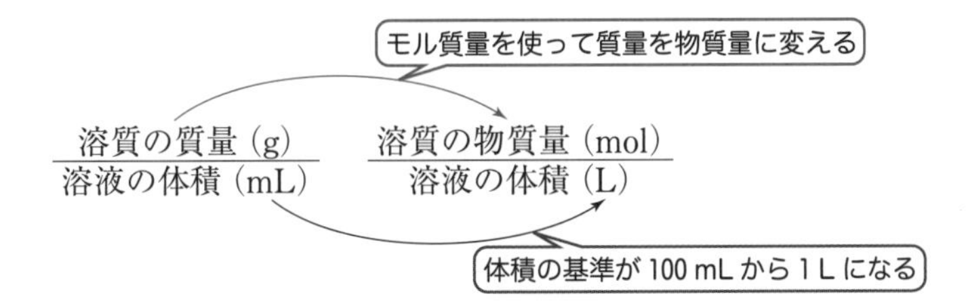

溶液の体積は好きな量を設定してかまわない．質量/体積パーセント濃度から計算を始めるので，この濃度の基本になっている 100 mL を考えると計算を進めやすい．この考え方で次の例題を解いてみよう．

例題 4.6

質量/体積パーセント濃度で 50 %のブドウ糖水溶液のモル濃度は何 $\mathrm{mol\ L^{-1}}$ か．有効数字 2 桁で答えよ．ブドウ糖のモル質量は 180 $\mathrm{g\ mol^{-1}}$ とせよ．

解 2.8 $\mathrm{mol\ L^{-1}}$

考え方

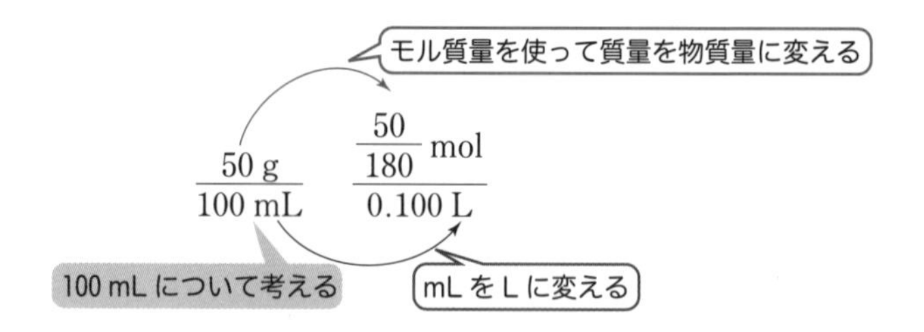

モル濃度を求めるためには，溶質の物質量が必要になる．これはモル質量を用いて求めることができる．

$$\text{物質量} = \frac{\text{質量}}{\text{モル質量}} = \frac{50\ \text{g}}{180\ \text{g mol}^{-1}} = \frac{50}{180}\ \text{mol}$$

ここで 50÷180 の割り算を行うと，0.2777 …と端数が生じるので，分数で止めておいて先に進める．物質量は求まったので，次に体積を考える．モル濃度では 1 L あたりの溶質の物質量を考えるので，体積に L を使う．そこで，100 mL を 0.100 L にしておく．1 L は 1000 mL なので，100 mL は 0.100 L になる．以上を組み合わせると，モル濃度は次のようになる．

$$\text{モル濃度} = \frac{\text{物質量}}{\text{体積}} = \frac{\frac{50}{180}\ \text{mol}}{0.100\ \text{L}} = 2.777 \cdots \text{mol L}^{-1} \approx 2.8\ \text{mol L}^{-1}$$

4.3.4 モル濃度を質量パーセント濃度に換算する

モル濃度を質量パーセント濃度に換算するときは，次のような量の組み合わせになっていることを考えて，分母と分子をそれぞれ変換してから整理する．

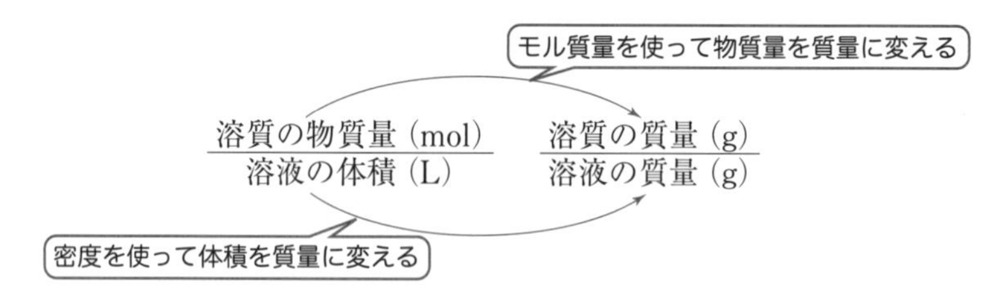

溶液の体積は好きな量を設定してかまわない．モル濃度が体積 1 L あたりの物質量 (mol) を表しているので，1 L を考えると計算を進めやすい．この考え方で次の例題を解いてみよう．

例題 4.7

モル濃度 1.8 mol L^{-1} の尿素水溶液 (密度 1.1 g cm^{-3}) の質量パーセント濃度は何 % か．有効数字 2 桁で答えよ．尿素のモル質量は 60 g mol^{-1} とせよ．

解 9.8 %

考え方

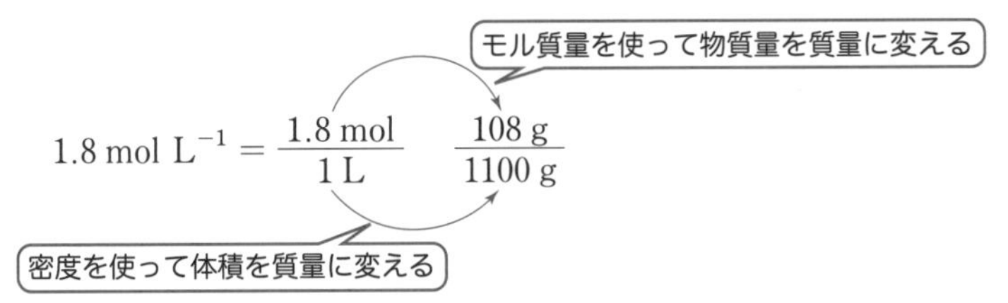

溶液 1 L について考える．質量パーセント濃度を計算するためには，溶質の質量と，溶液全体の質量が必要である．溶質の質量は物質量を使って求める．

溶質の質量 ＝ 物質量 × モル質量 ＝ $(1.8\ \mathrm{mol}) \times (60\ \mathrm{g\ mol^{-1}}) = 108\ \mathrm{g}$

溶液の質量は密度を使って求める．このとき，体積の単位を L から $\mathrm{cm^3}$ に変えておく必要がある．$1\ \mathrm{L} = 1000\ \mathrm{mL} = 1000\ \mathrm{cm^3}$ である．

溶液の質量 ＝ 密度 × 体積 ＝ $(1.1\ \mathrm{g\ cm^{-3}}) \times (1000\ \mathrm{cm^3}) = 1100\ \mathrm{g}$

定義に従って質量パーセント濃度を計算する．

$$\frac{溶質の質量}{溶液の質量} = \frac{108\ \mathrm{g}}{1100\ \mathrm{g}} = 0.09818\cdots \approx 9.8\ \%$$

4.4　溶液の希釈と混合溶液の調製

あらかじめ高濃度の水溶液を調製しておき，それを必要に応じて水で希釈して使うことがある．また，2 種類以上の高濃度水溶液からそれぞれ適量を取って合わせて水に溶かし，混合水溶液を調製する場合がある．その考え方を身に付けよう（図 4.7）．

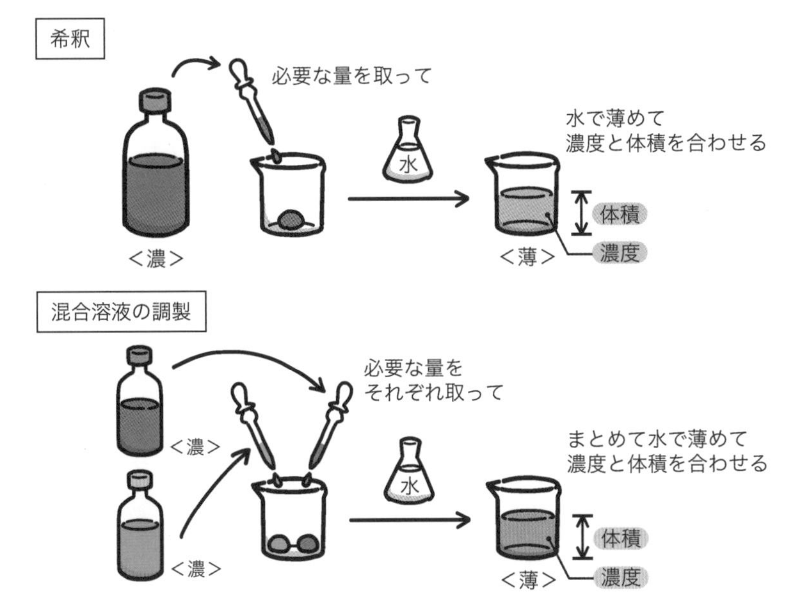

図 4.7　希釈と混合溶液の調製

4.4.1 水溶液の希釈

高濃度の水溶液から必要量を取って水で希釈して，必要な体積と濃度の水溶液を調製する場合，どれだけの体積の高濃度溶液を取ればよいのか．この場合には，希釈前後で溶質の質量や物質量が保たれることに注目する．取ってきた高濃度溶液を希釈しても，溶質の質量や物質量は変わらない．変わるのは濃度である．基本的な考え方は，比例計算である．

例題 4.8

質量パーセント濃度 50 %のブドウ糖水溶液 A がある．ここから適量を取って水で希釈して 200 g とし，質量パーセント濃度 10 %のブドウ糖水溶液を調製したい．必要な A の質量は何 g か．有効数字 2 桁で答えよ．

解 40 g

考え方 ブドウ糖の質量に注目する．希釈後の水溶液に何 g のブドウ糖が溶けているのかを考える．

$$\text{質量}_{(\text{溶質})} = \text{濃度}_{(\text{希釈後})} \times \text{質量}_{(\text{希釈後})} = (0.10) \times (200\ \text{g}) = 20\ \text{g}$$

この質量のブドウ糖を含む A を取ればよい．これを x とおくと，

$$\text{質量}_{(\text{溶質})} = \text{濃度}_{(\text{希釈前})} \times \text{質量}_{(\text{希釈前})}$$

$$20\ \text{g} = 0.5 \times x$$

$$x = 40\ \text{g}$$

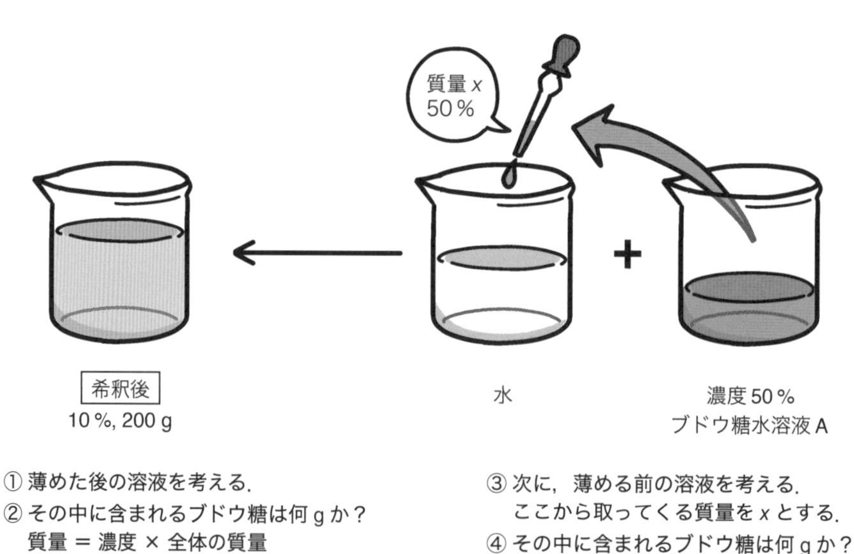

① 薄めた後の溶液を考える．
② その中に含まれるブドウ糖は何 g か？
質量 = 濃度 × 全体の質量
= 0.10 × 200 g
= 20 g

③ 次に，薄める前の溶液を考える．
ここから取ってくる質量を x とする．
④ その中に含まれるブドウ糖は何 g か？
質量 = 濃度 × 全体の質量
= 0.50 × x

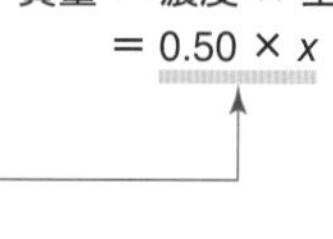

同じものなので，
x = 40 g

4.4.2 混合溶液の調製

前項では1種類の溶質を含む水溶液を希釈して，濃度と体積を合わせる場合について考えた．ここでは2種類以上の水溶液からそれぞれ必要な量を取り，混合および希釈し，2種類以上の溶質を含む混合溶液を調製する操作について考える．基本的な考え方は前項と同じである．

例題 4.9

モル濃度 5.0 mol L^{-1} の塩化ナトリウム水溶液Eと，モル濃度 2.0 mol L^{-1} のブドウ糖水溶液Fがある．それぞれから適量を取り，混合および希釈して，塩化ナトリウムを 0.15 mol L^{-1}，ブドウ糖を 0.10 mol L^{-1} 含む混合溶液を 500 mL 調製したい．EとFはそれぞれ何 mL 必要か．有効数字2桁で答えよ．

解 Eが 15 mL，Fが 25 mL.

考え方 EとFそれぞれ独立に考える．まず，混合溶液中の塩化ナトリウムの物質量を考える．物質量＝モル濃度$_{(希釈後)}$×体積$_{(希釈後)}$＝(0.15 mol $\cancel{L^{-1}}$)×(0.500 $\cancel{L}$)＝0.075 mol．一方，Eから取ってきた体積を x とすると，ここに含まれている塩化ナトリウムの物質量は，物質量＝モル濃度$_{(希釈前)}$×体積$_{(希釈前)}$＝(5.0 mol L^{-1})×(x)となる．両者は等しいので，次の関係が成り立つ．

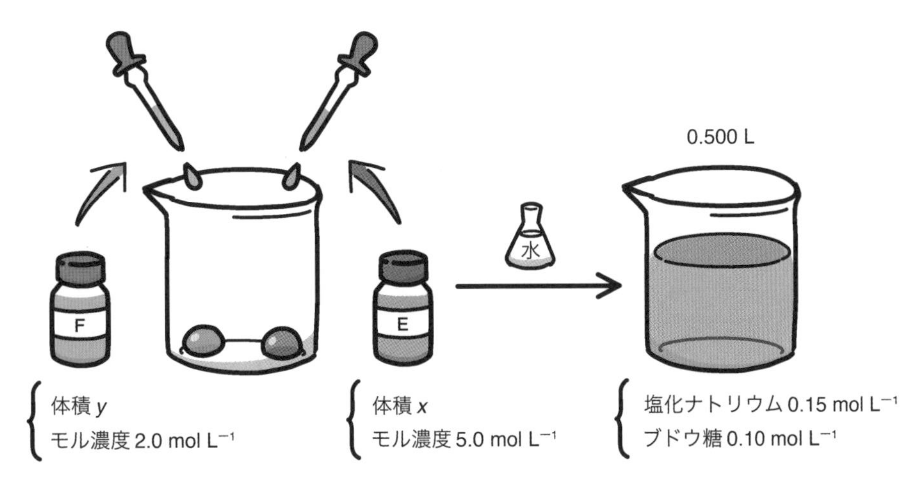

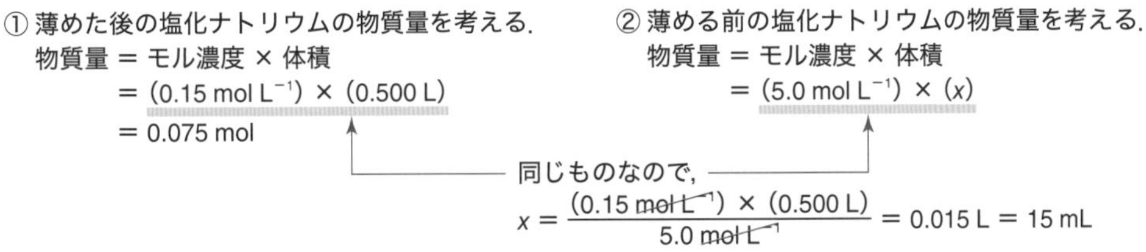

$$(5.0\ \mathrm{mol\ L^{-1}}) \times (x) = 0.075\ \mathrm{mol}$$

$$x = \frac{0.075\ \cancel{\mathrm{mol}}}{5.0\ \cancel{\mathrm{mol}}\ \mathrm{L^{-1}}} = 0.015\ \mathrm{L} = 15\ \mathrm{mL}$$

ブドウ糖についても同様に考える．混合溶液中のブドウ糖の物質量を考える．物質量＝モル濃度$_{(希釈後)}$×体積$_{(希釈後)}$＝ $(0.10\ \mathrm{mol\ L^{-1}}) \times (0.500\ \mathrm{L}) = 0.050\ \mathrm{mol}$．一方，F から取ってきた体積を y とすると，ここに含まれているブドウ糖の物質量は，物質量＝モル濃度$_{(希釈前)}$×体積$_{(希釈前)}$＝ $(2.0\ \mathrm{mol\ L^{-1}}) \times (y)$ となる．両者は等しいので，次の関係が成り立つ．

$$(2.0\ \mathrm{mol\ L^{-1}}) \times (y) = 0.050\ \mathrm{mol}$$

$$y = \frac{0.050\ \cancel{\mathrm{mol}}}{2.0\ \cancel{\mathrm{mol}}\ \mathrm{L^{-1}}} = 0.025\ \mathrm{L} = 25\ \mathrm{mL}$$

4.5 溶解度と飽和濃度

4.5.1 溶解度

ここまでは溶液があって，その中に溶質がどれだけ溶けているのかを考えてきた．これとは別に，溶媒があって，そこにどれだけの溶質を溶かすことができるのかを知りたい場合がある．このようなとき，**溶解度**(solubility)という考え方が必要になる(図 4.8)．溶解度にはさまざまなものがあるが，広く使われているものは 100 g の溶媒に対して溶解する溶質の質量である．たとえば 20 ℃において質量 100 g の水に対して硝酸カリウムは 32 g まで溶解する．このとき，20 ℃における硝酸カリウムの溶解度は 32 である，と表現する．溶解度は温度によって異なるので，どの温度におけるものなのかを明記する必要がある．

図 4.8 濃度と溶解度の違い

例題 4.10

温度 20 ℃において，水に対する塩化ナトリウムの溶解度は 35.8 である．この温度において 250 g の水に何 g までの塩化ナトリウムを溶かすことができるか．有効数字 3 桁で答えよ．

解 89.5 g

考え方 比例計算で考える．250 g に溶かすことのできる塩化ナトリウムの質量を x とすると，次の関係が成り立つ．100 g : 35.8 g = 250 g : x．これを解くと，x = 89.5 g となる．

4.5.2 飽和溶液と飽和濃度

溶解度まで溶質を溶かした溶液を，**飽和溶液**（saturated solution）とよぶ．このときの濃度を，**飽和濃度**（saturation concentration）とよぶ．

例題 4.11

温度 20 ℃における水に対する塩化ナトリウムの溶解度は 35.8 である．この温度における塩化ナトリウム水溶液の飽和濃度を質量パーセント濃度で求めよ．有効数字 2 桁で答えよ．

解 26 %

考え方 塩化ナトリウムの溶解度が 35.8 ということは，100 g の水に塩化ナトリウムを 35.8 g 溶解すると飽和濃度に達することを意味する．質量パーセント濃度の定義に従って計算を進める．

$$\frac{\text{溶質の質量}}{\text{溶液の質量}} = \frac{\text{溶質の質量}}{\text{溶媒の質量}+\text{溶質の質量}} = \frac{35.8\ \text{g}}{100\ \text{g} + 35.8\ \text{g}}$$
$$= 0.2636 \cdots \approx 26\ \%$$

4.5.3 再結晶

溶解度が温度によって異なることを利用して，固体の純度を高める操作を**再結晶**（recrystallization）とよぶ．たとえば，硝酸カリウムの中にわずかな量の塩化ナトリウムが不純物として混ざっている場合，この硝酸カリウムを高温の水にできるだけ高い濃度で溶かした後，冷却する．硝酸カリウムの溶解度は温度が下がると低くなるので，水に溶け切れなくなった硝

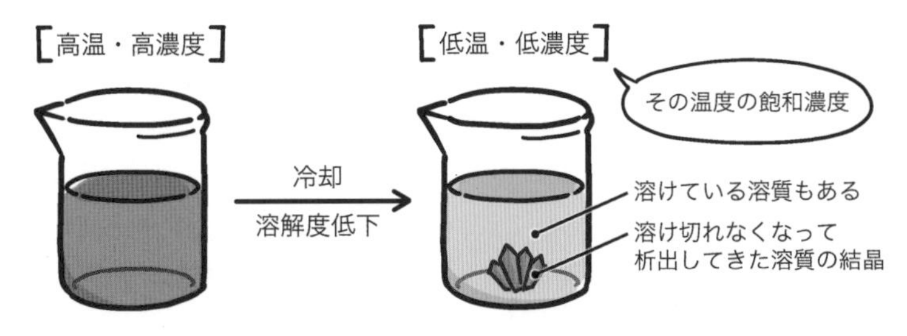

図 4.9 再結晶

酸カリウムが結晶として析出する．この結晶には，もともと不純物として含まれていた塩化ナトリウムが含まれていないので，硝酸カリウムの純度を高めることができる．

解答はこちら ▶ 

確認問題 4.5

水に対するホウ酸の溶解度は，70 ℃において 20，10 ℃において 5.0 である．70 ℃のホウ酸飽和水溶液 100 g を 10 ℃に冷却すると，何 g の結晶が析出するか．小数点以下 1 桁まで求めよ．

4.5.4 水和物

結晶中に水分子を含む化合物を**水和物**（hydrate）とよぶ．たとえば硫酸銅（Ⅱ）五水和物 $CuSO_4 \cdot 5H_2O$ の結晶は，Cu^{2+}，SO_4^{2-}，H_2O が 1：1：5 の割合で規則正しく積み重なってできている（図 4.10）．このように結晶の構成要素として組み込まれた水分子を，**水和水**（hydrated water）や**結晶水**（water of crystallization）とよぶ．これに対し，水和水を含まない塩（えん）は，**無水塩**（anhydrous salt）とよぶ[*4]．塩については 8 章で学ぶ．ここでは，イオン結合でできた物質で水和水を含まないものを無水塩と考えておく．

*4 有機化合物の中に無水物というものがあるが，無水塩とは異なるものである．

水和物を水に溶解すると，水和水は溶媒の水と混ざり合って区別できなくなる．そのため，水和物を水に溶かしても，無水物を水に溶かしても，同じ水溶液をつくることができる．

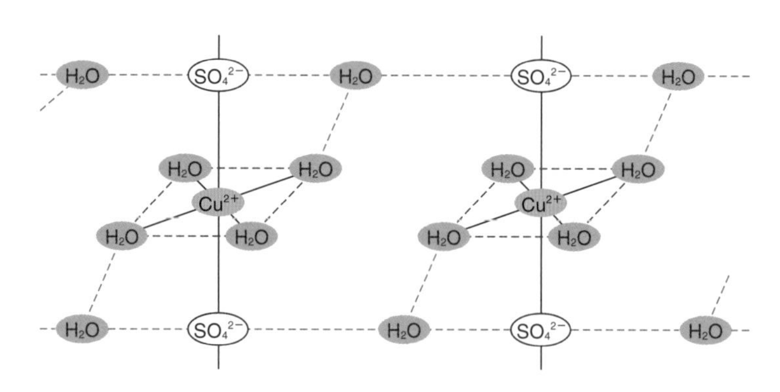

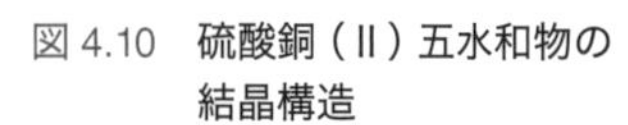
図 4.10 硫酸銅（Ⅱ）五水和物の結晶構造
Cu^{2+}，SO_4^{2-}，H_2O が 1：1：5 の比率で規則正しく並んでいる．

解答はこちら ▶ 

確認問題 4.6

硫酸銅（Ⅱ）五水和物 $CuSO_4 \cdot 5H_2O$ を水に溶かして，モル濃度 1 mol L^{-1} の硫酸銅 $CuSO_4$ 水溶液を 1 L 調製したい．何 g の硫酸銅（Ⅱ）五水和物を水に溶かせばよいか．硫酸銅 $CuSO_4$ のモル質量は 160 g mol^{-1}，水のモル質量は 18 g mol^{-1} とせよ．

コラム 1 痛風と尿路結石：溶けてくれないと痛い

私たちの体液にはさまざまな物質が溶けている．中には溶解度が低いものもあり，一定濃度を超えると体内で析出し，これが原因で痛みが生じることがある．その例としては，痛風や尿路結石が挙げられる．痛風は，血液中の尿酸の濃度が高くなることによって生じる病気である．尿酸は尿として体外に排出されているが，ここの調節がうまくいかなくなると血中濃度が高くなり（高尿酸血症），この状態が長く続くと関節の中で結晶化し，これが炎症を引き起こし，足指などに鋭い痛みが生じる．

尿路結石は，尿の中に含まれる尿酸，シュウ酸カルシウム，リン酸カルシウムなどが溶解しきれずに尿の通り道に析出した結晶であり，これが鋭い痛みを引き起こす．痛風も尿路結石も治療法の開拓が進んでいる．ストレスを溜め込まず規則正しい生活を送ることが発症予防に効果的であることがわかっている．

コラム 2 ppm，ppb，ppt

質量パーセント濃度や質量/体積パーセント濃度においては，注目している成分の百分率（%）を考えた．しかし，これよりももっと低い濃度を表記したい場合には，ppm（parts per million），ppb（parts per billion），ppt（parts per trillion）といった単位を用いることがある．ppm は百万分率ともよばれる．1 kg の試料中に注目している成分が 1 mg 含まれている場合，その成分の濃度が 1 ppm になる．液体試料，土壌，食品などでは 1 L を 1 kg とみなす（密度がほぼ $1\ \mathrm{g\ cm^{-3}} = 1\ \mathrm{kg\ L^{-1}}$ なので）．

$$1\ \mathrm{ppm} = \frac{1\ \mathrm{mg}}{1\ \mathrm{L}} \approx \frac{1\ \mathrm{mg}}{1\ \mathrm{kg}} = \frac{10^{-3}\ \cancel{\mathrm{g}}}{10^{3}\ \cancel{\mathrm{g}}} = 10^{-6} = \frac{1}{10^{6}}$$

百万分の1

環境や食品の汚染基準として ppm 表示された濃度が用いられている．たとえば地下水ではベンゼンやヒ素が 0.01 ppm 以下，食品では鉛が 1.0～5.0 ppm 以下，ヒ素が 1.0～3.5 ppm 以下となっている（食品によって基準が異なる）．

ppm の千分の 1，すなわち十億分の 1 の濃度が ppb，さらにその千分の 1，すなわち一兆分の 1 の濃度が ppt である．

$\frac{1}{10^{6}}$	$\frac{1}{10^{9}}$	$\frac{1}{10^{12}}$
1 ppm	1 ppb	1 ppt

ただし，billion を十億（10^9）ではなく一兆（10^{12}）の意味で使う場合や，trillion を一兆（10^{12}）ではなく百京（10^{18}）の意味で使う場合もある．さらに，ppt は千分の 1（parts per thousand）と間違えられる場合もある．ppm は正しく伝わっても，ppb や ppt は誤って伝わる可能性があるので，定義を述べてから使うことが望ましい．

5章 熱と反応の速さ，反応の向き

この章の目標

1. 化学反応に伴う熱の出入りを説明できる.
2. 化学反応の速さにどのようなものごとが影響を与えるのかを説明できる.
3. 触媒とはどのようなものなのか説明できる.
4. 逆向きの反応も同時に進む，可逆反応について説明できる.

theme1 反応に伴う熱の出入りを考えよう

この章では**エネルギー**（energy）と**熱**（heat）が関係するものごとを学ぶ．どちらも目に見えないので，なんとなくどのようなものごとなのかはわかっていても，具体的に何なのかは説明できない，という読者もいることだろう．それでかまわない．ここから始めよう．

5.1 エネルギーと熱

エネルギーとは，仕事をする能力のことである．では仕事とは何なのか．このように考えていくと先に進めないので，代わりにどのようなものごとが仕事なのかを挙げることにする．たとえば私たちが荷物に力を加えて動かすとき，1 mm でも荷物が移動したのであれば，仕事をしたと判断する．この仕事には，運動エネルギーが用いられている．洗濯機のモーターを回したり，電灯を灯したりするのには，電気エネルギーが用いられている．

熱もまたエネルギーの一種である．熱を利用して水を沸騰させたり，食べ物を温めたりといった仕事をすることができる．エネルギーは，他の種類のエネルギーに姿を変えることがある．たとえば，自動車を動かすエン

ジンでは，ガソリンが燃焼するときに発生する熱を運動エネルギーに変えている．さまざまなエネルギーがあるが，エネルギーは姿を変えることはあっても，現れたり消えたりすることはない．これを，**エネルギー保存の法則**（law of conservation of energy）とよぶ．

5.2 温かくなる反応・冷たくなる反応

ヤカンの中に水を入れ，ガスコンロに乗せて点火すると，ガスが燃え始め，ヤカンの中の水の温度が上昇していく．水を温めるという仕事をしているのは，ガスが燃えるときに発生する熱である．なぜ物質が燃えると熱が出るのだろうか．エネルギー保存の法則から考えると，何かが熱に姿を変えたことになる．それは何なのだろうか．まず，これを考える．

5.2.1 熱を発生する化学反応

ブタン C_4H_{10} の完全燃焼[*1]を考える．ブタンは，カセット式コンロの燃料に使われている物質である．化学反応式は，次のとおりである．

$$2C_4H_{10} + 13O_2 \longrightarrow 8CO_2 + 10H_2O$$

この反応には発熱が伴う．発熱が伴う反応を，**発熱反応**（exothermic reaction）とよぶ．この熱はどこから発生したものなのだろうか．この熱は，ブタンと酸素がもっていたエネルギーが姿を変えたものである．物質は，それぞれ固有のエネルギーをもっている．これを，**化学エネルギー**（chemical energy）とよぶ．化学反応によって物質が姿を変えると，物質がもっているエネルギーの大きさも変化する．反応物のもっていたエネルギーよりも，生成物のもっているエネルギーの方が小さいと，そのエネルギーの差が熱として物質の外に出る．ブタンが燃えると熱が出るのは，このためである（図 5.1）．

[*1] 酸素と反応して完全に燃え尽くされる反応を，完全燃焼とよぶ．たとえば炭素Cが燃焼して生じる物質としては CO と CO_2 があるが，完全燃焼による生成物は CO_2 だけである．CO はまだ酸素と反応して CO_2 になる余地が残されているからである．

5.2.2 熱を吸収する化学反応

ビーカーの中に水酸化バリウム $Ba(OH)_2$ の粉末と塩化アンモニウム NH_4Cl の粉末を入れて混ぜると，次の反応が進む．

$$Ba(OH)_2 + 2NH_4Cl \longrightarrow BaCl_2 + 2NH_3 + 2H_2O$$

しばらくしてビーカーに触れてみると，冷たくなっている．これは，周囲の熱を吸収しながら化学反応が進むためである．熱の移動する向きが，ブタンの燃焼反応のときとは逆になっている（図 5.2）．周囲から熱を吸収する反応を，**吸熱反応**（endothermic reaction）とよぶ．化学反応に伴って発生する熱，吸収される熱を，**反応熱**（heat of reaction）とよぶ．

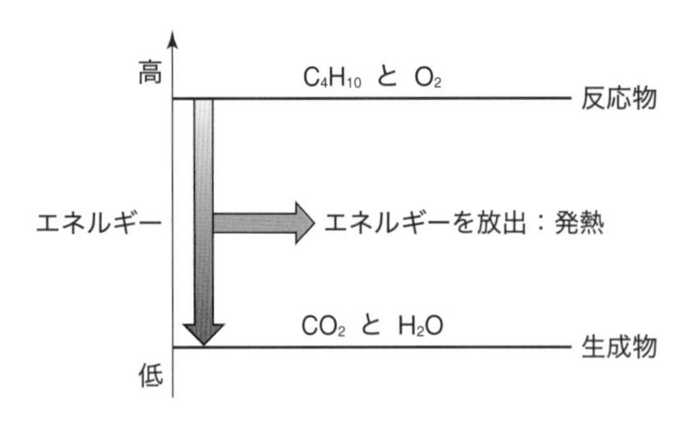

図 5.1 **熱を発生する化学反応**
反応物（ブタンと酸素）がもっているエネルギーよりも，生成物（二酸化炭素と水）のもっているエネルギーの方が小さい．このエネルギー差が，熱として物質の外に放出される．

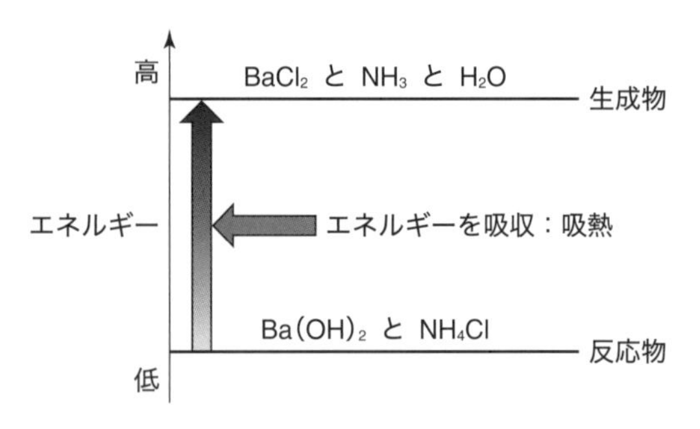

図 5.2 **熱を吸収する化学反応**
反応物（水酸化バリウムと塩化アンモニウム）がもっているエネルギーよりも，生成物（塩化バリウムとアンモニアと水）のもっているエネルギーの方が大きい．このエネルギー差は，熱として物質の外から吸収されたものである．

5.3 熱が関わる化学反応を記述する

5.3.1 化学反応式に熱を併記する

化学反応式に熱の出入りを併記するときの方法について決めておこう．先ほど考えたブタンの完全燃焼の反応式をもとに，情報を追加する．

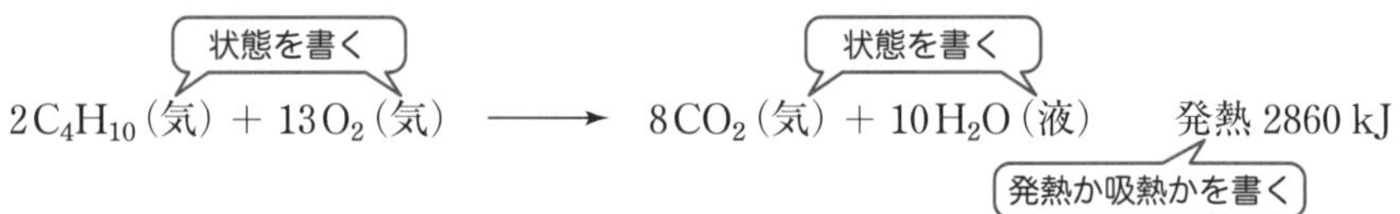

状態の表記法

気体：(気)　　液体：(液)　　固体：(固)

同素体がある場合は，炭素なら（黒鉛），（ダイヤモンド），（フラーレン）

C（固）ならC（黒鉛）と考えてよい

この化学反応式には，「2 mol の気体のブタン C_4H_{10} と 13 mol の気体の酸素 O_2 が反応すると，8 mol の気体の二酸化炭素 CO_2 と 10 mol の液体の水 H_2O が生じるとともに，2860 kJ の熱が発生する」ことが記されている*2．化学反応に伴って物質に出入りする熱量は，反応物や生成物の状態によって異なる．そのため，化学式に状態を併記する．反応熱は，発熱なのか吸熱なのかを明記したうえで，その大きさを記すことにする*3．

吸熱反応の場合も考えよう．赤熱した黒鉛 C に水蒸気 H_2O を触れさせると，一酸化炭素 CO と水素 H_2 が生じる．この反応では外部から熱が吸収される．これを次のように記述する．

$$\mathrm{C(黒鉛)} + \mathrm{H_2O(気)} \longrightarrow \mathrm{CO(気)} + \mathrm{H_2(気)} \qquad 吸熱\ 131\ \mathrm{kJ}$$

*2 特に断りのない限り，常温・常圧を考える．反応熱は温度や圧力によって変わる．

*3 反応に伴う熱は，エンタルピー変化 ΔH という量で表すことが一般的だが，本書では ΔH は用いずに，発熱か吸熱かを記したうえで，その大きさを記すことにする．ΔH を用いる場合，発熱は $\Delta H < 0$，吸熱は $\Delta H > 0$ とする．たとえばメタンの燃焼反応（発熱反応である）は，「CH_4(気) + $2O_2$(気) → CO_2(気) + $2H_2O$(液)　$\Delta H = -891$ kJ」と記す．化学反応式に続いて ΔH が記されている場合は，符号が−なら発熱，+なら吸熱と読み替えればよい．

5.3.2 反応に注目するか特定の物質に注目するか

化学反応式を書くときは，係数を最小の整数の組み合わせにする．しかし，反応熱について考えるときには，注目している物質の係数を 1 にするとわかりやすい．たとえばブタン C_4H_{10} の燃焼は次のように表すことができる．

$$C_4H_{10}(\text{気}) + \frac{13}{2}O_2(\text{気}) \longrightarrow 4CO_2(\text{気}) + 5H_2O(\text{液})$$

$$\text{発熱 } 1430\ \text{kJ mol}^{-1} \quad (5.1)$$

ここでは，注目している物質であるブタン C_4H_{10} の係数を 1 とし，熱量の単位を kJ mol^{-1} とすることによって，1 mol あたりの量で考えていることを示している．特定の物質に注目しているときには kJ mol^{-1} を，反応全体を考えているときには kJ を用いるとわかりやすい．なお，物質が完全燃焼する際に発生する熱量を，**燃焼熱** (heat of combustion) とよぶ．燃焼熱は，反応熱の一種である．上式 (5.1) は，「ブタンの燃焼熱は 1 mol あたり 1430 kJ である」あるいは「ブタンの燃焼熱は 1430 kJ mol^{-1} である」と読み取れる．完全燃焼は，すべて発熱反応である．

例題 5.1

5.0 mol のエタン C_2H_6 が完全燃焼したときに生じる熱量は何 kJ か．有効数字 2 桁で答えよ．次の式をもとに答えよ．

$$C_2H_6(\text{気}) + \frac{7}{2}O_2(\text{気}) \longrightarrow 2CO_2(\text{気}) + 3H_2O(\text{液})$$

$$\text{発熱 } 780\ \text{kJ mol}^{-1}$$

解 3.9×10^3 kJ

考え方 与えられている情報から，1 mol のエタン C_2H_6 が完全燃焼すると 780 kJ の熱が発生することがわかる．5.0 mol について考えているので，これを 5.0 倍する．$5.0\ \text{mol} \times 780\ \text{kJ mol}^{-1} = 3900\ \text{kJ} = 3.9 \times 10^3\ \text{kJ}$.

5.3.3 さまざまな熱を考える

化学反応に限らず，さまざまな場面で物質には熱の出入りが伴う．

(a) 溶解熱

溶質を大量の溶媒に溶解させたときに発生または吸収される熱量を，**溶解熱** (heat of dissolution) とよぶ．たとえば，硫酸 H_2SO_4 を水に溶かしたときは，次のように表す．この溶解には，発熱が伴う．

$$H_2SO_4(\text{液}) + aq \longrightarrow H_2SO_4aq \qquad \text{発熱 } 95.3\ \text{kJ mol}^{-1}$$

ここで aq は大量の水を意味する．化学式の右側に aq を付けた場合には，大量の水に溶解した状態であることを意味する[*4]．

*4 溶質が大量の水に溶解した状態を希薄溶液とよぶ．希薄溶液の具体的な濃度は定まっていないが，モル濃度 0.1 mol L^{-1} 以上だと希薄溶液と見なせなくなる現象がある．

硝酸カリウム KNO_3 を水に溶かすと，熱が吸収される．これを次のように表す．

$$KNO_3\text{(固)} + aq \longrightarrow KNO_3aq \qquad \text{吸熱 } 34.9\ \text{kJ mol}^{-1}$$

(b) 状態変化に伴う熱

6 章で学ぶ，状態変化に伴う熱の出入りも，同じように扱うことができる．水の場合を以下に示す．

$$H_2O\text{(固)} \longrightarrow H_2O\text{(液)} \qquad \text{吸熱 } 6.0\ \text{kJ mol}^{-1}$$
$$H_2O\text{(液)} \longrightarrow H_2O\text{(固)} \qquad \text{発熱 } 6.0\ \text{kJ mol}^{-1}$$
$$H_2O\text{(液)} \longrightarrow H_2O\text{(気)} \qquad \text{吸熱 } 44\ \text{kJ mol}^{-1}$$
$$H_2O\text{(気)} \longrightarrow H_2O\text{(液)} \qquad \text{発熱 } 44\ \text{kJ mol}^{-1}$$

5.4 ヘスの法則

水酸化ナトリウム NaOH と塩化水素 HCl を 1 mol ずつ反応させて，塩化ナトリウム NaCl と水 H_2O にする反応を考える．この操作を，次の 2 通りの方法で行う（図 5.3）．

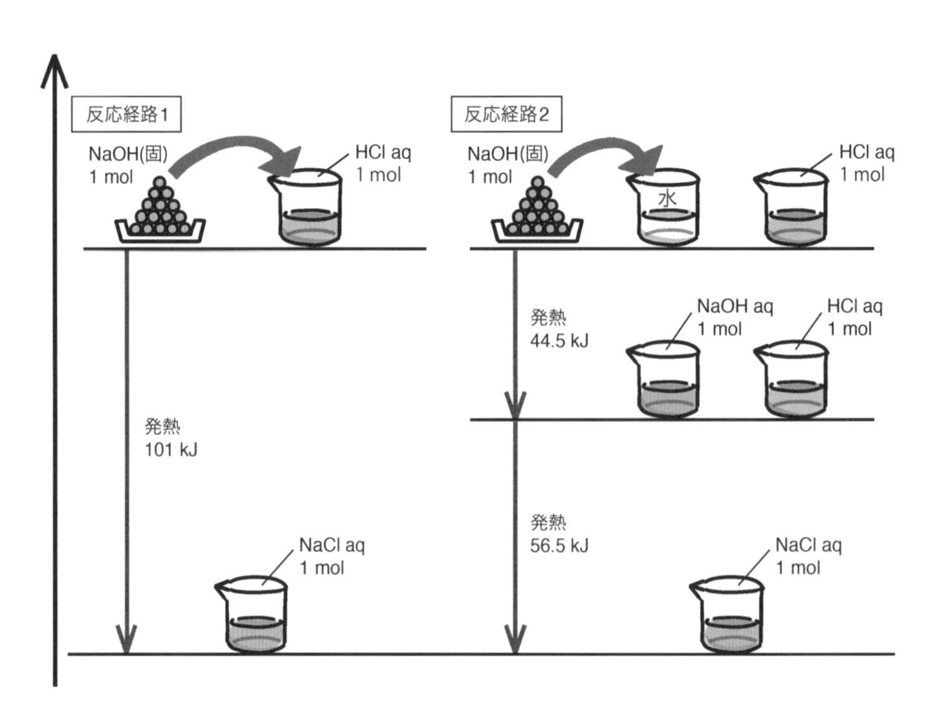

図 5.3 ヘスの法則

(反応経路 1) 1 mol の HCl が溶解している水に，固体の NaOH を 1 mol 溶解させる．

$$NaOH\,(固) + HClaq \longrightarrow NaClaq + H_2O \quad 発熱\ 101\ kJ \quad (i)$$

(反応経路 2) まず 1 mol の NaOH を水に溶解させる．

$$NaOH\,(固) + aq \longrightarrow NaOHaq \quad 発熱\ 44.5\ kJ \quad (ii)$$

ここに，1 mol の HCl が溶解している水を加えて，反応させる．

$$NaOHaq + HClaq \longrightarrow NaClaq + H_2O \quad 発熱\ 56.5\ kJ \quad (iii)$$

ここで，(ii) と (iii) の熱を足すと，44.5 kJ + 56.5 kJ = 101 kJ の発熱となり，これは (i) と同じである．このことは，反応熱が反応の経路によらず，反応の始めの状態と終わりの状態で決まることを示している．これを，**ヘスの法則** (Hess's law) とよぶ．ヘスの法則は，エネルギー保存の法則の一部である．

例題 5.2

水素 (気体) と酸素 (気体) が反応して，水蒸気 (気体) が 1 mol 生成する反応は発熱反応か，吸熱反応か．また，この反応で発生または吸収される熱量は何 kJ か．以下の 2 つの関係式から求めよ．有効数字 3 桁で答えよ．

$$H_2\,(気) + \frac{1}{2}O_2\,(気) \longrightarrow H_2O\,(液) \quad 発熱\ 286\ kJ\ mol^{-1}$$

$$H_2O\,(液) \longrightarrow H_2O\,(気) \quad 吸熱\ 44\ kJ\ mol^{-1}$$

解 発熱，242 kJ.

考え方 反応して生じた液体の H_2O が状態変化で気体になると考える．

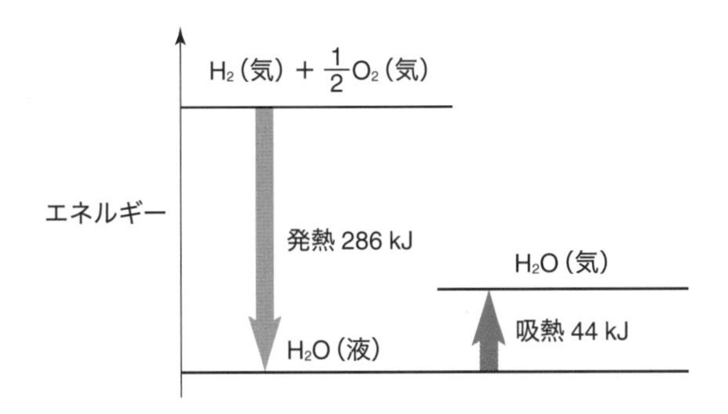

theme2 反応の速さは，どのように決まるのだろう？

硬貨や針金がさびて輝きを失っていく変化は，非常に遅い化学反応である．一方，花火は，一瞬で進行する速い化学反応である．どのようなものごとが，化学反応の速さを決めているのだろうか．ここでは反応の速さ，すなわち**反応速度**（rate of reaction）を考える[*5]．

*5 物理学においては速さと速度は異なる量だが，本書では区別せずに用いることにする．

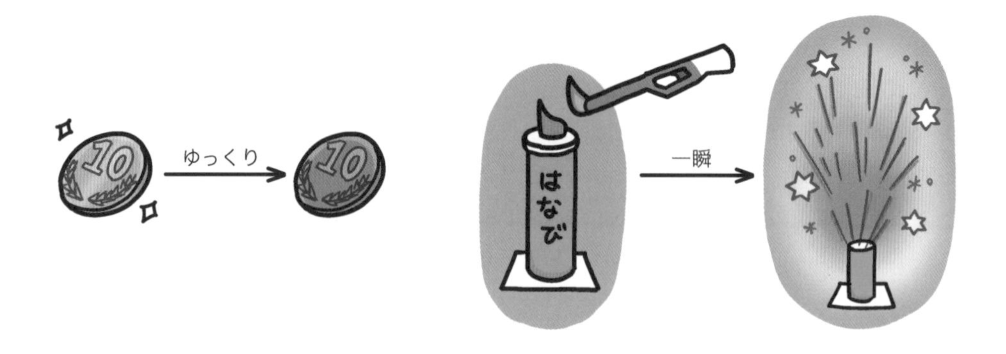

5.5 反応が進むための条件

説明しやすい例として，水素 H_2 とヨウ素 I_2 からヨウ化水素 HI が生じる反応を考える．

$$H_2 + I_2 \longrightarrow 2HI$$

この反応を始めさせるためには，外部から熱を与えてやる必要がある．さまざまな化学反応は，外部から熱を与えて初めて進行する．これはなぜだろうか．

5.5.1 活性化エネルギー

H_2 と I_2 が反応するためには，両者の分子が互いに衝突し，さらに両者

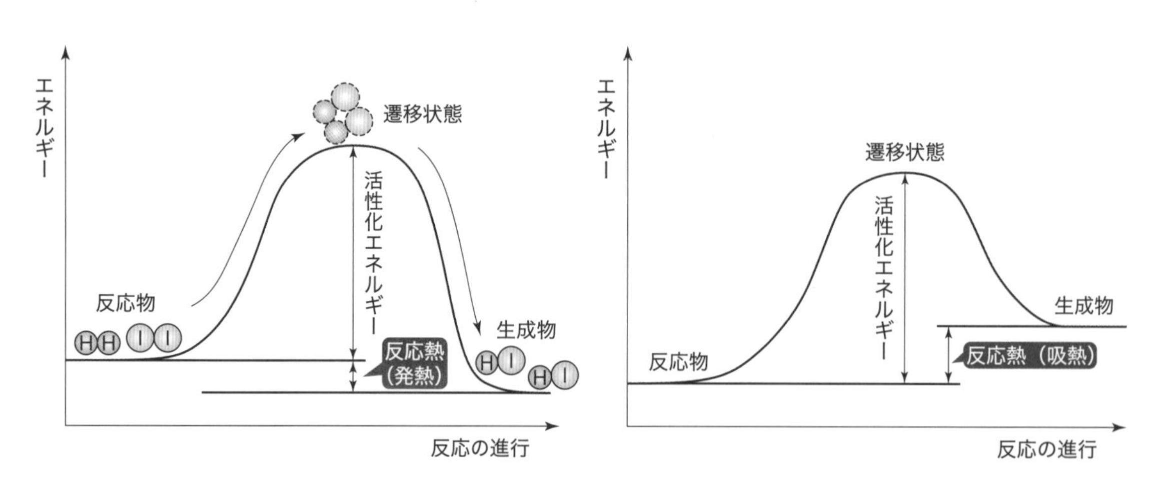

図 5.4 水素とヨウ素からヨウ化水素が生成する際の活性化エネルギーと反応熱

図 5.5 吸熱反応における活性化エネルギーと反応熱

が一体化した，エネルギーの高い不安定な状態になる必要がある．この状態を，**遷移状態**（transition state）とよぶ．反応物を遷移状態にするために必要な最小のエネルギーを，**活性化エネルギー**（activation energy）とよぶ．化学反応が進むためには，活性化エネルギーが必要である．これを反応物に与える1つの手段が，加熱である．図5.4に，反応 $H_2 + I_2 \rightarrow 2HI$ における活性化エネルギーと反応熱の関係を示す．

図5.4は発熱反応であるが，吸熱反応の場合には，図5.5のような関係になる．活性化エネルギーと反応熱の関係の違いに注意して比較せよ．

5.5.2 反応物の濃度

反応 $H_2 + I_2 \rightarrow 2HI$ における反応速度 v は，H_2 のモル濃度 $[H_2]$ と I_2 のモル濃度 $[I_2]$ の積に比例することが，実験からわかっている[*6]．

$$v = k[H_2][I_2]$$

ここで k は反応固有の比例定数であり，**反応速度定数**（rate constant）とよぶ．上式のように，反応速度を反応物の濃度で表した式を，**反応速度式**（rate equation）とよぶ．この式から，反応物の濃度を高くすれば，反応が速くなることがわかる[*7]．

*6 一般的に，物質のモル濃度は角括弧［ ］で表す．

*7 化学反応式から反応速度式を予測することはできない．$H_2 + I_2 \rightarrow 2HI$ の場合には，わかりやすい形の反応速度式になっているが，水の生成 $2H_2 + O_2 \rightarrow 2H_2O$ の場合には $v = k[H_2][O_2]^{1/2}$ となることが実験からわかっている．

5.5.3 反応の温度

反応を速くするためには，反応の温度を高くすることが有効である．熱を与えられた反応物は，高い運動エネルギーを受け取り，互いに激しく衝突する頻度を高める．また，活性化エネルギーよりも大きなエネルギーをもつ反応物の割合が高まり，反応が加速する．反応の種類にもよるが，一般に，反応温度を10℃高くすると，反応の速さは2倍から4倍になる．

5.5.4 触　媒

過酸化水素 H_2O_2 は，消毒や殺菌に用いられる物質である．水溶液中の過酸化水素は，常温でゆっくりと分解する．

$$2H_2O_2 \longrightarrow 2H_2O + O_2$$

この水溶液に，酸化マンガン（Ⅳ）MnO_2 の粉末を加えると，反応は急速に進行する．MnO_2 は反応の前後で変化しないが，H_2O_2 の分解速度を加速するはたらきを示す．このように，反応の前後でそれ自身は変化しないが，反応速度を変えるはたらきをする物質を，**触媒**（catalyst）とよぶ．

(a) 触媒はどのようにはたらくのか

一行の化学反応式で表される化学反応であっても，その中身は多段階にわたっている場合がある．たとえば，反応物どうしが衝突したり，その際に反応物の分子内の化学結合の強さが変化したり，それによって化学結合の組換えが起きたり，というように，さまざまなできごとが続いて，反応物が生成物に姿を変えていく．ここに触媒を与えると，それぞれのできごとが影響を受け，化学反応の進む経路が違ったものになる．触媒が存在するときに化学反応が進む経路は，触媒が存在しないときに化学反応が進む経路よりも，活性化エネルギーの小さな経路になる．そのために反応が進みやすくなる（図 5.6）．

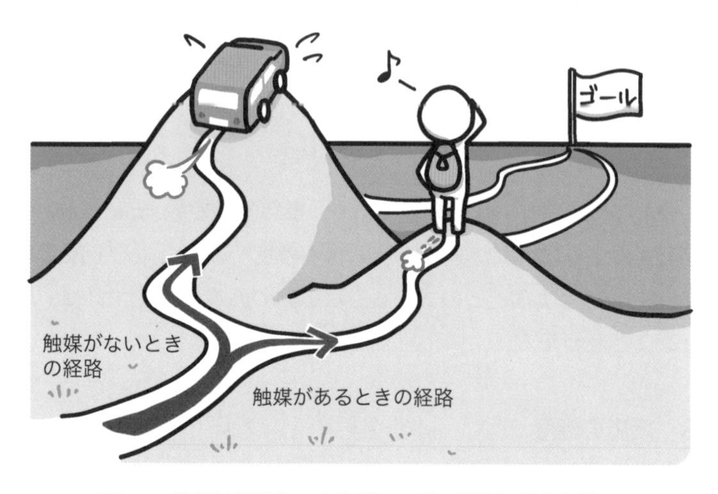

図 5.6 触媒は活性化エネルギーの低い経路に反応を導く

(b) 触媒と反応熱

触媒を加えて反応速度を加速した場合でも，反応の始めの状態（反応物）と終わりの状態（生成物）は変化しないので，反応熱に違いは生じない[*8]．

*8 触媒を加えることによって生成物が異なるものになる場合がある．ここでは生成物が同じ反応の場合を考えている．

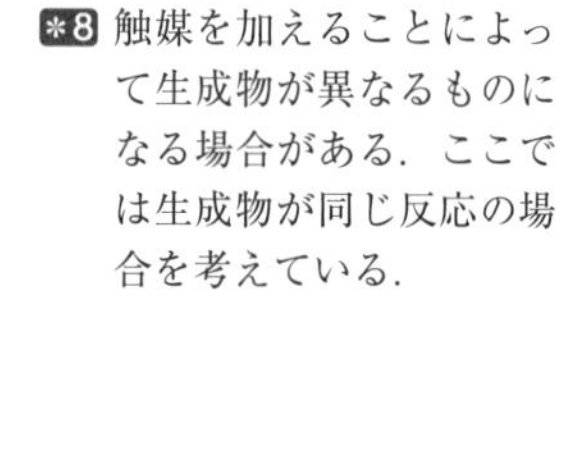

(c) 酵素

生物の体内にあって，触媒としてはたらく分子を，**酵素**（enzyme）とよぶ．たとえば私たちの唾液の中に含まれるアミラーゼは，デンプンを分解する酵素である．また，胃液や膵液の中に含まれるリパーゼは，脂肪を分解する酵素である．酵素は，食品の製造にも利用されている．バター，醤油，味噌，酒類，パンなどは，微生物がもつ酵素のはたらきを利用して製造されている．酵素のほとんどは，分子量数万から数十万という巨大なタンパク質であるが，酵素としてはたらくリボ核酸（RNA）も存在する（**コラム** 2，p.69 参照）．

5.6 平衡 —逆向きの反応も進むとき

5.6.1 逆向きの反応も進むとき

酢酸 CH_3COOH とエタノール C_2H_5OH を反応容器の中に入れると，次の反応が進行する.

$$\underset{\text{酢酸}}{CH_3COOH} + \underset{\text{エタノール}}{C_2H_5OH} \longrightarrow \underset{\text{酢酸エチル}}{CH_3COOC_2H_5} + \underset{\text{水}}{H_2O} \tag{5.2}$$

一方，反応容器の中に酢酸エチル $CH_3COOC_2H_5$ と水 H_2O を入れると，次の反応が進行する.

$$CH_3COOC_2H_5 + H_2O \longrightarrow CH_3COOH + C_2H_5OH \tag{5.3}$$

このように，ある化学反応について，左辺から右辺への反応と同時に，その逆の反応も進行可能な反応を，**可逆反応** (reversible reaction) とよぶ. 可逆反応において，注目している方向の反応を**正反応** (forward reaction)，その逆向きの反応を**逆反応** (reverse reaction) とよぶ. また，一方向にしか進まない反応を，**不可逆反応** (irreversible reaction) とよぶ.

5.6.2 平衡状態

式 (5.2) も (5.3) も，反応を開始してしばらくすると，酢酸 CH_3COOH，エタノール C_2H_5OH，酢酸エチル $CH_3COOC_2H_5$，水 H_2O の 4 成分が共存した状態で反応が停止したように見える状態に達する. これは，正反応 (5.2) と逆反応 (5.3) の反応速度が等しくなり，反応が停止したように見えるからである. この状態を，**平衡状態** (equilibrium state) とよぶ. (5.2) と (5.3) を組み合わせて，平衡状態は次のように表すことができる[*9].

$$CH_3COOH + C_2H_5OH \rightleftarrows CH_3COOC_2H_5 + H_2O \tag{5.4}$$

*9 平衡状態は $\rightleftharpoons$，可逆反応は $\rightleftarrows$ を用いて表すが，本書ではいずれも $\rightleftarrows$ を用いて表す.

5.6.3 化学平衡の法則

式 (5.4) の平衡状態において，次の関係式が成り立っている.

$$\frac{[CH_3COOC_2H_5][H_2O]}{[CH_3COOH][C_2H_5OH]} = K_c \tag{5.5}$$

このように，分母を反応物のモル濃度の積，分子を生成物のモル濃度の積とした K_c を，化学平衡の**平衡定数** (equilibrium constant) とよぶ. K_c は温度が一定なら，反応に固有の値となる. すなわち，温度が一定ならば，反応物がどのような割合で存在していても，K_c は一定の値をとる.

一般に，平衡状態 $aA + bB + \cdots \rightleftarrows pP + qQ + \cdots$ において，平衡定数 K_c は，次のように表される.

$$K_c = \frac{[P]^p[Q]^q \cdots}{[A]^a[B]^b \cdots} \tag{5.6}$$

このことを，**化学平衡の法則**（law of chemical equilibrium）とよぶ*10.

(a) 固体が関係する平衡

固体が関わる平衡で K_c を考えるときには，固体の存在を無視する．たとえば次の反応を考える．

$$\mathrm{C}(黒鉛) + \mathrm{H_2O}(気) \rightleftharpoons \mathrm{H_2}(気) + \mathrm{CO}(気)$$

ここで，C（黒鉛）は他の物質と均一に混じっているわけではないので*11，その量を増やしても平衡移動に影響しない．したがって，K_c は次のように表される，

$$K_c = \frac{[H_2][CO]}{[H_2O]}$$

例題 5.3

次の反応の平衡定数 K_c を表す式を答えよ．

(1) $\mathrm{H_2}$(気) + $\mathrm{I_2}$(気) ⇄ 2HI(気)

(2) $\mathrm{N_2}$(気) + $3\mathrm{H_2}$(気) ⇄ $2\mathrm{NH_3}$(気)

(3) $\mathrm{N_2O_4}$(気) ⇄ $2\mathrm{NO_2}$(気)

(4) C(固) + $\mathrm{CO_2}$(気) ⇄ 2CO(気)

解

(1) $K_c = \frac{[HI]^2}{[H_2][I_2]}$　(2) $K_c = \frac{[NH_3]^2}{[N_2][H_2]^3}$　(3) $K_c = \frac{[NO_2]^2}{[N_2O_4]}$　(4) $K_c = \frac{[CO]^2}{[CO_2]}$

考え方 左辺のモル濃度の積を分母に，右辺のモル濃度の積を分子に書く．このとき，たとえば2HIなら $[HI]^2$ とするのを忘れないこと．(4) では，固体は無視して考える．

5.7 平衡の移動

可逆反応が平衡状態にあるとき，濃度，圧力，温度などの条件を変化させると，一時的に平衡状態が崩れるが，ただちに正反応または逆反応が進行し，新しい平衡状態になる．これを，**平衡の移動**とよぶ．平衡の移動は，条件の変化による影響をやわらげる方向に進む．このことを，**ルシャトリエの原理**（Le Chatelier's principle）または平衡移動の原理とよぶ．たとえば，次の平衡を考える．

$$3\mathrm{H_2} + \mathrm{N_2} \rightleftharpoons 2\mathrm{NH_3} \tag{5.7}$$

*10 K_c の単位は $(\mathrm{mol\ L^{-1}})^n$ になる．式 (5.6) の場合，$n = (p + q + \cdots) - (a + b + \cdots)$ となる．たとえば，$2\mathrm{H_2} + \mathrm{O_2} \rightleftharpoons 2\mathrm{H_2O}$ の場合，$K_c = [H_2O]^2/[H_2]^2[O_2]$ であり，単位は $(\mathrm{mol\ L^{-1}})^2/\{(\mathrm{mol\ L^{-1}})^2\ (\mathrm{mol\ L^{-1}})\} = 1/(\mathrm{mol\ L^{-1}}) = (\mathrm{mol\ L^{-1}})^{-1} = \mathrm{mol^{-1}\,L}$ となる．式 (5.5) の場合は，$n = 0$ になる（単位が付かない）．

*11 固体は反応容器の底に沈んだり積もったりする．反応が進行する空間に均一に広がっているわけではない．

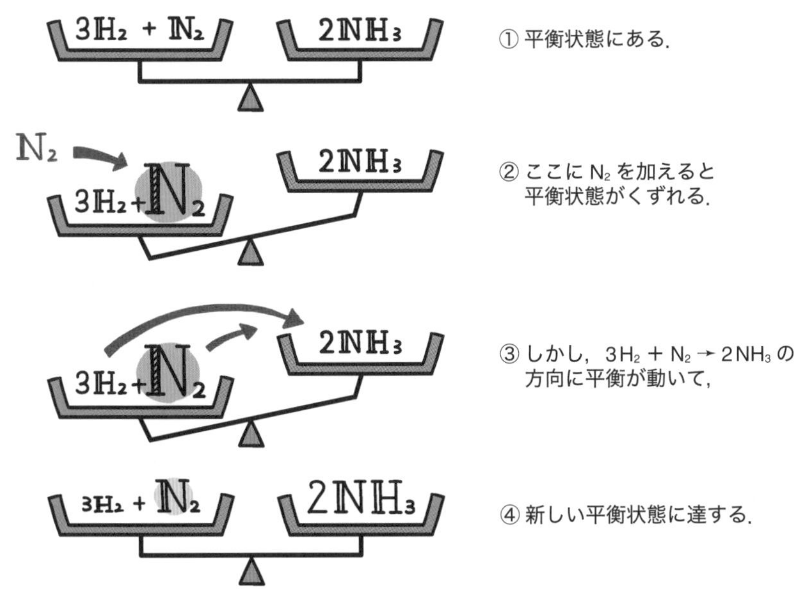

図 5.7 **平衡の移動**

ここに外部から N_2 を加えると，その瞬間は平衡が崩れるが，直ちに正反応（→ 向き）が進んで平衡が移動し，新しい平衡状態に達する（図 5.7）.

H_2 を加えた場合にも，同じことが起こる．一方，NH_3 を加えた場合には，逆反応（← 向き）が進んで平衡が移動し，新しい平衡状態に達する．これとは逆に，NH_3 を取り除いた場合には，正反応（→ 向き）が進んで平衡が移動し，新しい平衡状態に達する.

- 物質を加えると → 加えられた物質が減る方向に平衡が移動する*12.
- 物質を取り除くと → 取り除かれた物質が増える方向に平衡が移動する.

*12 加えられてから減る方向に平衡が移動するのであって，加えられる前を基準にそれより減ることはない.

5.7.1 圧力の変化に伴う平衡の移動

密閉容器内で式 (5.7) の平衡が成り立っているとき，容器の体積を小さくして，内部の圧力を高くしたらどうなるだろうか.

$$3H_2 + N_2 \rightleftarrows 2NH_3$$

3 mol　1 mol　2 mol

4 mol ——→ 2 mol

分子数が減る

圧力が高くなると，圧力を下げる方向に平衡が移動する．この反応の正反応（→ 向き）は，4 mol の反応物が 2 mol の生成物になる反応である．正反応（→ 向き）が進むと分子数が減り，圧力が下がる．したがって，この平衡では，圧力を高くすると，正反応（→ 向き）が進んで新しい平衡状態に達する．容器の体積を大きくして，内部の圧力を低くした場合には，これとは逆のことが起きて，平衡は逆反応の方向（← 向き）に移動する．
- 圧力を高くすると → 分子数が減る方向に平衡が移動する．
- 圧力を低くすると → 分子数が増える方向に平衡が移動する．

圧力を変えても，平衡が移動しない場合もある．例として，次の反応を挙げる．

$$H_2(\text{気}) + I_2(\text{気}) \rightleftarrows 2HI(\text{気})$$

この場合，反応の進行に伴って分子の数が変わらないので（左辺も右辺も 2 mol），圧力を変えても平衡は移動しない．

5.7.2 温度の変化に伴う平衡の移動

式（5.7）の正反応は，発熱反応である．

$$3H_2 + N_2 \longrightarrow 2NH_3 \qquad \text{発熱 } 92\ \text{kJ}$$

したがって，正反応が進めば発熱し，逆反応が進めば吸熱する．

吸熱 ← **→ 発熱**

$$3H_2 + N_2 \rightleftarrows 2NH_3$$

この平衡が成り立っているときに，冷却して温度を低くすると，この冷却の効果をやわらげる方向に平衡が移動する．すなわち，発熱反応の方向（→ 向き）に平衡が移動する．逆に，加熱して温度を高くすると，吸熱反応の方向（← 向き）に平衡が移動する．
- 温度を高くすると → 吸熱する方向に平衡が移動する．
- 温度を低くすると → 発熱する方向に平衡が移動する．

5.7.3 平衡と触媒

触媒は，正反応も逆反応も加速するので，反応開始から平衡状態に達するまでの時間を短縮するが，平衡を移動させることはない．したがって，K_c も変化しない．

例題 5.4

次の反応が平衡状態にあるとき，(i) および (ii) のように条件を変化させると，平衡はどちらの向きに移動するか．あるいは変化しないか．

(1) $N_2(\text{気}) + O_2(\text{気}) \rightleftarrows 2NO(\text{気})$ 吸熱 181 kJ

(i) 温度を高くする (ii) 圧力を上げる

(2) $CO(\text{気}) + 2H_2(\text{気}) \rightleftarrows CH_3OH(\text{気})$ 発熱 122 kJ

(i) H_2(気) を加える (ii) 触媒を加える

(3) C(黒鉛) + CO_2(気) ⇄ 2CO(気)　　吸熱 172 kJ
(i) 圧力を上げる　(ii) 温度を低くする

解 (1)(i) →, (ii) 変化しない, (2)(i) →, (ii) 変化しない, (3)(i) ←, (ii) ←

考え方 (1)(i) 吸熱反応を加熱すると，吸熱する方向に平衡が移動する．(ii) 左辺も右辺も 2 mol である．平衡を移動しても圧力の変化をやわらげることができないので，平衡は移動しない．(2)(i) 加えられた成分を減らす方向に平衡が移動する．(ii) 触媒は平衡を移動させない．(3)(i) 黒鉛は固体なので圧力変化の平衡移動では無視する．気体の物質量は左辺が 1 mol，右辺が 2 mol である．圧力を上げると分子数を減らす方向に平衡が移動する．(ii) 吸熱反応を冷却すると，発熱する方向に平衡が移動する．

コラム 1 人類 80 億人の食料生産を支えるアンモニア合成

2022 年に世界人口は 80 億人を突破した．これだけの数の人々が生きていくだけの食料を生産できるのは，化学肥料を大量生産できるからである．化学肥料の多くが，アンモニアを原料の 1 つとしている．2019 年の場合，世界全体でアンモニアは約 2 億トン製造され，その約 8 割が肥料の生産に用いられた．

アンモニアの製造には，次の化学反応が用いられる．

$$3H_2 + N_2 \longrightarrow 2NH_3 \quad \text{発熱 92 kJ}$$

反応を開始すると，しばらくして平衡状態に達する．

$$3H_2 + N_2 \rightleftarrows 2NH_3$$

ルシャトリエの原理から考えると，平衡を NH_3 生成側に移動させるためには，圧力を高くするとよい．また，正反応（→ 向き）が発熱反応なので，低い温度で反応させるとよい．ところが，温度を低くすると反応速度が遅くなり，実用的な速さでアンモニアを生産することができない．そこで，さまざまな技術開発と条件検討が行われ，鉄を主成分とする触媒を用いて，反応温度 500 ℃，圧力 200 ～ 300 atm という条件でアンモニアを製造する技術が開発された．この方法を，開発者の名前をとって，ハーバー-ボッシュ法 (Haber-Bosch process) とよぶ．

コラム 2 触媒と酵素とタンパク質の関係を整理する

生き物の身体の中にもともと存在する触媒を，酵素とよぶ．酵素の多くはタンパク質でできているが，リボ核酸 (RNA)*13 の中にも，酵素としてはたらくものがある（リボザイム）．したがって，「酵素はタンパク質である」は誤りである．ではこの逆，「タンパク質は酵素である」は成り立つだろうか．タンパク質はアミノ酸が何個も共有結合でつながった大きな分子である．その中には，酵素としてはたらくものもある．しかし，すべてのタンパク質が酵素としてはたらくわけではない．たとえば私たちの髪や爪の主成分となっているケラチンはタンパク質の一種だが，酵素としてははたらかない．したがって，「タンパク質は酵素である」も誤りである．

*13 ヌクレオチドが何個も共有結合でつながった大きな分子である．詳しくは 13 章で学ぶ．

6章 物質の三態変化

この章の目標

1. 気体の圧力，体積，物質量，温度の関係を説明できる．
2. 混合気体の性質を説明できる．
3. 気体の液体への溶解についての性質を説明できる．
4. 固体・液体・気体の違いを説明できる．
5. 状態変化や温度変化に伴う熱の出入りを説明できる．

theme1 気体の性質を知ろう

6.1 圧　力

ボールや風船を握ると，内部から気体が反発してくる．このとき私たちが手に抱く感覚は，ボールや風船内部の気体の**圧力** (pressure) である．圧力とは，単位面積あたりにはたらく力である[*1]．ボールや風船の中には

*1 圧力と力は異なる物理量である．力÷面積が圧力である．圧力のことを圧とよぶこともある．

身近な圧力（風船の圧力，大気圧，天気図，血圧計）

膨大な数の気体分子が飛び回っており，分子1個1個が常にボールや風船の壁面に衝突している．そのため，ボールや風船の内面には，常に一定の大きさの力がはたらいている．私たちも空気という気体の中で生活しており，意識することはないが，空気にも圧力がある．この圧力を**大気圧**(atmospheric pressure)とよび，その平均値を，1気圧とか1 atmとよぶ[*2]．単位についての国際ルール[*3]では圧力の単位にパスカル(Pa)を用いる．この場合，$1\ \mathrm{atm} = 1.013 \times 10^5\ \mathrm{Pa}$となる[*4]．天気予報では気圧の単位にヘクトパスカル(hPa)を使っている．1 hPaは100 Paである[*5]．血圧計では，圧力の単位にmmHgを使っている．1 atm = 760 mmHgの関係がある．

$$1\ \mathrm{atm} = 1013\ \mathrm{hPa} = 760\ \mathrm{mmHg}$$

6.2 気体の状態方程式

圧力をP，体積をV，気体の物質量をn，絶対温度をT(単位はK[*6])とするとき，私たちが暮らす環境の温度や圧力においては，次の関係が成り立つ．この関係を，気体の**状態方程式**(equation of state)とよぶ．

$$PV = nRT$$

ここでRは**気体定数**(gas constant)とよばれる定数で，$R = 8.314\ \mathrm{Pa\ m^3\ mol^{-1}\ K^{-1}}$である[*7]．気体の状態方程式は，温度を大きく下げたり圧力を大きく上げたりすると成り立たなくなっていくが，私たちが生活している温度や圧力のもとでは，成り立っているものと考えてかまわない[*8]．本書でも，気体については状態方程式が成り立つ範囲で考えていくことにする．

例題 6.1

温度0℃(273 K)，圧力1 atm(1013 hPa)において1 molの気体が占める体積は何$\mathrm{m^3}$か．また，何Lか．有効数字3桁で答えよ．気体定数は$8.314\ \mathrm{Pa\ m^3\ mol^{-1}\ K^{-1}}$とせよ．

解 $2.24 \times 10^{-2}\ \mathrm{m^3}$，22.4 L[*9]．

考え方 $PV = nRT$を変形する．$1013\ \mathrm{hPa} = 1013 \times 10^2\ \mathrm{Pa}$としておく．$1\ \mathrm{m^3} = 10^3\ \mathrm{L}$の関係がある．

$$\begin{aligned} V = \frac{nRT}{P} &= \frac{(1\ \cancel{\mathrm{mol}}) \times (8.314\ \cancel{\mathrm{Pa}}\ \mathrm{m^3}\ \cancel{\mathrm{mol^{-1}}}\ \cancel{\mathrm{K^{-1}}}) \times (273\ \cancel{\mathrm{K}})}{(1013 \times 10^2\ \cancel{\mathrm{Pa}})} \\ &= 0.022405 \cdots \mathrm{m^3} \\ &= 2.24 \times 10^{-2}\ \mathrm{m^3} \\ &= 22.4\ \mathrm{L} \end{aligned}$$

*2 正確には，海面における大気圧の平均値が1 atmである．

*3 国際単位系(SI)

*4 正確には，1.01325×10^5 Paである．

*5 ヘクト(h)は100を意味する(表4.2，p. 42)．土地の面積を表すときの単位にヘクタール(ha)を用いるが，これは100アールの意味である．

*6 −273.15℃を原点とする温度．単位にケルビン(K)を用いる．0℃は273.15 Kになる．

*7 $1\ \mathrm{J} = 1\ \mathrm{Pa\ m^3}$なので，$R = 8.314\ \mathrm{J\ mol^{-1}\ K^{-1}}$と記されていることもある．

*8 どのような条件においてもこの関係が成り立つ気体を仮想的に考え，これを**理想気体**(ideal gas)とよぶ．これに対し，実際に存在する気体を，**実在気体**(real gas)とよぶ．

*9 高校の化学基礎で学んだ22.4 Lという量が独り歩きしていることがある．1 molなら22.4 Lという関係は，(1)温度0℃，(2)圧力1 atm，(3)気体という3つの条件が揃った場合の話である．3つの条件のうちの1つが違うだけで22.4 Lではなくなる．このことは次の確認問題6.1も示している．

6.2.1 気体のモル体積

物質 1 mol が占める体積を，**モル体積** (molar volume) とよぶ．モル体積は物質固有の値だが，温度 0 ℃，圧力 1 atm において，種類を問わず気体 1 mol は例題 6.1 のように 22.4 L の体積を占める．すなわち，温度 0 ℃，圧力 1 atm において，種類を問わず気体のモル体積は 22.4 L mol^{-1} となる．

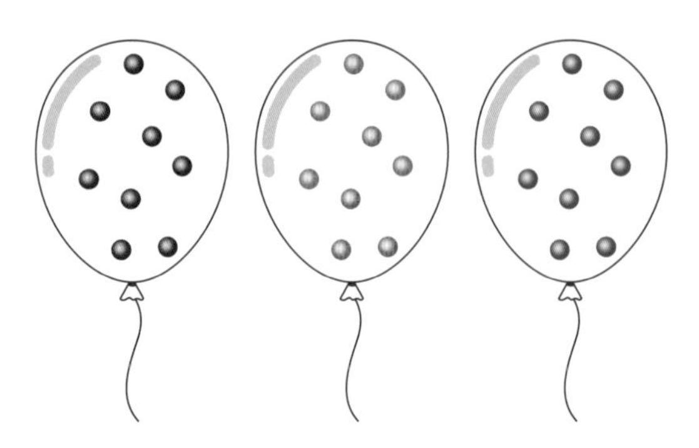

3 つの風船には異なる気体分子が 1 mol ずつ入っている．0 ℃，1 atm のとき，気体の種類によらず風船の大きさ（体積）はどれも 22.4 L となる．

解答はこちら ▶ 

確認問題 6.1

温度 25 ℃ (298 K)，圧力 1 atm (1013 hPa) における気体のモル体積は何 L mol^{-1} か．有効数字 3 桁で求めよ．気体定数は 8.314 Pa m^3 mol^{-1} K^{-1} とせよ．

6.2.2 圧力と体積の関係

気体の物質量 n が一定に保たれているとき，気体の状態方程式から次の関係が成り立つ．

$$\frac{PV}{T} = nR = 一定$$

このことは，化学反応することなく，気体の圧力，体積，絶対温度がそれぞれ P_1，V_1，T_1 から P_2，V_2，T_2 に変化したとき，次の関係が成り立つことを意味する．

$$\frac{P_1V_1}{T_1} = \frac{P_2V_2}{T_2}$$

この関係を，**ボイル-シャルルの法則** (Boyle-Charles' law) とよぶ．

例題 6.2

圧力 1.5×10^5 Pa，体積 1.2 m^3 の気体を，温度を一定に保ったまま圧縮し，体積 0.90 m^3 にした場合，圧力は何 Pa になるか．有効数字 2 桁で答えよ．

解 2.0×10^5 Pa

考え方 ボイル-シャルルの法則から考える.

$$\frac{P_1V_1}{T_1} = \frac{P_2V_2}{T_2}$$

温度一定なので $T_1 = T_2$ となり，次の関係が成り立つ.

$$P_1V_1 = P_2V_2$$

この関係を，**ボイルの法則** (Boyle's law) とよぶ.

$$(1.5 \times 10^5\ \mathrm{Pa}) \times (1.2\ \mathrm{m^3}) = (P_2) \times (0.90\ \mathrm{m^3})$$

$$P_2 = \frac{(1.5 \times 10^5\ \mathrm{Pa}) \times (1.2\ \mathrm{m^3})}{0.90\ \mathrm{m^3}} = 2.0 \times 10^5\ \mathrm{Pa}$$

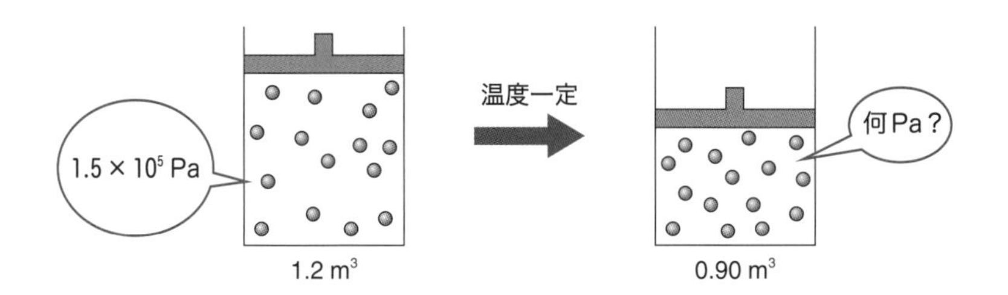

例題 6.3

体積 2.0 m^3，温度 27 ℃の気体を，圧力を一定に保ったまま加熱し，温度 57 ℃にした場合，体積は何 m^3 になるか．有効数字 2 桁で答えよ．0 ℃は 273 K とせよ.

解 2.2 m^3

考え方 ボイル-シャルルの法則から考える．温度は絶対温度で計算するので，27 ℃は 300 K，57 ℃は 330 K とする.

$$\frac{P_1V_1}{T_1} = \frac{P_2V_2}{T_2}$$

圧力一定なので，$P_1 = P_2$ となり，次の関係が成り立つ.

$$\frac{V_1}{T_1} = \frac{V_2}{T_2}$$

この関係を，**シャルルの法則** (Charles' law) とよぶ.

$$\frac{2.0\ \mathrm{m^3}}{300\ \mathrm{K}} = \frac{V_2}{330\ \mathrm{K}}$$

$$V_2 = \frac{(2.0\ \mathrm{m^3}) \times (330\ \mathrm{K})}{300\ \mathrm{K}} = 2.2\ \mathrm{m^3}$$

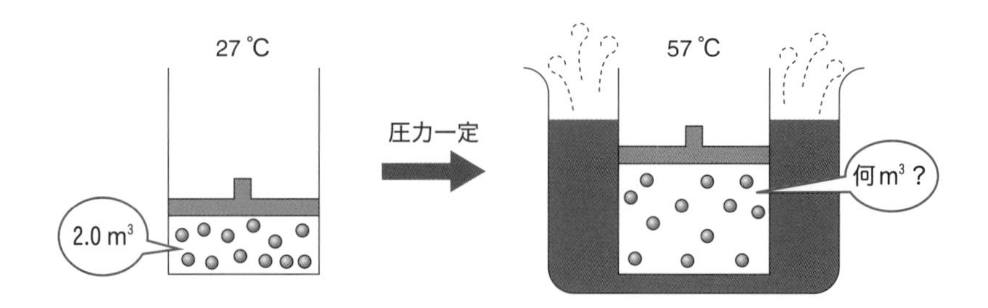

6.3　混合気体

6.3.1　分圧の法則

私たちが呼吸するたびに肺に吸い込んでいる空気は，窒素，酸素，その他の気体の混合物，すなわち**混合気体**（mixed gas）である．混合気体の圧力は，そこに含まれる各気体の圧力を合計したものである．たとえば空気の場合，空気の圧力を $P_{空気}$，窒素の圧力を P_{N_2}，酸素の圧力を P_{O_2}，その他の気体の圧力を $P_{その他}$とすると，次の関係が成り立つ．

$$P_{空気} = P_{N_2} + P_{O_2} + P_{その他}$$

ここで，P_{N_2}，P_{O_2}，$P_{その他}$をそれぞれ N_2 の**分圧**（partial pressure），O_2 の分圧，その他の気体の分圧とよび，$P_{空気}$はこれらをすべて足し合わせた**全圧**（total pressure）とよぶ．混合気体の全圧は，各成分気体の分圧を足し合わせたものになる．このことを，**ドルトンの分圧の法則**（Dolton's law of partial pressure）とよぶ（図 6.1）．

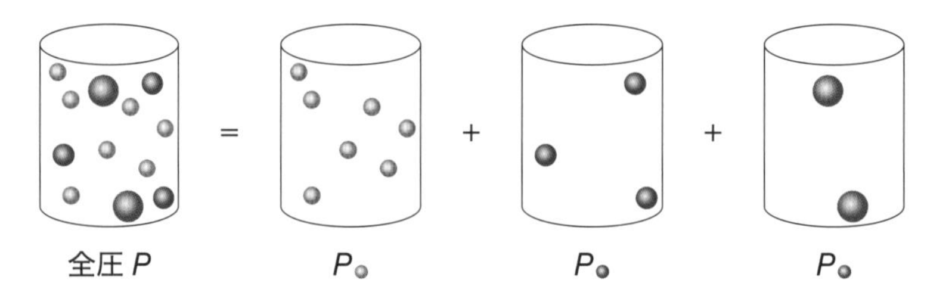

図 6.1　分圧の法則

6.3.2　モル分率

物質量で考えたときに，全体の量に占める特定の成分の割合を，**モル分率**（mole fraction）とよぶ．たとえば空気の場合，窒素，酸素，その他の気体のモル分率は，次のように表される．

$$窒素のモル分率：\frac{n_{N_2}}{n_{N_2} + n_{O_2} + n_{その他}}$$

$$酸素のモル分率：\frac{n_{\mathrm{O_2}}}{n_{\mathrm{N_2}}+n_{\mathrm{O_2}}+n_{その他}}$$

$$その他の気体のモル分率：\frac{n_{その他}}{n_{\mathrm{N_2}}+n_{\mathrm{O_2}}+n_{その他}}$$

ここで，$n_{\mathrm{N_2}}$，$n_{\mathrm{O_2}}$，$n_{その他}$はそれぞれ窒素，酸素，その他の気体の物質量である．空気は，窒素をモル分率で約 0.8，酸素をモル分率で約 0.2 含んでいる．分圧は混合気体に限らず，さまざまな混合物に対して適用できる考え方である．

$$ある成分のモル分率=\frac{その成分は何モル}{ぜんぶで何モル}$$

6.3.3 分圧とモル分率

温度 T において空気を体積 V の容器に封じ込めたときのことを考える．このとき，窒素，酸素，その他の気体それぞれの分圧について $PV = nRT$ が当てはまるので，以下の関係が成り立つ．

$$P_{\mathrm{N_2}}=\frac{n_{\mathrm{N_2}}RT}{V}$$

$$P_{\mathrm{O_2}}=\frac{n_{\mathrm{O_2}}RT}{V}$$

$$P_{その他}=\frac{n_{その他}RT}{V}$$

ここで，空気中の各成分の分圧の比を考える．

$$P_{\mathrm{N_2}}:P_{\mathrm{O_2}}:P_{その他}=\frac{n_{\mathrm{N_2}}RT}{V}:\frac{n_{\mathrm{O_2}}RT}{V}:\frac{n_{その他}RT}{V}$$

右辺の各項において $\frac{RT}{V}$ が共通なので，以下の関係が成り立つ．

$$P_{\mathrm{N_2}}:P_{\mathrm{O_2}}:P_{その他}=n_{\mathrm{N_2}}:n_{\mathrm{O_2}}:n_{その他}$$

すなわち，混合気体においては分圧の比は物質量の比に等しいことがわかる（図 6.2）．

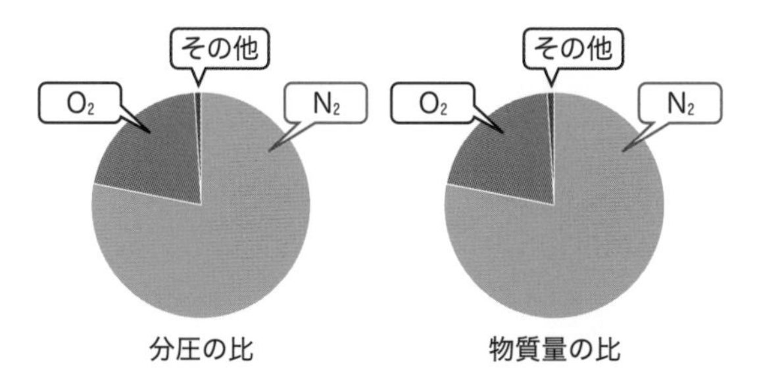

図 6.2 分圧の比と物質量の比は等しい

さらに右辺を次のように書き換えることにする．

$$P_{N_2} : P_{O_2} : P_{その他} = \frac{n_{N_2}}{n_{N_2} + n_{O_2} + n_{その他}} : \frac{n_{O_2}}{n_{N_2} + n_{O_2} + n_{その他}} : \frac{n_{その他}}{n_{N_2} + n_{O_2} + n_{その他}}$$

すなわち，混合気体においては，分圧の比はモル分率の比にもなっている．このことは，全圧にモル分率を掛けると，分圧が求められることを意味する．

例題 6.4

体積一定の容器に酸素を 2.0 mol，窒素を 3.0 mol 入れたところ，混合気体の全圧は 1.2 atm となった．この混合気体中の酸素の分圧と窒素の分圧はそれぞれ何 atm か．有効数字 2 桁で答えよ．

解 酸素の分圧 0.48 atm，窒素の分圧 0.72 atm.

考え方

$$酸素のモル分率 = \frac{n_{O_2}}{n_{O_2} + n_{N_2}} = \frac{2.0\ \text{mol}}{2.0\ \text{mol} + 3.0\ \text{mol}} = 0.40$$

$$酸素の分圧 = 酸素のモル分率 \times 全圧 = 0.40 \times 1.2\ \text{atm} = 0.48\ \text{atm}$$

$$窒素のモル分率 = \frac{n_{N_2}}{n_{O_2} + n_{N_2}} = \frac{3.0\ \text{mol}}{2.0\ \text{mol} + 3.0\ \text{mol}} = 0.60$$

$$窒素の分圧 = 窒素のモル分率 \times 全圧 = 0.60 \times 1.2\ \text{atm} = 0.72\ \text{atm}$$

6.4 気体の溶解度

気体は液体に溶解する．溶解させるときに圧力を高くすると，溶ける量（質量または物質量）も増える．たとえば炭酸飲料は，甘味料や着色料の溶けた水に，3 atm ～ 5 atm の圧力をかけて二酸化炭素を溶かしたものである．買ってきた炭酸飲料のペットボトルの内部にも，これだけの圧力がかかっている．フタを開けると圧力が大気圧まで下がるので，溶けきらなくなった二酸化炭素が泡になって出てくる．

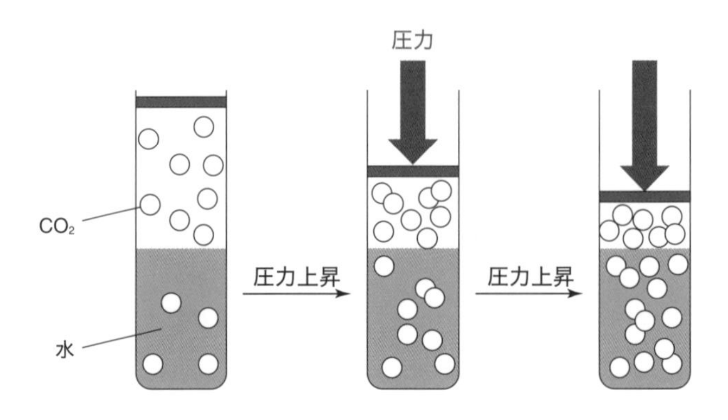

水に対する溶解度が低い気体では，温度が一定の場合に，一定量の水に溶ける気体の量（質量または物質量）は，その気体の圧力に比例する．このことを**ヘンリーの法則**（Henry's law）とよぶ．たとえば，ある温度である体積の水に，1 atm で 1 g の酸素が溶解する場合，圧力を 2 atm にすれば，2 g の酸素が溶解する．ヘンリーの法則は酸素，窒素，メタンなど水に対する溶解度が小さい気体で成り立つが，塩化水素やアンモニアなどの，水によく溶ける気体では成り立たない．

例題 6.5

1.0 atm，20 ℃において，窒素 N_2 は 1 L の水に 6.8×10^{-4} mol 溶解する．この温度で圧力を 2.5 atm にした場合，1 L の水に何 g の窒素 N_2 が溶解するか．有効数字 2 桁で答えよ．窒素 N_2 のモル質量は，28 g mol^{-1} とせよ．

解 4.8×10^{-2} g

考え方 ヘンリーの法則により，圧力を 2.5 倍にすると，溶解する気体の物質量も 2.5 倍になる．これを計算すると，$2.5 \times 6.8 \times 10^{-4}\ \mathrm{mol} = 17 \times 10^{-4}$ mol．これの質量を求める．

$$
\begin{aligned}
\text{質量} &= \text{物質量} \times \text{モル質量} = (17 \times 10^{-4}\ \cancel{\mathrm{mol}}) \times (28\ \mathrm{g}\ \cancel{\mathrm{mol}^{-1}}) \\
&= 476 \times 10^{-4}\ \mathrm{g} = 4.8 \times 10^{-2}\ \mathrm{g}
\end{aligned}
$$

theme2 物質の３つの状態を考えよう

6.5 状態変化

硬貨や，フォークやナイフなどの食器は，**固体**（solid）の状態にある．水道から出てくる水は，**液体**（liquid）の状態にある．私たちが吸い込んでいる空気は，**気体**（gas）の状態にある．物質は，温度や圧力を変えると，

固体，液体，気体の間で状態を変化させる．この変化を，**状態変化**（change of state）とよぶ．状態変化が起きる温度は，圧力によって変わる．ここから先は，断りのない限り，大気圧下（1 atm）におけるものごとを考える．

6.5.1 固体から液体へ，液体から固体へ

冷凍庫から氷，すなわち固体の水を取り出し，室温に置いておくと，融けて液体の水になる．この状態変化を**融解**（melting）とよび，融解が起きる温度を**融点**（melting point）とよぶ．逆に液体の水を冷凍庫に入れておくと，凍って固体になる．この状態変化を**凝固**（solidification）とよび，凝固が起きる温度を**凝固点**（freezing point）とよぶ．融点と凝固点とは同じ温度であり，水の場合は，0 ℃（273.15 K）である．融点（凝固点）では，固体と液体の両方の状態をとることができる．室温に放置されて融けつつある氷の表面を濡らしている水の温度は，融点の 0 ℃である．

6.5.2 液体から気体へ，気体から液体へ

液体の水が入ったコップを室温で長い時間放置しておくと，水の量が減っていく．これは水の表面で，液体の水が気体の水，すなわち水蒸気に変わるからである．この状態変化を，**蒸発**（vaporization）とよぶ．一方，寒い日に窓ガラスに息を吹きかけると，窓ガラスが水滴で曇る．これは，息に含まれていた水蒸気が液体に状態変化したためである．これを，**凝縮**（condensation）とよぶ．ヤカンに水を入れ，コンロで加熱すると，蒸発が進み，さらに水の内部でも蒸発が進み，泡が出る．これを**沸騰**（boiling）とよび，沸騰が起きる温度を**沸点**（boiling point）とよぶ．水の場合は，100 ℃（373.15 K）である．沸点 100 ℃よりも高い温度では，液体の水は存在できない．100 ℃を超える温度の水蒸気を冷却していくと，100 ℃まで下がったところから凝縮が始まる．この温度を**凝縮点**（condensation point）とよぶことがある．凝縮点と沸点は，同じ温度である．沸点（凝縮点）では液体と気体の両方の状態をとることができるが，沸点（凝縮点）を超えると液体の状態をとることはできない．

6.5.3　固体から気体へ，気体から固体へ

保冷剤に用いられるドライアイスは，二酸化炭素が凍ったものである．これを室温に放置しておくと，液体を経由することなく気体に状態変化する．これを，**昇華**（sublimation）とよぶ．衣類の防虫剤にも，昇華する物質が用いられている（ナフタレンやパラジクロロベンゼンなど）．液体にならないので，衣類を汚すことなく殺虫成分の気体を害虫に吸い込ませることができる．気温が氷点下になる日に濡れた洗濯物を屋外で干しておくと，凍った洗濯物が乾燥する．これは氷が昇華したためである．食品を冷凍庫に保管しているうちに水分が抜けて行き，風味が損なわれることがある（冷凍焼け）．これも氷が昇華したためである．昇華の逆の状態変化，すなわち気体から固体への状態変化は，**凝華**（deposition）とよぶ[*10]．

※10 凝華という用語は最近になって定められた．それまで deposition の和訳が存在しておらず，気体から固体への状態変化も昇華としている書物もあった．

6.6　物質の状態変化に伴う熱の出入り

6.6.1　状態変化と熱の関係

固体，液体，気体はどのような仕組みでそれぞれ異なったふるまいをするのだろうか．氷では，水分子どうしが分子間力で結びつきながら規則正しく並んだ構造をとっている（図 6.3）．水分子はわずかに振動しているが，入れ替わることはできない．ここに熱を与えていくと，熱によって水分子の振動が激しくなり，分子どうしが互いに入れ替わるようになる．この状態が液体である．液体の水にさらに熱を与えていくと，水分子は自由に飛び回るようになる．この状態が気体である．

6.6.2　融解・凝固に伴う熱

物質の状態を変化させるためには，熱が必要である．固体を液体に状態変化させるためには，分子どうしが互いに入れ替わるだけの運動エネルギー

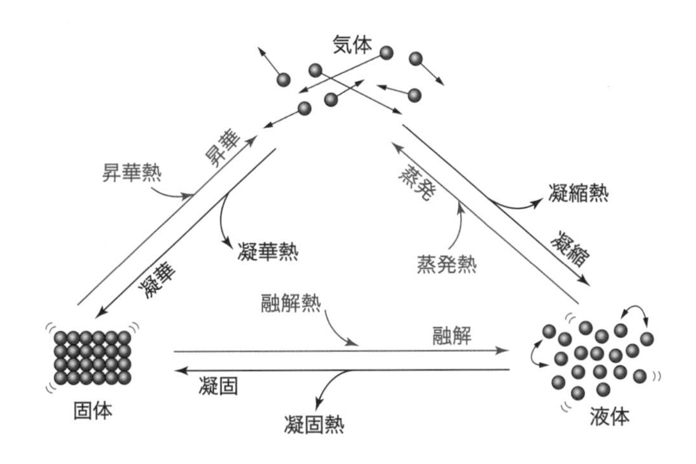

図 6.3　物質の三態と，出入りする熱の関係

を熱として与えてやる必要がある．この熱を，**融解熱**（heat of fusion）とよぶ．たとえば融点0℃において1 mol（18.02 g）の氷を融解させるためには，6.0 kJの熱が必要である．このことを，水の融解熱は +6.0 kJ mol^{-1} である，と表現する．熱について考えるときは，物質が外部から熱を受けとっているときの符号を＋に，物質が外部に熱を放出しているときの符号を－にする．＋記号は省略されることもあるが，本書では正の場合も＋を付けておくことにする．

逆に，液体が固体に状態変化するとき，物質は，分子どうしが互いに入れ替わるだけの運動エネルギーを外部に熱として放出している．この熱を**凝固熱**（heat of freezing）とよぶ．たとえば0℃において1 molの水が凝固するとき，6.0 kJの熱が外部に放出される．このことを，水の凝固熱は －6.0 kJ mol^{-1} である，と表現する．融解熱と凝固熱は，符号が反対で絶対値は等しい．

例題 6.6

融点において90 gの氷を融解するために必要な熱量は何kJか．有効数字2桁で答えよ．水のモル質量は18 g mol^{-1}，水の融解熱は +6.0 kJ mol^{-1} とせよ．

解 30 kJ

考え方 水の量が質量で与えられているので，これを物質量に換算する必要がある．

$$物質量 = 質量/モル質量 = (90\,\cancel{g})/(18\,\cancel{g}\,mol^{-1}) = 5.0\,mol$$

1 molの融解に6.0 kJ必要なので，5.0 molならその5.0倍の30 kJが必要である．

6.6.3 蒸発・凝縮に伴う熱

液体を気体に状態変化させるためには，分子が自由に飛び回るだけの運動エネルギーを熱として与えてやる必要がある．この熱を，**蒸発熱**（heat of vaporization）とよぶ．たとえば25℃において1 molの水を蒸発させるためには，44 kJの熱が必要である．このことを，水の蒸発熱は +44 kJ mol^{-1} である，と表現する．逆に，気体が液体に状態変化するとき，物質は，自由に飛び回るだけの運動エネルギーを熱として外部に放出している．この熱を，**凝縮熱**（heat of condensation）とよぶ．たとえば25℃において1 molの水が凝縮するとき，44 kJの熱が外部に放出される．このことを，水の凝縮熱は －44 kJ mol^{-1} である，と表現する．蒸発熱と凝縮熱は，符号が反対で絶対値は等しい．沸点100℃では，水の蒸発熱は +41 kJ mol^{-1} である．状態変化に伴う熱は，温度や圧力によって変化する．通常は 25 ℃，1 atm の条件で考えるが，他の条件で考えるときには条件を明記する必要がある．

確認問題 6.2

注射を打ってもらうときに，エタノールで湿らせた脱脂綿で肌を拭き取ってもらったことがあるだろう．あのときに肌が冷たく感じたはずだ．これは，エタノールが身体から熱を奪って蒸発していったからである．身体がエタノールに蒸発熱を提供したのである．1.0 g のエタノールが蒸発するときに蒸発熱として身体から奪っていく熱量は何 J か．有効数字 2 桁で答えよ．エタノールのモル質量を 46 g mol^{-1}，エタノールの蒸発熱を 39 kJ mol^{-1} とせよ．

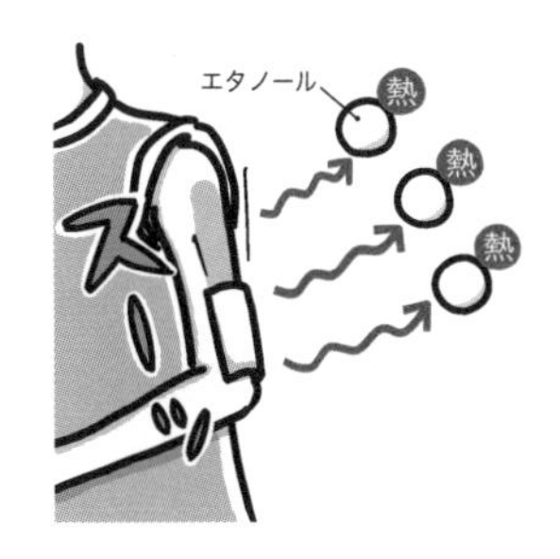

解答はこちら ▶

6.6.4 昇華・凝華に伴う熱

固体から気体への状態変化に必要な熱を，**昇華熱** (heat of sublimation) とよぶ．たとえば 0 ℃において 1 mol の水を昇華させるためには，51 kJ の熱が必要である．このことを，水の昇華熱は +51 kJ mol^{-1} である，と表現する．逆に，0 ℃において 1 mol の水が凝華するとき，51 kJ の熱が外部に放出される．このことを，水の**凝華熱** (heat of sublimation) は −51 kJ mol^{-1} である，と表現する．昇華熱と凝華熱は，符号が反対で絶対値は等しい．

6.7 物質の温度変化と熱

物質に熱を与えると，物質の温度が上昇する．たとえば液体の水 1 g の温度を 1 K 上げるためには，4.2 J の熱が必要である．このことを，液体の水の**比熱** (specific heat)*11 は 4.2 J g^{-1} K^{-1} である，と表現する．1 g ではなく 1 mol で考えたいときもある．たとえば，液体の水 1 mol の温度を 1 K 上げるためには，75 J の熱が必要である．このことを，液体の水の**モル比熱** (molar specific heat)*12 は 75 J mol^{-1} K^{-1} である，と表現する．物質に与える熱量を Q，物質量を n，モル比熱を C_p，温度変化を ΔT とすると，次の関係が成り立つ．

$$Q = nC_p\Delta T$$

*11 **比熱容量** (specific heat capacity) とよぶこともある．

*12 **モル熱容量** (molar heat capacity) とよぶこともある．

例題 6.7

水 2.5 mol の温度を 25 ℃から 35 ℃まで上げるために必要な熱量は何 J か．有効数字 2 桁で答えよ．水のモル比熱は，75 J mol^{-1} K^{-1} とせよ．

解 1.9×10^3 J

考え方 温度変化は 35 ℃ − 25 ℃ = 10 ℃．これは 10 K に等しいので $\Delta T = 10$ K．

$$Q = nC_p\Delta T = (2.5\ \cancel{\text{mol}}) \times (75\ \text{J}\ \cancel{\text{mol}^{-1}}\ \cancel{\text{K}^{-1}}) \times (10\ \cancel{\text{K}}) = 1875\ \text{J}$$
$$= 1.9 \times 10^3\ \text{J}$$

解答はこちら ▶ 

確認問題 6.3

25 ℃の水 180 g に 1.5×10^4 J の熱を与えると，この水の温度は何 ℃になるか．有効数字 2 桁で答えよ．水のモル質量は 18 g mol^{-1}，水のモル比熱は，75 J mol^{-1} K^{-1} とせよ．

6.7.1 加熱曲線

ここでは，状態変化と温度変化を組み合わせて考える．物質に熱を与えていったときの温度変化を表すグラフを，**加熱曲線**（heating curve）とよぶ．図 6.4 に大気圧下における水の加熱曲線を示す．冷凍庫から取り出した氷を室温に放置しておくと，空気によって氷が温められ，氷の温度が上昇していく．この間，水は固体の状態にある（図中 (a)）．温度が 0 ℃に到達すると，融解が始まり，しばらく温度 0 ℃を保ったまま，固体と液体が共存する状態が続く（図中 (b)）．すべての固体が融解すると，再び温度が上昇していく．この間，水は液体の状態にある（図中 (c)）[*13]．温度が 100 ℃に達すると，沸騰が始まり，しばらく 100 ℃を保ったまま，液体と気体が共存する状態が続く（図中 (d)）．すべての液体が気体になると，再び温度が上昇していく．時間軸を逆にとると，沸騰の代わりに凝縮が，融解の代わりに凝固が見られる．

*13 図中 (c) の段階でも蒸発は生じているが，その量はわずかなので，ここでは無視している．同じ理由で時間軸を逆にとったとき，(c) でも凝縮が起きているが，ここでは無視している．

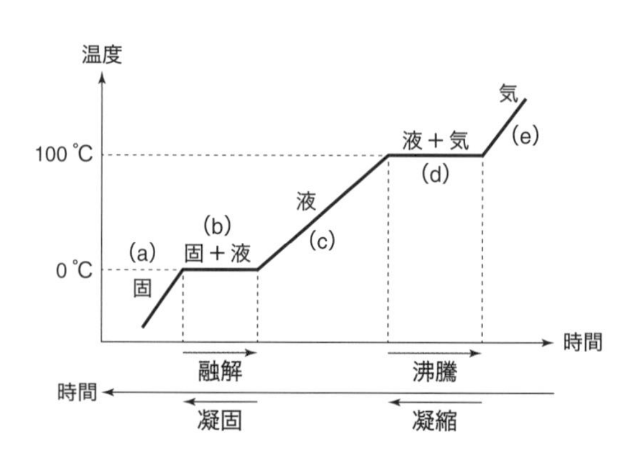

図 6.4　水の加熱曲線

確認問題 6.4

庫内温度 −15 ℃の冷凍庫から凍った水（氷）36 g を取り出し，室温（25 ℃）に放置したところ，すべて融解して液体の水になった．この水に与えられた熱は何 kJ か．有効数字 2 桁で答えよ．水のモル質量は 18 g mol^{-1}，氷のモル比熱は 36 J mol^{-1} K^{-1}，水の融解熱は +6.0 kJ mol^{-1}，液体の水のモル比熱は 75 J mol^{-1} K^{-1} とせよ．

解答はこちら ▶

コラム 1 潜水病・減圧症

ダイビングで深い海に潜ると，水深が深くなるにつれて人体は高い圧力を受ける．10 m 潜ると約 1 atm 圧力が高くなる．圧力の高い環境では，地上にいるときと比べて空気ボンベからの空気が大量に血液中に溶ける．ここで，急激に海面に向かって上昇すると，圧力が急激に下がり，血中の空気が溶けきらなくなり，窒素の泡が生じる．この泡が毛細血管に詰まると，全身に痛みが生じる．これを潜水病や減圧症とよぶ．これを防ぐためには，ゆっくりと上昇することが必要である．それでも防ぐことができなかった場合には，治療のために高圧環境下で過ごす方法がとられる．酸素の割合を高めた空気で満たされたタンクに入り，加圧してもらうことによって，酸素不足を補いつつ窒素の泡が抜けていくのを待つのである．

コラム 2 打ち水の効果

夏になると道や庭に水を撒いておくことがある．打ち水である．これにはどの程度の効果があるのだろうか．これについてはシミュレーション研究が行われている[*14]．東京 23 区内の散水可能な面積を約 265 km^2 と見積もり，ここで打ち水を行うと，正午の気温が最大で 2 ℃～ 2.5 ℃程度低下するという．2003 年以降，全国の自治体で 7 月 23 日（大暑）から 8 月 23 日（残暑）までの期間，晴れた日に打ち水に取り組む「打ち水大作戦」が行われている．なお，打ち水は朝のうちに済ませておく必要がある．気温が上がってから水を撒くと，一度に大量の水蒸気が発生し，これが滞留して蒸し暑くなってしまうからである．

※14 狩野ら，水工学論文集，48，193 (2004).

7章 水溶液とコロイド

この章の目標

1. 電解質と非電解質の違いを説明できる.
2. 溶液の濃度，溶質のサイズ，浸透圧の関係を説明できる.
3. 溶液，コロイド溶液，懸濁液の違いを説明できる.
4. コロイド分散系特有の性質を説明できる.

theme1 溶液の性質を知ろう

7.1 水に溶けるときの仕組み

7.1.1 砂糖はどのように水に溶けるのか

4章では，溶質を溶媒に溶解したものが溶液であることを学んだ．ここでは，溶解の仕組みについて考えることにする．たとえば砂糖水をつくるときのことを考える．砂糖水はスクロース[*1]の水溶液である．砂糖はスクロース $C_{12}O_{22}H_{11}$ 分子が集まった固体である．これを水の中に入れると，砂糖のかたまりからスクロース分子が引き離され，水分子によって取り囲まれて水中に広がっていく（図7.1）．水中に広がっていったスクロース分子は水分子に取り囲まれたまま，安定な状態にあるので，再び集まって砂糖のかたまりになることはない．こうした状態を，**水和**（hydration）とよぶ．グルコース（ブドウ糖）や尿素などの固体も，同じ仕組みで水に溶解する．また，液体の状態にあるエタノールやグリセリンなども，同じよう

*1 ショ糖とよぶこともある.

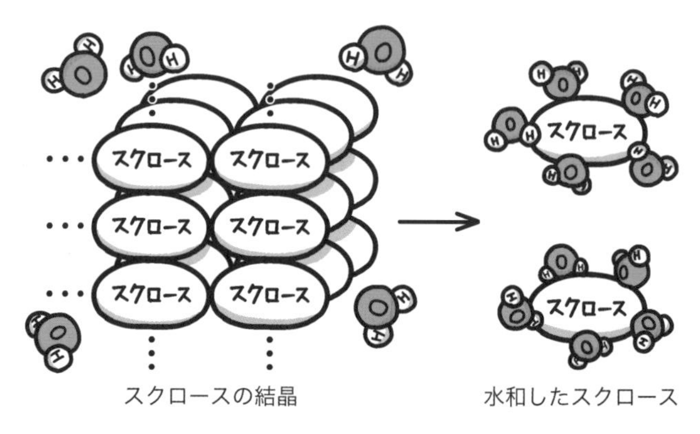

図7.1 水へのスクロースの溶解

に分子が水和して水中に広がっていくことにより溶解する.

7.1.2 食塩はどのように水に溶けるのか

次に，食塩水をつくるときのことを考える．食塩水は，塩化ナトリウムの水溶液である．塩化ナトリウムは，ナトリウムイオン Na^+ と塩化物イオン Cl^- が集まった固体である．これを水の中に入れると，Na^+ と Cl^- に分かれるとともに，それぞれが水和されて水中に広がっていく（図 7.2）．塩化ナトリウムのように，水中で陽イオンと陰イオンに分かれる現象を，**電離**（electrolytic dissociation）とよび，電離する物質を**電解質**（electrolyte）とよぶ．水酸化ナトリウム NaOH，炭酸水素ナトリウム $NaHCO_3$（重曹），塩化マグネシウム $MgCl_2$（「にがり」の主成分）なども電解質である．スクロースやグルコースのように電離しない溶質は，**非電解質**（non-electrolyte）とよぶ．砂糖も食塩も見た目は同じような白い固体だが，水に溶けるときの仕組みは違ったものである．

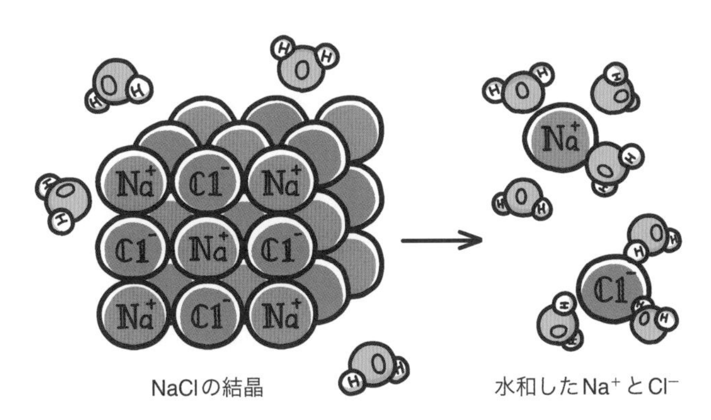

図 7.2 水への塩化ナトリウムの溶解

7.2 浸透圧

7.2.1 浸透圧はどのように生じるのか

図 7.3 のように，U字形をしたガラス管を用意する．この管は膜で分けられており，片側に純水が，もう片側にスクロース水溶液が入っている．水分子はこの膜を通り抜けることができるが，スクロース分子はこの膜を通り抜けることができない．このように，溶媒分子や小さな分子，小さなイオンは通り抜けることができるものの，一定の大きさを超えた分子やイオンは通り抜けることができない膜を，**半透膜**（semipermeable membrane）とよぶ（図 7.4）．

濃度の異なる溶液どうしが接すると，混じり合って，最後は均一な濃度の溶液になる．純水とスクロース水溶液が接しているときも，水が水溶液

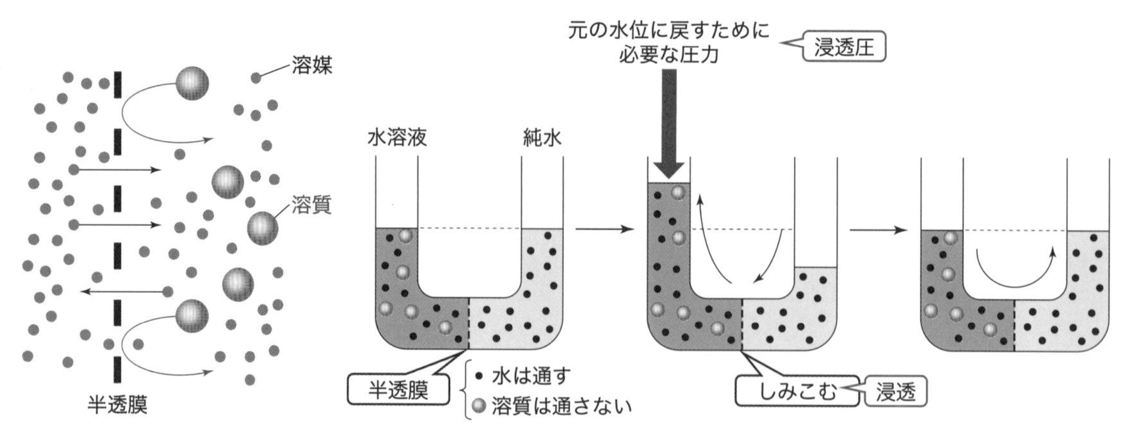

図 7.4 半透膜のはたらき

図 7.3 浸透圧

に，水溶液が純水にそれぞれ混ざっていき，最後は均一な濃度の水溶液になる．ところが，純水とスクロース水溶液が半透膜を介して接しているときには，純水中の水分子は水溶液に混ざっていくが，水溶液中のスクロース分子は半透膜を通り抜けることができないため，純水に混ざっていくことができない．スクロース水溶液中の水分子も純水に混ざっていくが，その量は純水からスクロース水溶液に混ざってくる水分子の量よりも少ない（スクロース分子が存在しているぶん，水分子が少ないため）．そのため，全体としては，純水から水分子が一方的に半透膜を通ってスクロース水溶液側に移動していく．この現象を，**浸透**（osmosis）とよぶ．初めの状態では，純水の水面の高さと，スクロース水溶液の液面の高さは同じになっているが，浸透が進むと，純水の水面は下がり，スクロース水溶液の液面は上がっていく．両者の差は，一定の大きさになったところで変化しなくなる．

この状態から，スクロース水溶液の液面に圧力を加えて，液面の高さを差がない状態に戻すことを考える．そのために必要な圧力を，水溶液の**浸透圧**（osmotic pressure）とよぶ．浸透圧 Π は，水溶液のモル濃度 C と，絶対温度 T に比例する．

$$\Pi = CRT \tag{7.1}$$

ここで R は気体定数 8.314×10^3 Pa L K^{-1} mol^{-1} である[*2]．この関係を，**ファントホッフの法則**（van't Hoff equation）とよぶ．

*2 6章で気体定数の単位は，「Pa m^3 mol^{-1} K^{-1}」であったが，ここでは「m^3」を「L」に変換した単位を使用している．このため，値は 8.314 から 8.314×10^3 に，3桁ずれている．

例題 7.1

温度 300 K（27 ℃）におけるモル濃度 0.100 mol L^{-1} のスクロース水溶液の浸透圧は何 Pa か．有効数字 3 桁で答えよ．気体定数は 8.314×10^3 Pa L K^{-1} mol^{-1} とせよ．

解 2.49×10^5 Pa

考え方 式(7.1)より，

$$\Pi = CRT = (0.100\ \mathrm{mol\ L^{-1}}) \times (8.314 \times 10^3\ \mathrm{Pa\ L\ K^{-1}\ mol^{-1}}) \times (300\ \mathrm{K})$$
$$= 249420\ \mathrm{Pa} = 2.49 \times 10^5\ \mathrm{Pa}$$

7.2.2 浸透圧は粒子の種類ではなく数で決まる

浸透圧は，溶質の種類に依存せず，溶液内に溶解する粒子の濃度に依存する．スクロースでも，グルコースでも，尿素でも，モル濃度が同じ 0.100 mol L^{-1} なら，浸透圧は同じになる[*3]．ただし，電解質の水溶液を考える場合には，電離した後の粒子の濃度を考える．たとえば塩化ナトリウム NaCl の場合，1 mol を水に溶解すると，次のように完全に電離して，1 mol の Na^+ と 1 mol の Cl^- の合計 2 mol の粒子となる．浸透圧を考えるときには，この電離した後の粒子の濃度を考える．

*3 この性質が見られるのは希薄溶液の場合である．溶質の濃度が高くなると，この性質は見られなくなっていく．

$$\underset{1\ \mathrm{mol}}{\mathrm{NaCl}} \longrightarrow \underbrace{\underset{1\ \mathrm{mol}}{\mathrm{Na^+}} + \underset{1\ \mathrm{mol}}{\mathrm{Cl^-}}}_{2\ \mathrm{mol}}$$

同じように，塩化マグネシウム $MgCl_2$ 1 mol を水に溶かすと，次のように完全に電離して，1 mol の Mg^{2+} と 2 mol の Cl^- になり，合計 3 mol になる．浸透圧を考えるときには，この電離した後の粒子の濃度を考える．

$$\underset{1\ \mathrm{mol}}{\mathrm{MgCl_2}} \longrightarrow \underbrace{\underset{1\ \mathrm{mol}}{\mathrm{Mg^{2+}}} + \underset{2\ \mathrm{mol}}{2\,\mathrm{Cl^-}}}_{3\ \mathrm{mol}}$$

例題 7.2

温度 300 K (27 ℃) におけるモル濃度 0.100 mol L^{-1} の塩化ナトリウム水溶液の浸透圧は何 Pa か．有効数字 3 桁で答えよ．気体定数は 8.314×10^3 Pa L K^{-1} mol^{-1} とせよ．塩化ナトリウムは完全に電離するものとせよ．

解 4.99×10^5 Pa

考え方 例題 7.1 と同じ考え方をする．ただし，塩化ナトリウム NaCl 0.100 mol は，水溶液中では 2×0.100 mol になっているので，モル濃度は 2×0.100 mol L^{-1} とする．

$$\Pi = (2 \times 0.100\ \mathrm{mol\ L^{-1}}) \times (8.314 \times 10^3\ \mathrm{Pa\ L\ K^{-1}\ mol^{-1}}) \times (300\ \mathrm{K})$$
$$= 498840\ \mathrm{Pa}$$
$$= 4.99 \times 10^5\ \mathrm{Pa}$$

7.2.3 低張液と高張液

細胞膜は，一種の半透膜としての性質をもっている．すなわち細胞は，半透膜が体液を包んだ袋とみなすことができる．細胞をある水溶液中に入れると，細胞膜は片面で水溶液と，もう片面で体液と触れることになる．ここで，赤血球を3種類の水溶液中に入れた場合を考える（図7.5）．水溶液と体液とが同じ浸透圧を示す場合，細胞膜を通過して細胞の中から外に出ていく水の量と，外から細胞の中に入ってくる水の量が等しくなり，赤血球に変化は見られない．しかし，体液よりも浸透圧が低い水溶液の中に赤血球を入れた場合は，細胞の外から中に水が一方的に入ってきて，赤血球は膨張し，破裂してしまう場合もある．逆に，体液よりも浸透圧が高い水溶液の中に赤血球を入れた場合は，細胞の中から外に水が出ていってしまうので，細胞は縮んでしまう．細胞を取り扱う際，浸透圧を適切に調整することが大切である．体液と等しい浸透圧を示す溶液を，**等張液**（isotonic solution）とよぶ．等張液を基準に，浸透圧が低い水溶液を**低張液**（hypotonic solution），高い水溶液を**高張液**（hypertonic solution）とよぶ．

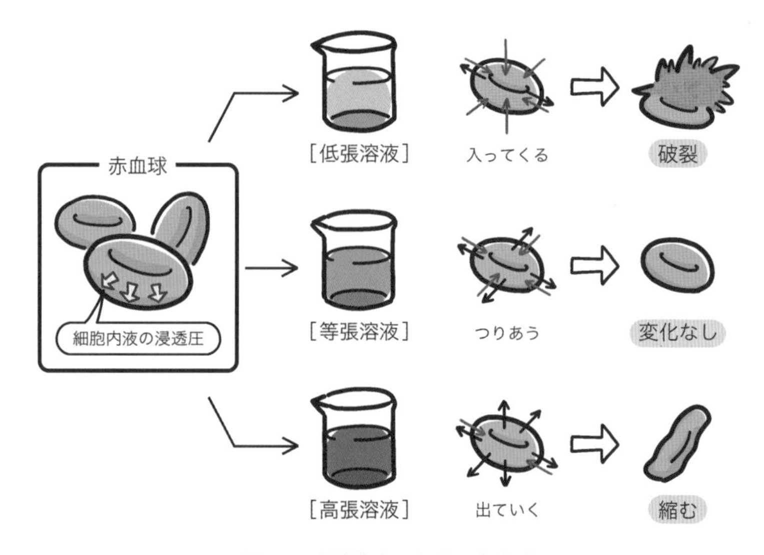

図7.5　水溶液中における赤血球

7.2.4 生理食塩水とは何か

体液と同じ浸透圧になるように濃度を調節した塩化ナトリウム水溶液を，**生理食塩水**（physiological saline）とよぶ．その濃度は，質量/体積パーセント濃度で0.9％である[*4]．モル濃度では0.154 mol L^{-1}である．7.1.2項で学んだように，塩化ナトリウムは水溶液中では完全に電離しており，たとえば1 molを水に溶解するとイオンの合計濃度は2 molになる．したがって，生理食塩水におけるイオンの濃度は，2×0.154 mol L^{-1} = 0.308 mol L^{-1}となる．

*4　これは，日本薬局方の定義である．

例題 7.3

生理食塩水と同じ浸透圧を示す水溶液をグルコースで調製する場合，グルコースのモル濃度は何 $mol\ L^{-1}$ にすればよいか．有効数字 2 桁で答えよ．生理食塩水における NaCl のモル濃度は $0.15\ mol\ L^{-1}$ とせよ．

解 $0.30\ mol\ L^{-1}$

考え方 塩化ナトリウムは完全電離するので，0.15 mol を水に溶解すると $2 \times 0.15\ mol = 0.30\ mol$ の粒子が生じる．グルコースは電離しないので，これと同じ 0.30 mol を溶解しないと，粒子の濃度として塩化ナトリウムと同じ濃度にならない．

7.2.5 浸透圧からモル質量を求められる

ファントホッフの法則を表す式 (7.1) に，モル濃度 C = 溶質の物質量 n/溶液の体積 V を代入する．

$$\Pi = \frac{n}{V}RT$$

これを変形して次式を得る．

$$\Pi V = nRT$$

これは気体の状態方程式と同じ形の関係式である．ここに，物質量 n = 質量 w/モル質量 M の関係を代入する．

$$\Pi V = \frac{w}{M}RT$$

$$M = \frac{wRT}{\Pi V} \tag{7.2}$$

このことは，浸透圧 Π を測定すれば，溶質のモル質量 M を求められることを意味している．実際に，モル質量が数万 $g\ mol^{-1}$ 以上の分子，すなわち**高分子** (macromolecule) のサイズを測定する方法として，浸透圧の測定は有効な手段である[*5]．

[*5] 高分子は 13, 14 章で学ぶ．

例題 7.4

あるタンパク質 0.060 g を純水に溶解して体積を 10 mL とした水溶液の浸透圧は，27 ℃ (300 K) において 2.5×10^2 Pa であった．このタンパク質のモル質量は何 $g\ mol^{-1}$ か．有効数字 2 桁で求めよ．気体定数は $8.3 \times 10^3\ Pa\ L\ mol^{-1}\ K^{-1}$ とせよ．

解 $6.0 \times 10^4\ g\ mol^{-1}$

考え方 式 (7.2) から求める．式 (7.2) は暗記するのではなく，必ず式 (7.1) から導けるようにしておくこと．

$$M = \frac{wRT}{\Pi V} = \frac{(0.060\ \mathrm{g}) \times (8.3 \times 10^3\ \mathrm{Pa\ L\ mol^{-1}\ K^{-1}}) \times (300\ \mathrm{K})}{(2.5 \times 10^2\ \mathrm{Pa}) \times (10 \times 10^{-3}\ \mathrm{L})}$$
$$= 59.76 \times 10^3\ \mathrm{g\ mol^{-1}} = 6.0 \times 10^4\ \mathrm{g\ mol^{-1}}$$

7.3 溶液になると現れる性質

7.3.1 凝固点降下

大気圧下の水は，0 ℃で凍結する．これは純粋な水の場合であって，水溶液では状況が異なる．たとえば，飽和濃度の塩化ナトリウム NaCl を含む水の凝固点 (融点) は，−21 ℃になる．溶媒に溶質が溶解すると，凝固点は，もとの溶媒の凝固点より低くなる．この現象を，**凝固点降下** (depression of freezing point) とよぶ．加えられる溶質の量が増えるに従って，凝固点も下がる．凝固点降下は，冬期の路面凍結防止に応用されている．雨や雪が降った後に路面が凍結すると，自動車のスリップ事故が起きる．これを防ぐために，凍結防止剤として，塩化カルシウム $CaCl_2$ が道路に撒かれる．塩化カルシウムを使った場合，−51 ℃まで凝固点を下げることができる．ガソリンエンジンや軽油で動く自動車では，エンジン冷却水の中に凍結防止剤としてエチレングリコールが加えられている．冬期，気温が氷点下になる環境に自動車を置いておくと，冷却水が凍結し，その状態でエンジンをかけると故障するからである．NaCl や $CaCl_2$ は金属を腐食させるので，エチレングリコールが選ばれている．

7.3.2 蒸気圧降下と沸点上昇

沸点に達しない温度でも，液体の水は気体に状態変化している．気体になった水は圧力を示す．これが蒸気圧*6 である．溶媒に溶質が溶解すると，蒸気圧は，もとの溶媒の蒸気圧より低くなる．つまり，蒸発しにくくなる．この現象を，**蒸気圧降下** (depression of vapor pressure) とよぶ．同じ水着を着ていたのに，プールで遊んだときは水着が乾くのが早く，海で遊んだときはなかなか水着が乾かなかった，という経験をもつ読者がいるかもしれない．これは，プールの水 (純水に近い) と海水 (食塩水) とで，乾きやすさが違うからである．

*6 正確には，液体と気体が共存し，平衡状態になっているときの気体の圧力を，**蒸気圧** (vapor pressure) とよぶ．水の場合，25 ℃で 32 hPa である．

大気圧下の水は，100 ℃で沸騰する．これは純粋な水の場合であって，水溶液では状況が異なる．溶媒に溶質が溶解すると，沸点は，もとの溶媒の沸点より高くなる．この現象を，**沸点上昇** (elevation of boiling point) とよぶ．

theme2　溶液，コロイド溶液，懸濁液の違いは何だろう？

7.4　コロイドの世界

7.4.1　溶解せずに分散している

7.1 節で砂糖水や食塩水の仕組みを学んだ．それでは泥水はどうなるのだろうか．水たまりの泥水を試験管ですくいとってしばらく放置すると，泥が沈殿してくる．泥の粒子は水に溶解することなく不均一に水と混ざっており，重力に引っ張られて沈むのである．砂糖水や食塩水では，このようなことは起こらない．泥は泥水中に**分散**（dispersion）している，と表現する[*7]．泥は砂粒をはじめとする小さな粒子の集まりである．この粒子は，ルーペや肉眼でも見ることのできるサイズである．直径数百 nm 以上の固体粒子が液体中に分散した混合物を，**懸濁液**（suspension）とよぶ．食塩水は食塩が溶解した溶液であり，泥水は泥が分散した懸濁液である．血液も懸濁液である．赤血球や白血球は血液中に分散しているのであって，溶解しているわけではない．

*7 分散ではなく懸濁と表現することもある．

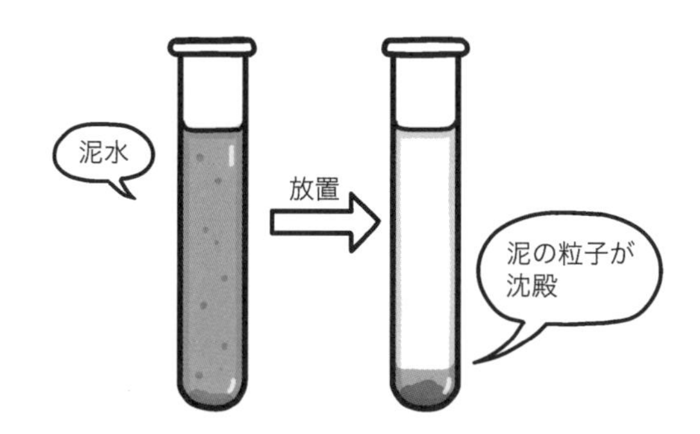

7.4.2　溶液でもなく懸濁液でもないコロイド溶液

砂糖水や食塩水といった溶液に溶解している溶質は，スクロース分子，ナトリウムイオン，塩化物イオンといった粒子であり，そのサイズは溶媒となっている水分子と同等から数倍のものである（水分子の直径は約 0.3 nm である）．一方，泥水や血液といった懸濁液に分散している粒子は，砂粒，赤血球，白血球といった，直径数百 nm 以上のものである（赤血球の直径は 7 ～ 8 μm，白血球の直径は 6 ～ 30 μm である）．それでは，スクロースよりも大きく，赤血球よりは小さいサイズの粒子や，そうしたサイズの粒子を含む液体には，どのような性質があるのだろうか．ここでは直径数 nm から数百 nm の粒子を考えることになる．このサイズの粒子を，**コロイド粒子**（colloidal particle）とよぶ（図 7.6）．コロイド粒子が液体中に分散した混合物を，**コロイド溶液**（colloidal solution）[*8] または**ゾル**

*8 コロイド溶液と区別するために，砂糖水や食塩水を**真の溶液**（true solution）とよぶことがある．

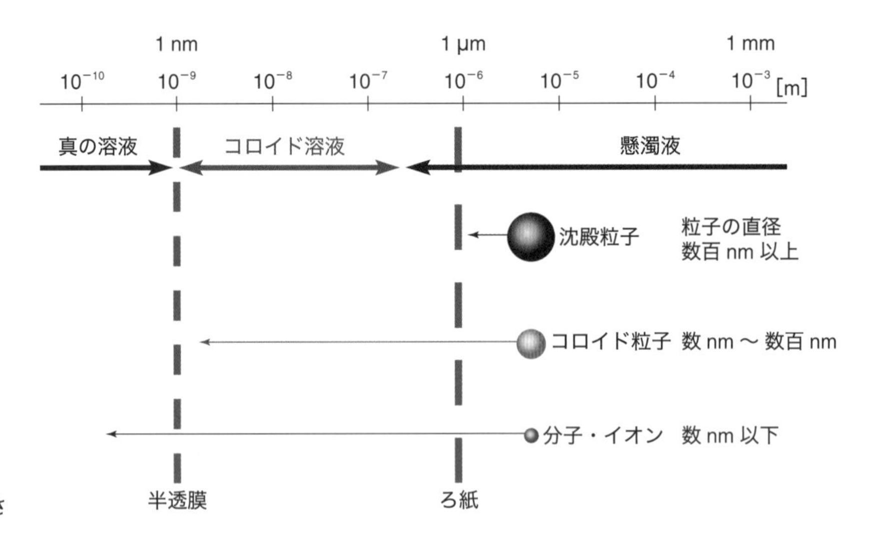

図 7.6 コロイド粒子の大きさ

(sol) とよぶ．たとえば牛乳は，脂肪やタンパク質といったコロイド粒子が水に分散したコロイド溶液である．コロイド溶液において，コロイド粒子を分散させている物質を**分散媒** (dispersion medium)，コロイド粒子として分散している粒子を**分散質** (dispersoid) とよぶ (表 7.1)．

表 7.1 液体状態の混合物の名称

混合物の名称	媒体の名称	媒体に加えられている物質	混合形態
溶液	溶媒	溶質	溶解
コロイド溶液 (ゾル)	分散媒	分散質	分散

7.4.3 コロイドの世界は液体だけではない

コロイド粒子は，固体の場合もあれば，液体や気体の場合もある．また，コロイド粒子が分散している分散媒も，固体，液体，気体の場合がある．表 7.2 に，さまざまな分散媒と分散質の組み合わせを示す．分散質と分散媒から構成される混合物を，**コロイド分散系** (colloidal dispersion)，または単に**コロイド** (colloid) とよぶ．コロイド溶液は，分散媒が液体の場合のコロイド分散系である．

表 7.2 コロイド分散系

		分散質		
		気体	液体	固体
分散媒	気体		雲，霧	煙，粉塵
	液体	ハンドソープの泡 ムースの泡	マヨネーズ 牛乳 豆乳	墨汁 絵の具
	固体	マシュマロ， スポンジ，活性炭	お菓子ゼリー， ゼラチン	ステンドグラス

7.4.4 さまざまなコロイド粒子

タンパク質，DNA，デンプンなど，大きな分子は，分子1個でコロイド粒子となる．こうした分子が分散したコロイドを，**分子コロイド**（molecular colloid）とよぶ．一方，硫黄や金属などからできた微粒子が分散しているコロイドもあり，**分散コロイド**（dispersion colloid）とよぶ．セッケン分子は，水になじむ部分と，油になじむ部分とを併せもつ．セッケン水中のセッケン分子集団は，油になじむ部分を次々と油汚れに突き刺し，取り囲み，水中に分散させる．このように小さな分子が多数集まって組み立てられる集合体を，**ミセル**（micelle）とよび，ミセルが分散したコロイドを，**ミセルコロイド**（micelle colloid）とよぶ（図 7.7）．

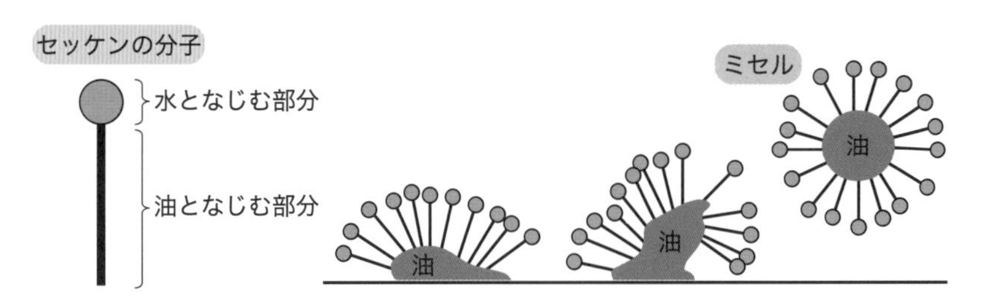

図 7.7 ミセルコロイド

7.4.5 コロイド溶液の特徴

コロイド溶液には，懸濁液とも真の溶液とも違うさまざまな性質がある．いずれも，コロイド粒子のサイズが関係して生じるものである．

(a) チンダル現象

コロイド溶液に横から強い光を当てると，光の通り道が明るく輝いて見える．この現象を，**チンダル現象**（Tyndall phenomenon）とよぶ（図 7.8）．これは，コロイド粒子が光をよく散乱するからである．水溶液中の溶質（たとえば食塩水中のナトリウムイオンや塩化物イオン，砂糖水中のスク

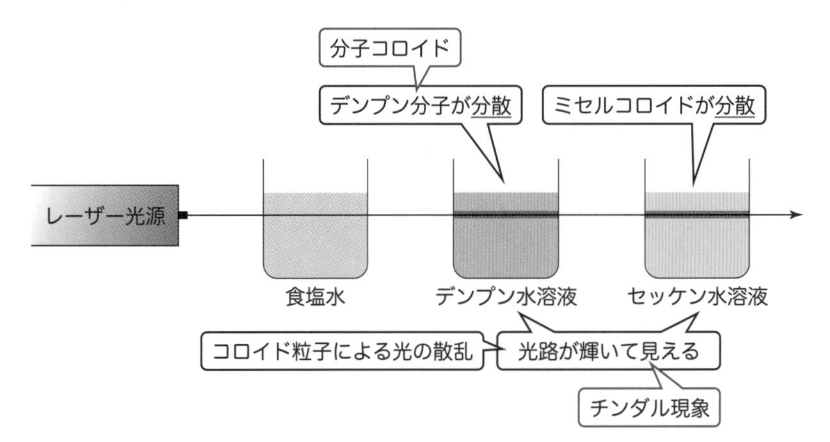

図 7.8 チンダル現象

ロース分子）は，光をほとんど散乱しないので，チンダル現象は見られない．

図 7.9 ブラウン運動

(b) ブラウン運動

水中のコロイド粒子を観察できる，限外顕微鏡という装置がある．この装置を使うと，水中のコロイド粒子を光の点として観察することができる．限外顕微鏡を用いてコロイド溶液中のコロイド粒子を観察すると，コロイド粒子が不規則に運動する様子が見える．これは，周囲の水分子が熱運動によりコロイド粒子に衝突し，コロイド粒子が不規則な運動を行うためである．これを**ブラウン運動**とよぶ（図 7.9）．水分子もコロイド粒子も不規則に運動しているが，水分子が熱により運動するのに対して，コロイド粒子はそれ自身ではなく，周囲の水分子の衝突によって運動している点が異なる[*9]．

*9 コロイド粒子を構成する分子や原子も熱により運動しているが，それによってコロイド粒子が動き回ることはない．熱による運動が影響するには，コロイド粒子のサイズは大き過ぎるのである．

(c) 透 析

半透膜には，さまざまな種類のものがあり，溶媒だけでなく，さまざまな溶質を通すものもある．小さな分子やイオンは通すが，コロイド粒子は通さないような半透膜を使うと，コロイド粒子を含む混合物中から，他の分子やイオンを取り除くことができる．この方法を，**透析**（dialysis）とよぶ（図 7.10）．浸透は，半透膜を通って溶媒が移動する現象だが，透析は溶質が移動する現象である（溶媒も同時に移動する）．透析に用いる半透膜を，**透析膜**（dialyzing membrane）とよぶことがある．透析の原理を医療に応用したものが，血液の人工透析である．この方法では，腎不全の患者からチューブを介して血液を体外に導き，透析膜で作られたフィルターを用いて老廃物や余分な水を取り除き，再び体内に戻す．人工透析には純水ではなく，浸透圧を調整された**透析液**（dialysate）が使用される．

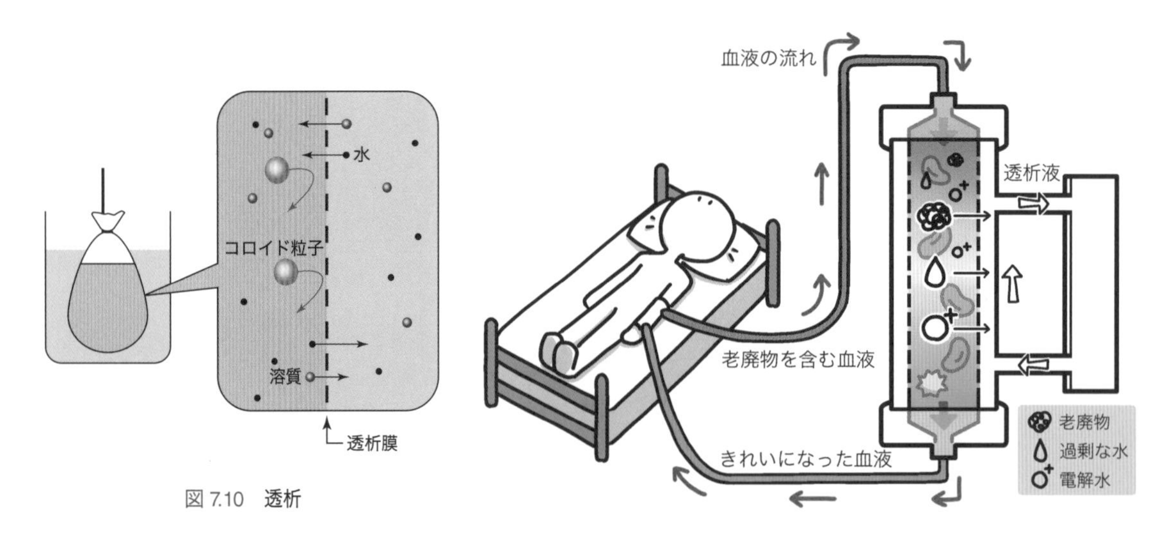

図 7.10 透析

(d) 電気泳動

電気を帯びたコロイド粒子が分散したコロイド溶液に，2本の電極を差し込み，この間に直流電圧をかけると，コロイド粒子が＋電極の方へ移動する．この現象を，**電気泳動**（electrophoresis）とよぶ．電気泳動はDNAやタンパク質の分析に応用されている（図7.11）．

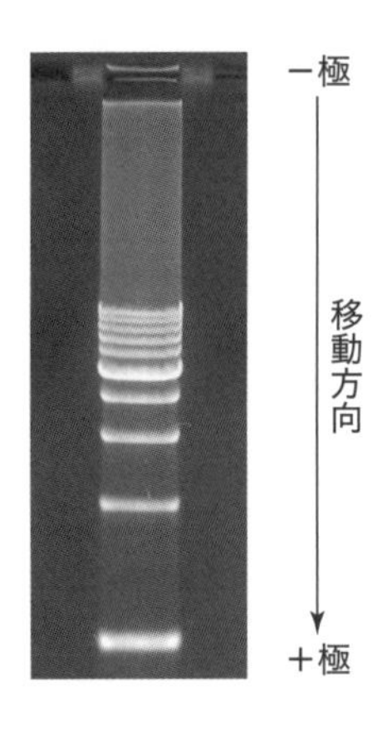

図7.11　電気泳動

Let's Try! 7.1　次のうち，温水と均一に混合したときにコロイド溶液になるものはどれか．すべて選べ．
(a) 食塩　(b) 砂糖　(c) 卵白　(d) 寒天　(e) エタノール

Let's Try! 7.2　溶解ではなく分散しているものはどれか．
(a) 血液中の赤血球　(b) 泥水中の泥粒子　(c) 生理食塩水中の塩化ナトリウム
(d) セッケン水中のミセル　(e) エタノール水溶液中のエタノール

7.5　さまざまなコロイド分散系

7.5.1　ゲルとキセロゲル

コロイド溶液にイオンを加える，熱を加えるなどすると，流動性を失い，弾力性のあるかたまりになることがある．これを**ゲル**（gel）とよぶ．たとえば生卵の卵白はコロイド溶液，ゆで卵の白身はゲルである．また，豆乳はコロイド溶液，豆腐はゲルである．ゲルを乾燥させたものを**キセロゲル**（xerogel）とよぶ．高野豆腐や乾燥寒天は，キセロゲルである．食品の乾燥剤として使われているシリカゲルも，キセロゲルである．

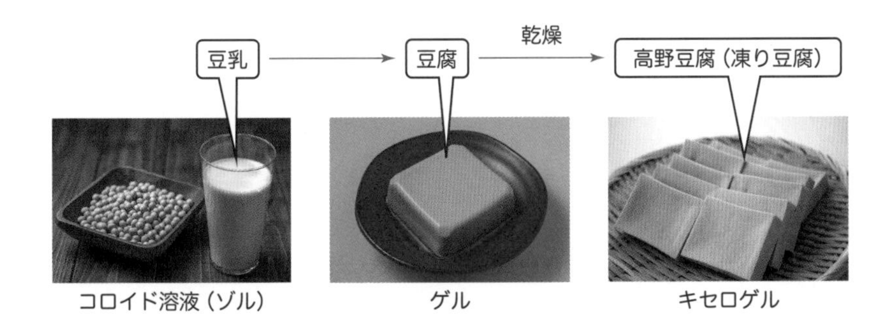

7.5.2　親水コロイドと疎水コロイド

タンパク質やデンプンは，コロイド溶液中で多数の水分子に水和されて分散している．こうしたコロイドを，**親水コロイド**（hydrophilic colloid）とよぶ（図7.12）．親水コロイドに$NaCl$や$MgCl_2$などの電解質を大量に加えると，コロイド粒子に水和した水分子を電解質が奪うため，コロイド粒子が沈殿する．この現象を，**塩析**（salting-out）とよぶ．豆乳に$MgCl_2$を与えて生じる沈殿を固めたものが豆腐である．生化学や生物学の実験では，

Let's Try! 7.1 解
(c) (d)

考え方
(a) (b) (e) は，水溶液になる．(c) はタンパク質の分子コロイドに，(d) は寒天の分子コロイドになる．

Let's Try! 7.2 解
(a) (b) (d)

考え方
(a) (b) はどちらも懸濁液である．しばらく放置すると赤血球や泥粒子が沈殿してくる．この沈殿は溶けていない．赤血球が溶けてしまったら赤血球としてはたらけない．(c) (e) の塩化ナトリウムとエタノールは水に溶解している．(d) のセッケン分子のミセルはコロイド粒子であり，これが分散している．

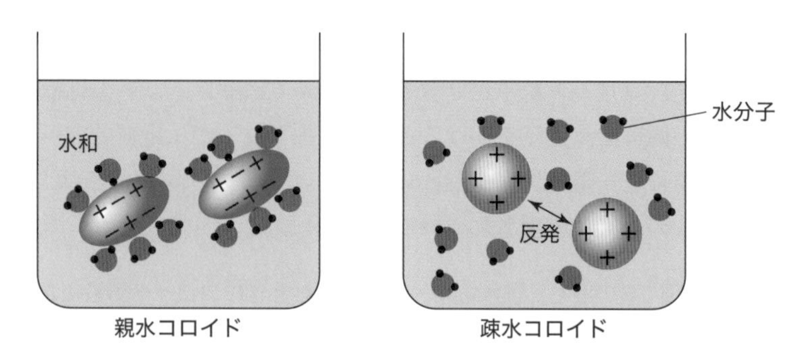

図 7.12 親水コロイドと疎水コロイド

DNA の純度を高める操作に塩析が用いられている．DNA を含む水溶液にエタノールを加えた後に塩化ナトリウムや酢酸ナトリウムを加えて DNA を沈殿させる．この操作をエタノール沈殿とよぶ．

一方，粘土や金属のコロイド粒子は，水分子によって水和されにくい．こうした粒子は表面が電気を帯びており，電気的に反発することによって水中に分散している．こうしたコロイドを，**疎水コロイド**（hydrophobic colloid）とよぶ．ここに少量の電解質を加えると，粒子の表面の電荷が打ち消され，粒子どうしが反発しなくなり，沈殿する．この現象を，**凝析**（coagulation）とよぶ．凝析は川の水を浄化して水道水にする際に用いられている．粘土が分散した水に浄化槽内で電解質を与え，コロイド粒子を沈殿させて水を浄化している．

コラム 1 プールの水と海水

夏になるとプールや海に出かける読者もいることだろう．プールで誤って鼻から水を吸い込むと，とても痛い思いをする．これは浸透圧の作用である．プールの水は低張液である（純水に近い）．体液と大きな浸透圧の差がある．デリケートな鼻の粘膜にプールの水が触れると，水が粘膜の細胞内に浸透してくる．これに対して私たちは痛みを感じるのである．ところが，海で同じ状況になっても痛みは感じない．海水は高張液であり，粘膜細胞に水が入ってこないからである．

コラム 2 浸透圧と保存食

冷蔵庫も冷凍庫もなかった時代，食品を腐らせないために，塩漬けにする方法が考え出された．梅干しや漬物などである．これは，浸透圧を応用した食品保存技術である．食品を腐敗させる菌が活動するためには，適切な量の水分が必要である．野菜を塩に漬けると，浸透圧の作用で野菜の細胞から水分が出ていく．これによって腐敗を招くカビや菌が活動しにくい環境になるとともに，カビや菌の細胞からも水分が出ていき，死滅する．ジャム，マーマレード，羊羹などでは，食塩の代わりに砂糖の浸透圧を利用して食品を保存している．浸透圧の作用は塩や砂糖が濃い方が強くはたらくが，最近は塩分や糖分の摂り過ぎが問題視されるようになり，漬物もジャムも濃度が薄くなってきた．その結果，カビや菌を防ぐだけの浸透圧を確保できなくなってきたため，開封後は冷蔵保存が推奨されるようになった．

コラム 3 巨木はどのように水を汲み上げているのか？

世界には高さ100メートルを超える巨大な樹木がある．この高さの樹木でも，その頂点の細胞液は地下水由来のものである．樹木はどのように地下水をこれだけの高度まで汲み上げているのだろうか．ここでは，浸透圧が重要な役割を果たしている[*10]．樹木の葉からは水が蒸発している．水が蒸発すると，樹木の細胞液の濃度が高くなる．すると，この濃度を下げるように，ここよりも少し高度の下がった細胞から水が浸透してくる．今度はここの濃度が上がるので，さらにそこより低い位置の細胞から水が浸透してくる．これが根まで連続している．一方，根の細胞では，細胞液の浸透圧が土壌の浸透圧よりも高くなっている．そのため，土壌中の水は樹木の根に浸透していく．植物内では水が連続しており，蒸発していった量の水が土壌から補給されている．

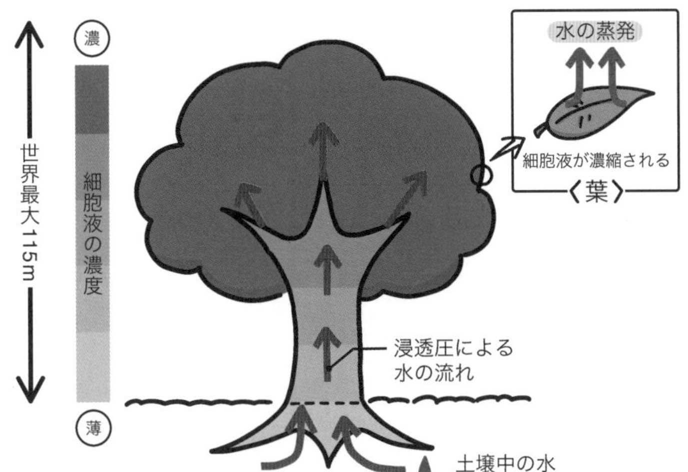

*10 浸透圧の他に毛細管現象と水の凝集力も組み合わさってはたらく．

8章 酸，塩基，pH

この章の目標

1. 酸性とは何か，塩基性とは何かを説明できる.
2. 酸の強さ，塩基の強さを説明できる.
3. 中和反応に関係する濃度計算ができる.
4. 水素イオン濃度の意味と使い方を説明できる.
5. 緩衝作用の仕組みと，人体が体液の pH を調整する仕組みを説明できる.

8.1　酸と塩基とは

小学校の理科の時間に「リトマス紙」を使う実験があったかもしれない．赤いリトマス紙と青いリトマス紙があって，いろいろな液体に浸けてみて，色が変わるか変わらないかを確かめる実験である．青いリトマス紙にレモン汁を乗せると，リトマス紙は色を変えて赤くなる．赤いリトマス紙に同じことをやっても，変化は見られない．セッケン水に赤いリトマス紙を漬けると，リトマス紙は色を変えて青くなる．青いリトマス紙に同じことをやっても，変化は見られない．赤いリトマス紙も，青いリトマス紙も，水道水に浸けても色は変わらない．青いリトマス紙を赤くする液体は酸性，赤いリトマス紙を青くする液体はアルカリ性，どちらの色も変えない液体は中性，と習ったことだろう．8章ではこのあたりの記憶から酸と塩基を理解していくことにする.

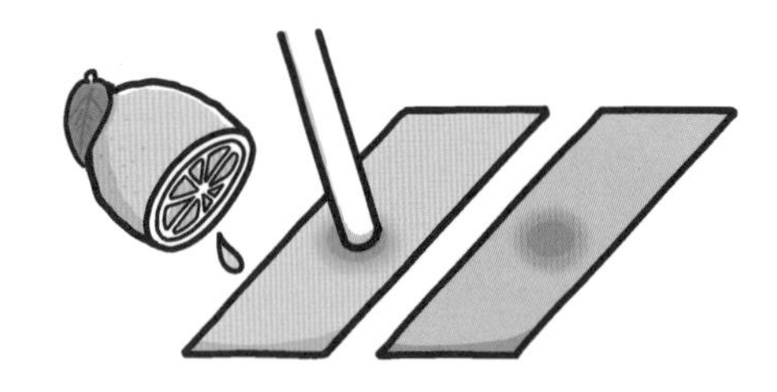

8.2　酸と塩基を化学的に定義する

8.2.1　水素イオン H^+ を出す物質が酸

塩化水素 HCl を水に溶かすと，次のように電離して，水素イオン H^+ が生じる.

$$HCl \longrightarrow H^+ + Cl^- \tag{8.1}$$

酢酸 CH_3COOH を水に溶かすと，次のような平衡状態になり，H^+ が生じる．

$$CH_3COOH \rightleftharpoons CH_3COO^- + H^+$$

硫酸 H_2SO_4 を水に溶かすと，次のように電離して H^+ が生じる．

$$H_2SO_4 \longrightarrow H^+ + HSO_4^-$$

さらに HSO_4^- は，次のような平衡状態になり，H^+ が生じる．

$$HSO_4^- \rightleftharpoons H^+ + SO_4^{2-}$$

このように，水に溶けたときに H^+ を生じる物質を，**酸** (acid) とよぶ．H^+ には，青いリトマス紙を赤色にする性質がある．この他に，さまざまな酸に共通する性質として，マグネシウム Mg や亜鉛 Zn などの金属と反応して水素 H_2 を発生させる，酸味がある*1，といったものがある．こうした性質を，**酸性** (acidity) とよぶ．

電離によって生じた H^+ は，水溶液中に単独で存在することができない．実際には水 H_2O と結合して，H_3O^+ として存在している*2．そのため，たとえば HCl を水に溶かしたときの反応は次のようになる．

$$HCl + H_2O \longrightarrow H_3O^+ + Cl^-$$

このように表してもよいし，式 (8.1) のように表してもよい．どちらも同じことを意味している．

*1 実験室にある薬品を口に入れてはいけない．ラベルには人畜無害な物質の名前が書かれていても，毒物が混入している可能性もある．

*2 H_3O^+ をオキソニウムイオンとよぶ．

8.2.2 水酸化物イオン OH^- を出す物質が塩基

水酸化ナトリウム NaOH を水に溶かすと，次のように電離して水酸化物イオン OH^- が生じる．

$$NaOH \longrightarrow Na^+ + OH^-$$

水酸化カルシウム $Ca(OH)_2$ も，水に溶かすと次のように電離して OH^- が生じる．

$$Ca(OH)_2 \longrightarrow Ca^{2+} + 2OH^-$$

このように，水に溶けたとき OH^- を生じる物質を，**塩基** (base) とよぶ．OH^- には，赤いリトマス紙を青色に変える性質がある．この他に，さまざまな塩基に共通する性質として，酸と反応して酸性を打ち消す，肌に付くとぬるぬるする，苦味がある，といったものがある．こうした性質を**塩基性** (basicity) または**アルカリ性** (alkaline) とよぶ*3．

*3 水に溶ける塩基を**アルカリ** (alcali) とよぶ．

8.2.3 酸と塩基の定義を広げる

ここまでは水溶液中における H^+ や OH^- に注目して酸と塩基を考えてきた．ここからはさらに酸や塩基の定義を広げることにする．濃塩酸*4 と濃アンモニア水を近づけると，白煙が生じる．この白煙は，HCl と NH_3 が空気中で反応してできた塩化アンモニウム NH_4Cl の微小なイオン結晶である．このイオン結晶は $NH_4{}^+$ と Cl^- が組み合わさったものである．

*4 塩化水素の水溶液を塩酸という．一般に，質量パーセント濃度で 35 % 以上の塩酸を濃塩酸という．

$$NH_3 + HCl \longrightarrow NH_4Cl$$

ここでは，NH_3 が酸である HCl から H^+ を受け取って $NH_4{}^+$ になっている．HCl は NH_3 に H^+ を渡して Cl^- になっている．$NH_4{}^+$ と Cl^- が生じるので，両者が組み合わさって NH_4Cl になる．NH_3 は H^+ を受け取ることによって，HCl の酸としての性質を打ち消している．すなわち NH_3 は塩基である．

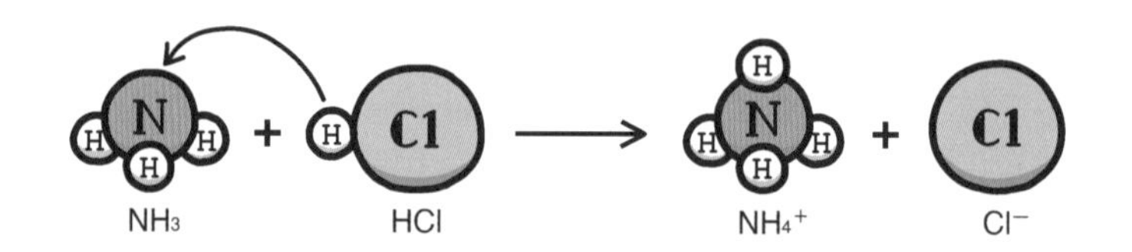

水溶液以外での酸や塩基の反応を説明するためには，酸と塩基の定義を広げる必要がある．その場合には，「酸とは H^+ を与える分子やイオンであり，塩基とは H^+ を受け取る分子やイオンである」とする*5．化学が関係するものごとのさまざまな場面でこの考え方を必要とするが，本書では 8.2.1 項と 8.2.2 項で述べた考え方，すなわち「酸とは水に溶けて H^+ を生じる物質であり，塩基とは水に溶けて OH^- を生じる物質である」と考えていくことにする*6．表 8.1 に酸と塩基の定義を示す．

*5 この定義を，「ブレンステッドとローリーによる酸・塩基の定義」とよぶ．

*6 この定義を，「アレニウスによる酸・塩基の定義」とよぶ．

表 8.1 酸と塩基の定義

酸	塩基
水溶液中で電離して，H^+ を生じる物質． 相手に H^+ を与える物質．	水溶液中で電離して，OH^- を生じる物質． 相手に OH^- を与える物質．

8.3 酸と塩基の価数

8.3.1 酸の価数

塩化水素 HCl の 1 分子が電離すると，1 個の H^+ が生じる．1 分子ではなく，1 mol の HCl が電離すると，H^+ は 1 mol 生じる．

$$HCl \longrightarrow H^+ + Cl^-$$

酸の化学式の中で，電離してH^+となることのできるHの数を，酸の価数とよぶ．HClは1価の酸である．

硫酸H_2SO_4の場合は，次の2段階の電離が続いて，1個のH_2SO_4分子から最大で2個のH^+が生じる．1 molのH_2SO_4分子からは，最大で2 molのH^+が生じる．H_2SO_4は2価の酸である．

$$\left.\begin{array}{l} H_2SO_4 \longrightarrow H^+ + HSO_4^- \\ HSO_4^- \rightleftharpoons H^+ + SO_4^{2-} \end{array}\right\} H^+\text{は2個}$$

「最大で」としたのは，2段階目が完全な電離ではなく，平衡状態となっているためである．したがって，硫酸の電離は，$H_2SO_4 \rightarrow 2H^+ + SO_4^{2-}$ではない．

リン酸H_3PO_4の場合は，次の3段階の電離が続いて，1個のリン酸分子から最大で3個のH^+が生じる．1 molのH_3PO_4分子からは，最大で3 molのH^+が生じる．H_3PO_4は3価の酸である．

$$\left.\begin{array}{l} H_3PO_4 \rightleftharpoons H^+ + H_2PO_4^- \\ H_2PO_4^- \rightleftharpoons H^+ + HPO_4^{2-} \\ HPO_4^{2-} \rightleftharpoons H^+ + PO_4^{3-} \end{array}\right\} H^+\text{は3個}$$

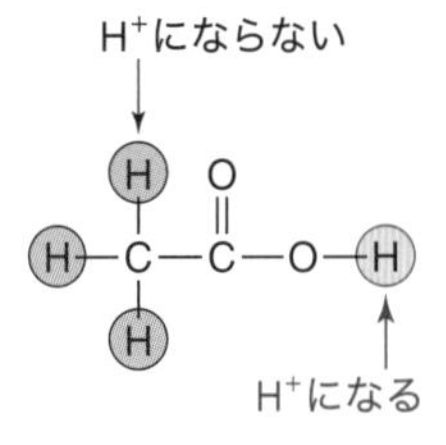

酢酸CH_3COOHは水素原子Hを4個もつが，電離してH^+となることのできるHは1個だけなので，1価の酸である．同じ理由でギ酸HCOOHも1価の酸である．

8.3.2 塩基の価数

水酸化ナトリウムNaOHの1 molが電離すると，1 molのOH^-が生じる．

$$NaOH \longrightarrow Na^+ + OH^-$$

塩基の化学式の中で，電離してOH^-となることのできるOHの数を，塩基の価数とよぶ．NaOHは1価の塩基である．同様に，$Ca(OH)_2$は2価の塩基，$Al(OH)_3$は3価の塩基である．

アンモニアNH_3の場合は，化学式の中にOHは含まれていないが，水と反応して1分子から最大1個のOH^-を生じるので，1価の塩基である．

$$NH_3 + H_2O \rightleftharpoons NH_4^+ + \underline{OH^-}$$

8.4 酸と塩基の強さ

塩酸HClも酢酸CH_3COOHも，どちらも1価の酸である．同じモル濃度の塩酸と酢酸水溶液を用意しておき，それぞれにマグネシウム Mg の板を入れると，塩酸に入れた方が激しく反応する．これは，同じモル濃度であっても，H^+ の濃度が違うからである．塩酸では HCl がほぼ完全に電離して，大量の H^+ が存在するのに対して，酢酸水溶液では，酢酸分子のほとんどは電離しておらず，塩酸と比べて H^+ の量が少ないからである．

$$\mathrm{HCl} \longrightarrow \mathrm{H^+} + \mathrm{Cl^-}$$
$$\mathrm{CH_3COOH} \rightleftharpoons \mathrm{H^+} + \mathrm{CH_3COO^-}$$

水溶液中でほぼ完全に電離する酸を**強酸**（strong acid），水溶液中で一部しか電離しない酸を**弱酸**（weak acid）とよぶ．同じように，水酸化ナトリウム NaOH のように，水溶液中でほぼ完全に電離する塩基を**強塩基**（strong base），アンモニア NH_3 のように，水溶液中で一部しか電離しない塩基を**弱塩基**（weak base）とよぶ．表 8.2 に代表的な酸と塩基を示す．

表 8.2　1 価から 3 価までの強酸，弱酸，強塩基，弱塩基の例

強酸	弱酸	価数	弱塩基	強塩基
塩化水素 $\underline{\mathrm{H}}\mathrm{Cl}$ 硝酸 $\underline{\mathrm{H}}\mathrm{NO_3}$	酢酸 $\mathrm{CH_3COO\underline{H}}$	1 価	アンモニア NH_3	水酸化ナトリウム $\mathrm{Na\underline{OH}}$ 水酸化カリウム $\mathrm{K\underline{OH}}$
硫酸 $\underline{\mathrm{H_2}}\mathrm{SO_4}$	硫化水素 $\underline{\mathrm{H_2}}\mathrm{S}$ 炭酸 $\underline{\mathrm{H_2}}\mathrm{CO_3}$ シュウ酸 $\mathrm{COO\underline{H}}$ – $\mathrm{COO\underline{H}}$	2 価	水酸化マグネシウム $\mathrm{Mg\underline{(OH)_2}}$ 水酸化銅（II）$\mathrm{Cu\underline{(OH)_2}}$ 水酸化鉄（II）$\mathrm{Fe\underline{(OH)_2}}$	水酸化カルシウム $\mathrm{Ca\underline{(OH)_2}}$ 水酸化バリウム $\mathrm{Ba\underline{(OH)_2}}$
	リン酸 $\underline{\mathrm{H_3}}\mathrm{PO_4}$	3 価	水酸化アルミニウム（III）$\mathrm{Al\underline{(OH)_3}}$	

8.4.1 電離度

酸や塩基が水溶液中でどの程度電離しているのかを考えるときには，次式で表される**電離度**（degree of electrolytic dissociation）を考える．電離度の記号には広く α が用いられる．強酸や強塩基の場合には，水溶液中でほぼ完全に電離しているので $\alpha = 1$ とみなすことができる．

$$\text{電離度}\ \alpha = \frac{\text{電離した酸（塩基）の物質量}}{\text{溶解した酸（塩基）の物質量}} = \frac{\text{電離した酸（塩基）のモル濃度}}{\text{溶解した酸（塩基）のモル濃度}}$$

例題 8.1

ある 1 価の弱酸 0.20 mol を水に溶解したところ，その水溶液中には H^+ が 0.0050 mol 存在していた．この酸の電離度を有効数字 2 桁で求めよ．

解 0.025

考え方

$$\text{電離度}\ \alpha = \frac{\text{電離した酸の物質量}}{\text{溶解した酸の物質量}} = \frac{0.0050\ \cancel{\mathrm{mol}}}{0.20\ \cancel{\mathrm{mol}}} = 0.025$$

8.5 電離平衡と電離定数

酢酸の水溶液について考える．酢酸は弱酸なので，水に溶解している酢酸のうち，ごく一部が電離している．このとき，次の平衡が成り立っている．これは電離による平衡であり，**電離平衡**（electrolytic dissociation equilibrium）とよぶ．

$$CH_3COOH \rightleftarrows CH_3COO^- + H^+$$

電離平衡における平衡定数を，**電離定数**（electrolytic dissociation constant）とよぶ．酢酸の場合には，次式で表される．

$$K_a = \frac{[CH_3COO^-][H^+]}{[CH_3COOH]}$$

電離定数はその酸に固有の値である．酢酸の場合，25 ℃において $K_a = 1.75 \times 10^{-5}$ mol L^{-1} である．K_a は，温度が変わらなければ，酸や塩基を加えても一定に保たれる．異なる酸どうしを比べたとき，K_a の大きな酸の方が強い酸である．

K_a の大きさは酸によってさまざまである．K_a を比べたときに，その差が数桁になることもある．酸の強さを比べるときに K_a そのものを比べるのではなく，対数を比べるとわかりやすくなる．そこで，K_a の常用対数[*7]にマイナスを付けた pK_a が用いられる．酢酸の場合には，次のようになる．

*7 底を 10 とする対数を常用対数とよぶ．自然科学で扱う対数のほとんどは常用対数である．

$$\begin{aligned} \mathrm{p}K_a &= -\log_{10} K_a = -\log_{10}(1.75 \times 10^{-5}) \\ &= -\log_{10} 1.75 - \log_{10} 10^{-5} = -0.2430 \cdots + 5 = 4.7569 \cdots = 4.76 \end{aligned}$$

pK_a を求めるために K_a の $\log_{10}$ を求める段階では，単位の mol L^{-1} を外して計算する（単位が付いた量の対数をとることはできない）．また，2 種類の酸の K_a を比べたときの大小関係は，pK_a では逆になり，pK_a が小さいほど強い酸となる．これは対数にマイナスを付けているためである．

確認問題 8.1

乳酸の K_a は 2.19×10^{-4} mol L^{-1} である．乳酸の pK_a を小数点以下 2 桁までの数値で求めよ．

解答はこちら ▶

8.6 水素イオン濃度

8.6.1 水の電離平衡

純粋な水を考える．この中では，水分子のごく一部が電離しており，次の平衡状態にある．

$$H_2O \rightleftarrows H^+ + OH^- \qquad (8.2)$$

このとき，大気圧下，25 ℃では次の関係が成り立っている．

$$K_w = [H^+][OH^-] = 1.0 \times 10^{-14}\,\text{mol}^2\,\text{L}^{-2} \qquad (8.3)$$

このK_wを，**水のイオン積**(ion product of water)とよぶ．$[H^+]$は水素イオンH^+のモル濃度であり，**水素イオン濃度**(hydrogen ion concentration)とよぶ．また，$[OH^-]$は水酸化物イオンOH^-のモル濃度であり，**水酸化物イオン濃度**(hydroxide ion concentration)とよぶ．平衡(8.2)および水のイオン積(8.3)は純粋な水においてだけでなく，酸や塩基を含む水溶液中においても成り立っている．

8.6.2　水素イオン濃度

純粋な水では$[H^+] = [OH^-]$となるので，次のようにして$[H^+]$を求めることができる．

$$K_w = [H^+][H^+] = [H^+]^2 = 1.0 \times 10^{-14}\,\text{mol}^2\,\text{L}^{-2}\ (25\ ℃)$$
$$[H^+] = \sqrt{1.0 \times 10^{-14}\,\text{mol}^2\,\text{L}^{-2}} = 1.0 \times 10^{-7}\,\text{mol L}^{-1}\ (25\ ℃)$$

純粋な水に酸を加えると$[H^+]$が増えるので，$[H^+] > [OH^-]$となる．一方，純粋な水に塩基を加えると$[OH^-]$が増えるので，$[OH^-] > [H^+]$となる．純粋な水では$[H^+] = [OH^-]$となっている．酸性でも塩基性でもないこの状態を，**中性**(neutrality)とよぶ．水溶液の性質と$[H^+]$，$[OH^-]$の関係は，次のようになる(25 ℃)．

酸性　$[H^+] > 1.0 \times 10^{-7}\,\text{mol L}^{-1} > [OH^-]$
中性　$[H^+] = 1.0 \times 10^{-7}\,\text{mol L}^{-1} = [OH^-]$
塩基性　$[H^+] < 1.0 \times 10^{-7}\,\text{mol L}^{-1} < [OH^-]$

水のイオン積$K_w = [H^+][OH^-]$の関係は，純水だけでなく酸や塩基の水溶液でも成り立ち，25 ℃では$1.0 \times 10^{-14}\,\text{mol}^2\,\text{L}^{-2}$の値をとる．たとえば純水に酸を加えると$[H^+]$が増加するので，ルシャトリエの原理に従って平衡(8.2)が左向きに移動して$[H^+]$と$[OH^-]$が減少する．その結果，K_wは元の値を保つ．同様に，塩基を加えると$[OH^-]$が増加するので，平衡(8.2)は左向きに移動して$[OH^-]$と$[H^+]$が減少し，K_wは元の値を保つ．このようにK_wは温度が一定ならば，常に一定に保たれる．したがって，$[H^+]$と$[OH^-]$は，どちらか片方が決まれば，もう一方も決まる．$[H^+]$がわかっているとき，$[OH^-]$は次の関係から求めることができる．

$$[OH^-] = \frac{K_w}{[H^+]}$$

例題 8.2

ある塩基の水溶液において，水酸化物イオン OH^- のモル濃度が 1.0×10^{-5} mol L^{-1} であった．この水溶液の水素イオン濃度を有効数字 2 桁で答えよ．水のイオン積 $K_w = 1.0\times10^{-14}$ mol^2 L^{-2} とせよ．

解 1.0×10^{-9} mol L^{-1}

考え方 $K_w = [H^+][OH^-]$ より

$$[H^+] = \frac{K_w}{[OH^-]} = \frac{1.0\times10^{-14}\ \mathrm{mol^2\ L^{-2}}}{1.0\times10^{-5}\ \cancel{\mathrm{mol\ L^{-1}}}} = 1.0\times10^{-9}\ \mathrm{mol\ L^{-1}}$$

8.6.3 水素イオン指数 pH

水溶液中の $[H^+]$ や $[OH^-]$ は，わずかな酸や塩基を溶かしただけでも数桁の変化を示す．私たちの身の回りに存在する液体を例に考えても，$[H^+]$ は胃液で約 10^{-1} mol L^{-1}，柑橘類の果汁で約 10^{-3} mol L^{-1}，セッケン水で約 10^{-9} mol L^{-1} となっており，そのままでは扱いにくい．そこで，$[H^+]$ の常用対数にマイナスを付けた**水素イオン指数** (hydrogen ion exponent) pH が用いられる．

$$\mathrm{pH} = -\log_{10}[H^+] \quad \text{または} \quad [H^+] = 10^{-\mathrm{pH}}$$

25 ℃の純粋な水では $[H^+] = 1.0\times10^{-7}$ mol L^{-1} なので，$\mathrm{pH} = -\log_{10}(1.0\times10^{-7}) = -\log_{10}1.0 - \log_{10}10^{-7} = 7$ となる．pH を求めるために log の計算を行うときは，mol L^{-1} を外す．純粋な水の pH が 7 になるので，酸性と塩基性を右のように表すことができる (25 ℃)．図 8.1 に，身の回りのさまざまな溶液の pH を示す．

酸性 $\mathrm{pH} < 7$
中性 $\mathrm{pH} = 7$
塩基性 $\mathrm{pH} > 7$

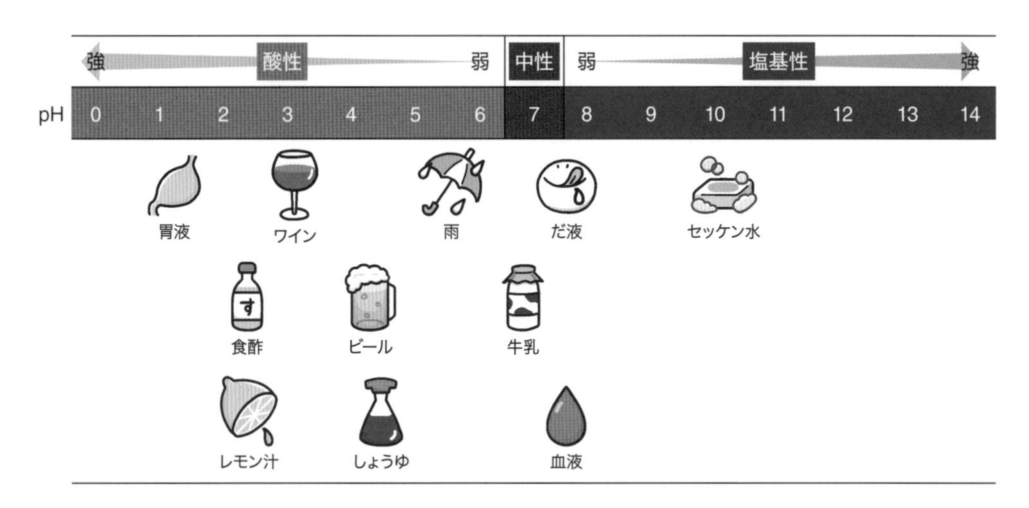

図 8.1 身の回りのさまざまな溶液の pH

例題 8.3

ある酸の水溶液において，$[H^+] = 2.0 \times 10^{-2}$ mol L^{-1} であった．この水溶液の pH を求め，2桁の数値で答えよ．$\log_{10}2.0 = 0.30$ とせよ．

解 1.7

考え方 $pH = -\log_{10}(2.0 \times 10^{-2}) = -\log_{10}2.0 + 2 = -0.30 + 2 = 1.7$

解答はこちら ▶ 

確認問題 8.2

ある塩基の水溶液において，$[OH^-] = 2.5 \times 10^{-5}$ mol L^{-1} であった．この水溶液の pH を求め，2桁の数値で答えよ．水のイオン積 $K_w = 1.0 \times 10^{-14}$ mol^2 L^{-2} とせよ．

8.6.4 強酸や強塩基の水溶液を薄めていったときの pH 変化

純粋な水に塩化水素 HCl を，モル濃度 1.0×10^{-2} mol L^{-1} で溶解して調製した水溶液の pH を考える．水中においては水の電離に伴う平衡 $H_2O \rightleftarrows H^+ + OH^-$ が成り立っており，HCl を溶解する前の段階で，$[H^+] = 10^{-7}$ mol L^{-1} となっている．ここに HCl が加えられる．HCl は強酸であり，水溶液中でほぼ完全に電離する．

$$HCl \longrightarrow H^+ + Cl^-$$

そのため，この電離に伴って生じる H^+ のモル濃度は，塩酸のモル濃度と同じ 1.0×10^{-2} mol L^{-1} になる．この濃度は，もともと水中に存在していた H^+ の濃度（10^{-7} mol L^{-1}）と比べて非常に大きいので，水溶液全体の $[H^+]$ は，1.0×10^{-2} mol L^{-1} とみなすことができる．したがって，$pH = -\log_{10}[H^+] = -\log_{10}(1.0 \times 10^{-2}) = 2$ となる．

この水溶液を 10 倍に薄めて，濃度を 1/10 にするときのことを考える．$[H^+]$ は 1.0×10^{-3} mol L^{-1} となり，pH は 3 になる．100 倍に薄めて濃度を 1/100 にした場合には，$[H^+]$ は 1.0×10^{-4} mol L^{-1} となり，pH は 4 になる．このように強酸の水溶液を 10 倍に薄めて濃度を 1/10 にすると，pH は 1 増える．ただし，pH が 6 の強酸水溶液を 100 倍に薄めて濃度を 1/100 にしても，pH は 8 にはならない．酸はどれだけ薄めても酸であって，塩基になることはない．酸をどこまでも薄めていくと，pH は限りなく 7 に近づいていく（図 8.2）．

同じように，強塩基の水溶液を水で薄めていくと，pH は 7 に近づいていく．たとえば pH が 13 の強塩基の水溶液を水で 10 倍に薄めて濃度を 1/10 にすると，pH は 1 小さくなり 12 となる．100 倍に薄めた場合には濃度が 1/100 となり，pH は 11 となる．ただし，pH が 8 の強塩基水溶液を 100 倍に薄めて濃度を 1/100 にしても，pH は 6 にはならない．塩基はど

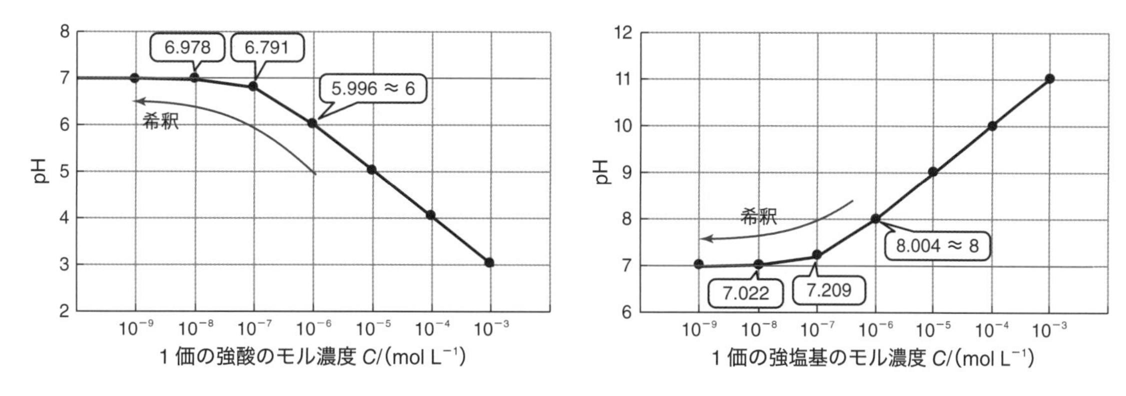

図 8.2　強酸・強塩基の希釈に伴う pH の変化

れだけ薄めても塩基であって，酸になることはない．塩基をどこまでも薄めていくと，pH は限りなく 7 に近づいていく．

8.6.5　pH を知る・pH を測る

小学校の理科の時間に使われているリトマス紙では，水溶液が酸性なのか塩基性なのか，それとも中性なのかを簡単に調べることができるが，具体的にどの程度の pH なのかを測ることはできない．水溶液の pH を精密に測定するためには，水溶液中の $[\mathrm{H^+}]$ を電気的に測る pH メーターという装置を使うことがある．装置を使わずにおおよその pH を簡単に知りたい場合には，水溶液の pH によって色が変化する試薬を使う．これを **pH 指示薬** (pH indicator) とよぶ．たとえばフェノールフタレインは酸性では無色であるが，pH が 8.0 を超えると赤みを帯び始め，pH が 9.8 になるまで pH の増大に従って赤みが濃くなっていく．pH 指示薬には他にメチルオレンジ，メチルレッド，ブロモチモールブルーなどがある (図 8.3)．

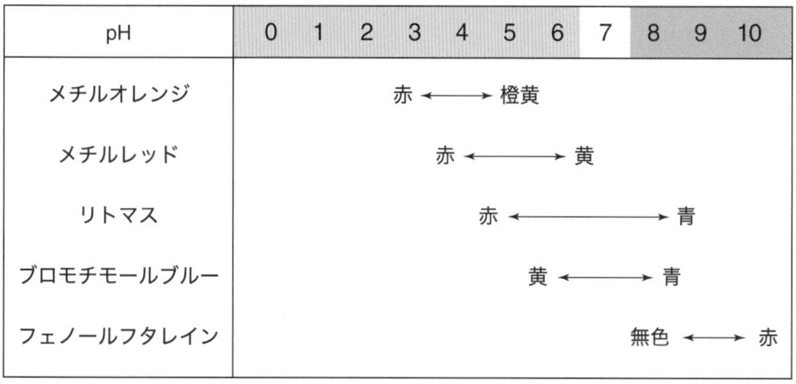

pH	0　1　2　3　4　5　6　7　8　9　10
メチルオレンジ	赤 ←→ 橙黄
メチルレッド	赤 ←→ 黄
リトマス	赤 ←→ 青
ブロモチモールブルー	黄 ←→ 青
フェノールフタレイン	無色 ←→ 赤

図 8.3　主な pH 指示薬と，変色域

8.7 中和反応と塩の性質

8.7.1 中和反応

酸と塩基を混合すると，酸と塩基の性質を互いに打ち消し合う．この反応を**中和**（neutralization）や**中和反応**とよぶ．たとえば塩酸と水酸化ナトリウム水溶液とを混合すると，塩化ナトリウムと水が生じる．

$$HCl + NaOH \longrightarrow NaCl + H_2O$$

中和反応において，酸の陰イオンと塩基の陽イオンから生成した化合物を，**塩**（えん）（salt）とよぶ．ここでは NaCl が塩（えん）である．

この反応は水溶液中で起こるものなので，HCl，NaOH，NaCl はいずれもイオンに電離している．そこでイオンどうしの反応として考えてみる．

$$(H^+ + \cancel{Cl^-}) + (\cancel{Na^+} + OH^-) \longrightarrow (\cancel{Na^+} + \cancel{Cl^-}) + H_2O$$

整理すると次のようになる．

$$H^+ + OH^- \longrightarrow H_2O$$

このように中和反応は，酸の H^+ と塩基の OH^- とが結合して水 H_2O と塩を生成する反応である[*8]．

*8 $HCl + NH_3 \longrightarrow NH_4Cl$ のように，水を生じない中和反応もある．

8.7.2 酸と塩基がちょうど中和するとき

中和反応において，酸が与える H^+ の数と，塩基が受け取る H^+ の数が等しいとき，酸と塩基はちょうど中和する．このことを，酸と塩基が過不足なく中和すると表現する．たとえば 1 mol の HCl と過不足なく中和する NaOH の物質量は 1 mol である．

$$\underset{1\,\text{mol}}{HCl} + \underset{1\,\text{mol}}{NaOH} \longrightarrow NaCl + H_2O$$

一方で，1 mol の H_2SO_4 と過不足なく中和する NaOH の物質量は 2 mol である．

$$\underset{1\,\text{mol}}{H_2SO_4} + \underset{2\,\text{mol}}{2NaOH} \longrightarrow Na_2SO_4 + 2H_2O$$

1 mol の H_2SO_4 からは最大で 2 mol の H^+ が生じるので，この 2 mol を完全に中和するためには NaOH が 2 mol 必要になるからである．

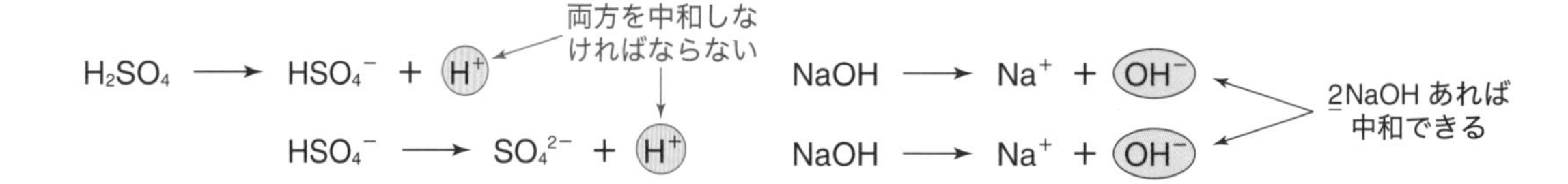

例題 8.4

次の酸と塩基が完全に中和するときの化学反応式を記せ.
(1) 酢酸 CH_3COOH と水酸化ナトリウム NaOH
(2) 硫酸 H_2SO_4 と水酸化カリウム KOH
(3) 塩化水素 HCl と水酸化カルシウム $Ca(OH)_2$

解 (1) $CH_3COOH + NaOH \longrightarrow CH_3COONa + H_2O$
(2) $H_2SO_4 + 2KOH \longrightarrow K_2SO_4 + 2H_2O$
(3) $2HCl + Ca(OH)_2 \longrightarrow CaCl_2 + 2H_2O$

例題 8.5

硫酸 H_2SO_4 (モル質量 98.0 g mol^{-1}) 19.6 g を水酸化ナトリウム NaOH (モル質量 40.0 g mol^{-1}) で過不足なく中和したい. 必要な水酸化ナトリウムの質量は何 g か. 有効数字 3 桁で答えよ.

解 16.0 g

考え方 この中和反応の化学反応式は次のとおりである.

$$H_2SO_4 + 2NaOH \longrightarrow Na_2SO_4 + 2H_2O$$

H_2SO_4		$2NaOH$
1 mol	:	2 mol
19.6 g		16.0 g
↓		↑
0.200 mol	⟶	2 × 0.200 mol = 0.400 mol

$$物質量 = \frac{質量}{モル質量}$$

質量 = 物質量 × モル質量

係数の比から, 1 mol の H_2SO_4 と過不足なく反応する NaOH は 2 mol である. 19.6 g の H_2SO_4 の物質量は 0.200 mol である. これと過不足なく反応する NaOH は 2 × 0.200 mol = 0.400 mol である. これの質量は 16.0 g である.

8.7.3 塩の性質

中和反応は酸の性質と塩基の性質を互いに打ち消し合う反応だが, 酸性の分子と塩基性の分子が過不足なく反応した後の水溶液は中性だとは限らない. たとえば酢酸と水酸化ナトリウムの中和反応を考える.

$$CH_3COOH + NaOH \longrightarrow CH_3COONa + H_2O$$

この中和反応で生じた塩である CH_3COONa は, CH_3COO^- と Na^+ に完全電離している. そして水溶液中の CH_3COO^- は, 周囲の水分子と次の平衡状態をとる (Na^+ は電離したままである).

$$CH_3COO^- + H_2O \rightleftarrows CH_3COOH + OH^-$$

ここで OH^- が生じるため，この水溶液は塩基性となる．

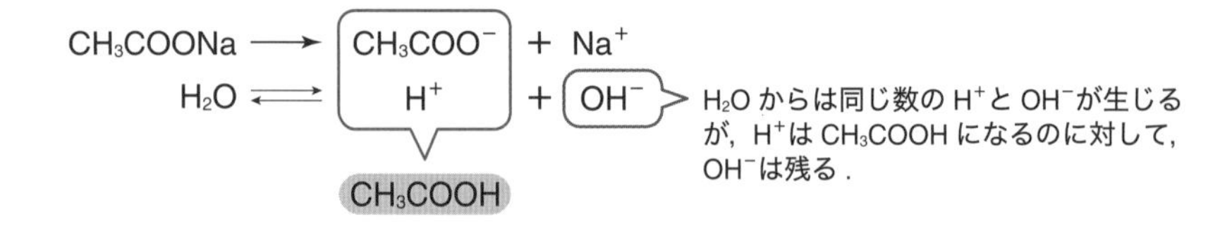

同じように，塩化水素 HCl とアンモニア NH_3 が過不足なく反応した後の水溶液は，酸性になる．

$$HCl + NH_3 \longrightarrow NH_4Cl$$

この中和反応で生じた塩である NH_4Cl は，NH_4^+ と Cl^- に完全電離している．そして水溶液中の NH_4^+ は，周囲の水分子と次の平衡状態をとる（Cl^- は電離したままである）．

$$NH_4^+ + H_2O \rightleftarrows NH_3 + H_2O + H^+$$

ここで H^+ が生じるため，この水溶液は酸性となる．

$$NH_4Cl \longrightarrow NH_4^+ + Cl^-$$
$$H_2O \rightleftarrows OH^- + H^+$$

$NH_3 + H_2O$

H_2O からは同じ数の H^+ と OH^- が生じるが，OH^- は H_2O になるのに対して，H^+ は残る．

過不足なく中和反応が起きた後の水溶液の液性は，次のようになる．

- 弱酸と強塩基が過不足なく中和すると，水溶液は塩基性になる．
- 強酸と弱塩基が過不足なく中和すると，水溶液は酸性になる．
- 強酸と強塩基が過不足なく中和すると，水溶液は中性になる．
- 弱酸と弱塩基が過不足なく中和した場合，水溶液の性質は生じる塩の種類によって異なる．

8.7.4 中和滴定

サンプル中に含まれる酸や塩基の濃度を知りたい場合に，中和反応を利用することがある．中和反応における酸と塩基の量的な関係を利用して，濃度のわかっている塩基（または酸）を用いて，濃度のわからない酸（または塩基）の濃度を測定することができる．この操作を，**中和滴定**（neutralization titration）とよぶ．たとえば，濃度がわかっていない酸の溶液の濃度を測定する場合には，次のような操作を行う．

(1) 濃度が正確にわかっている塩基の水溶液を調製する．これを**標準液**(standard solution) とよぶ．
(2) 濃度がわかっていない酸を一定体積容器にとり，指示薬を加える．
(3) 指示薬の色が変わるまで標準液を少しずつ加えていく．加えた標準液の体積を正確に測る．酸と塩基が過不足なく反応して中和反応が完了する点を，**中和点** (neutralization point) とよぶ．

たとえば濃度がわかっていない塩酸 HCl の濃度を，水酸化ナトリウム NaOH で中和滴定する場合を考える．化学反応式は次のとおりである．

$$HCl + NaOH \longrightarrow NaCl + H_2O$$

濃度がわかっていない塩酸 HCl の濃度を C_1，体積を V_1 とする．ここに含まれている HCl の物質量 n_1 は，$n_1 = C_1V_1$ となる．一方，この塩酸に加えていった水酸化ナトリウム水溶液の濃度を C_2，体積を V_2 とすると，加えられた NaOH の物質量 n_2 は，$n_2 = C_2V_2$ となる．化学反応式において，HCl と NaOH の係数が同じなので，過不足なく中和反応が進んだ場合，$n_1 = n_2$ となる．したがって，次の関係が成り立つ．

$$C_1V_1 = C_2V_2$$

V_1，C_2，V_2 はわかっているので，C_1 を求めることができる．

以上は 1 価の酸と 1 価の塩基の中和反応であった．酸や塩基が 1 価ではない場合についても考える．たとえば，濃度がわかっていない硫酸 H_2SO_4 を水酸化ナトリウム NaOH で滴定する場合を考える．化学反応式は次のとおりである．

$$H_2SO_4 + 2NaOH \longrightarrow Na_2SO_4 + 2H_2O$$

この場合，1 mol の H_2SO_4 に対して 2 mol の NaOH が必要である．硫酸の濃度を C_1，硫酸の体積を V_1，水酸化ナトリウム水溶液の濃度を C_2，水酸化ナトリウム水溶液の体積を V_2 とすると，次の関係が成り立つ．

$$C_1V_1 = 2C_2V_2$$

一般化して考えると，a 価の酸のモル濃度を C_1，体積を V_1，b 価の塩基のモル濃度を C_2，体積を V_2 とすると，次の関係が成り立つ．

$$aC_1V_1 = bC_2V_2$$

確認問題 8.3

モル濃度 0.0500 mol L^{-1} の硫酸 H_2SO_4 水溶液を容器に 10.0 mL とり，指示薬を加え，濃度不明の水酸化ナトリウム NaOH 水溶液で中

和滴定したところ，12.5 mL を加えたところで指示薬の色が変化したので，過不足なく反応が生じたと判断した．この水酸化ナトリウム水溶液のモル濃度は何 mol L^{-1} か．有効数字 3 桁で答えよ．

8.8　緩衝作用

私たちの体内には血液，胃液，唾液などさまざまな液体が存在し，それぞれの pH がそれぞれ適切な範囲に保たれている．一方，細胞や医薬品を水溶液中で取り扱うときには，その pH を一定の範囲に保つ必要がある．そこで，溶液を希釈したり，酸や塩基を加えたりしても pH が一定の範囲に保たれる溶液が必要になる．こうした性質を**緩衝作用**（buffering action）とよび，緩衝作用を示す水溶液を，**緩衝液**（buffer solution）とよぶ．緩衝液はどのような仕組みになっているのだろうか．

8.8.1　緩衝液

緩衝液のわかりやすい例として，酢酸 CH_3COOH と酢酸ナトリウム CH_3COONa の混合水溶液を考える．

$$CH_3COOH \rightleftarrows CH_3COO^- + H^+ \quad \text{一部が電離}$$

$$CH_3COONa \longrightarrow CH_3COO^- + Na^+ \quad \text{完全に電離}$$

ここに少量の酸を加えると，瞬間的に $[H^+]$ が増えることになるが，ルシャトリエの原理に従って酢酸の電離の平衡が移動して，$[H^+]$ の増加が抑えられる．

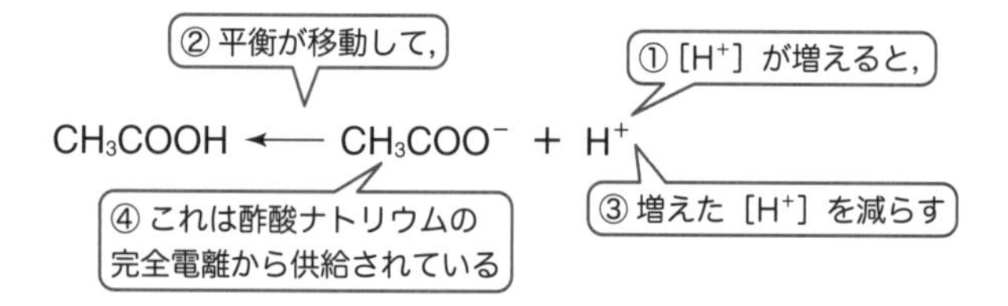

これが可能なのは，酢酸ナトリウム CH_3COONa の完全電離によって水溶液中に大量の CH_3COO^- が存在しているからである．

一方，少量の塩基を加えた場合は，瞬間的に $[OH^-]$ が増えることになるが，ルシャトリエの原理に従って酢酸の電離の平衡が移動して，$[OH^-]$ の増加が抑えられる．

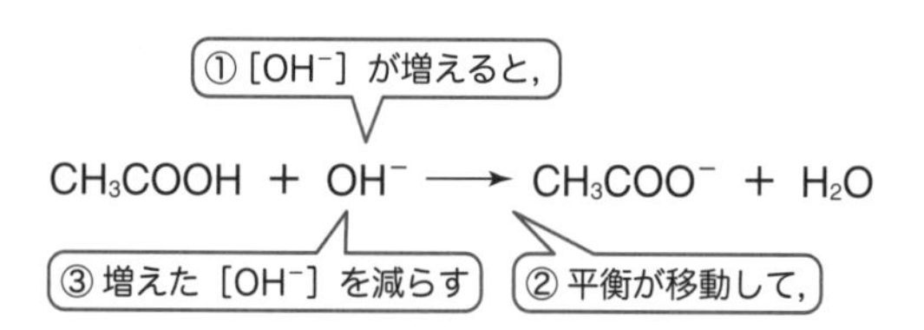

緩衝液には次のいずれかが用いられる．緩衝液の例を表 8.3 に示す．

- 弱酸と，弱酸と強塩基の塩
- 弱塩基と，弱塩基と強酸の塩

表 8.3　緩衝液の例

弱酸・弱塩基	塩	pH
酒石酸	酒石酸ナトリウム	1.4 〜 4.5
クエン酸	クエン酸二水素カリウム	2.2 〜 3.6
乳酸	乳酸ナトリウム	2.3 〜 5.3
酢酸	酢酸ナトリウム	3.6 〜 5.6
アンモニア	塩化アンモニウム	8.0 〜 11.0

8.8.2　体液の pH を一定範囲に保つ

私たちの血液の pH は約 7.4 に保たれている．ここでは炭酸 H_2CO_3 と炭酸水素イオン HCO_3^- が主な緩衝液としてはたらいている．

$$CO_2 + H_2O \rightleftharpoons H_2CO_3 \rightleftharpoons HCO_3^- + H^+$$

血液中の $[H^+]$ が増加すると，ルシャトリエの原理に従って平衡が左に移動する．その結果，H_2CO_3 が増えるが，これを減らす方向にルシャトリエの原理がはたらく．この結果，CO_2 と H_2O が生じるが，肺が活動を高めてこれらを体外に追い出すので，血液中の $[H^+]$ 増加は抑えられる．血液中の $[H^+]$ が減少した場合には，これと逆の仕組みがはたらく．

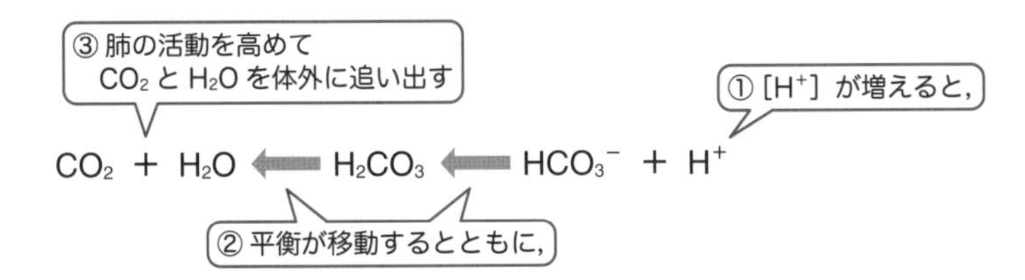

細胞内ではリン酸水素イオン HPO_4^{2-} とリン酸二水素イオン $H_2PO_4^-$ が緩衝液として働き，pH を 6.9 付近に保っている．

$$H_2PO_4^- \rightleftharpoons HPO_4^{2-} + H^+$$

細胞内で $[H^+]$ が増加すると，ルシャトリエの原理に従って平衡が左に移動する．その結果，$H_2PO_4^-$ が増加するが，これは適当な陽イオンと一緒に最終的に尿として体外に捨てられる．

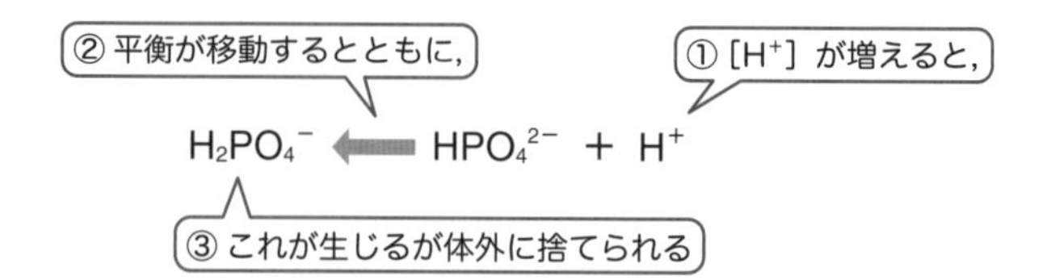

細胞内の $[H^+]$ が減少した場合には，これと逆の仕組みがはたらく．この場合は HPO_4^{2-} が体外に捨てられる．

8.8.3 緩衝液の pH

緩衝液を調製するときに，2種類の溶質（たとえば酢酸と酢酸ナトリウム）の濃度を決めれば，混合溶液の pH も決まる．ここでは次の関係式が成り立っている．$\mathrm{p}K_\mathrm{a}$ は酸の電離定数，C_a は酸のモル濃度，C_s は塩のモル濃度である．

*9 この式の導出は，以下の QR コードから確認できる．

$$\mathrm{pH} = \mathrm{p}K_\mathrm{a} + \log_{10}\frac{C_\mathrm{s}}{C_\mathrm{a}}$$ *9

$\mathrm{p}K_\mathrm{a}$ はわかっているので，C_a と C_s が決まれば，その溶液の pH も決まる．たとえば酢酸を $C_\mathrm{a} = 0.050\ \mathrm{mol\ L^{-1}}$，酢酸ナトリウムを $C_\mathrm{s} = 0.100\ \mathrm{mol\ L^{-1}}$ で混合した溶液について考える．酢酸の $\mathrm{p}K_\mathrm{a}$ は 4.76 である．

$$\mathrm{pH} = 4.76 + \log_{10}\frac{0.100\ \cancel{\mathrm{mol\ L^{-1}}}}{0.050\ \cancel{\mathrm{mol\ L^{-1}}}}$$

$$= 4.76 + \log_{10}2.0 = 4.76 + 0.3010\cdots = 5.06$$

この関係を用いると，目的の pH を示す緩衝液を調製するときに，2種類の溶質をどのようなモル濃度の比率にすればよいのかがわかる．

コラム 1 酸性河川中和事業

群馬県を流れる吾妻川を上流にたどって行くと，草津白根山の火口湖にたどり着く．ここには火山活動により硫黄の化合物が溶け出しており，これが硫酸となり，湖水の pH は 1.2 となっている．この強い酸性のために，吾妻川は魚も棲めない「死の川」とよばれていた．また，強酸は鉄やコンクリートを腐食させるので，橋やダムなどの建造物をつくれないという問題もあった．さらに，農業用水として利用することも不可能であった．そこで 1960 年代に，酸性の川を中和する取り組みが始まった．世界初の酸性河川中和事業である．吾妻川の支流の 1 つに石灰 $CaCO_3$ の粉を投入し，流れる河川水の中で次の中和反応が進んでいくというものである．

$$H_2SO_4 + CaCO_3 \longrightarrow CaSO_4\downarrow + H_2O + CO_2$$

中和反応が進んでいくと，$CaSO_4$ の沈殿が生じるので，これが河口に流れていかないように，川の途中に沈殿を集めるダムが建設されている．ここからすくい取られた $CaSO_4$ は，建材や肥料などに使用される．この事業が始まり，吾妻川は魚が暮らす川になった．建造物も建設できるようになり，吾妻川の河川水は農業をはじめさまざまな目的に利用されている．

9章 酸化と還元

この章の目標

1. 酸素，水素，電子に注目した酸化と還元の定義を説明できる．
2. 化合物中の構成元素の酸化数を求められる．
3. 酸化剤と還元剤がどのようなものなのかを説明できる．
4. 身の回りの酸化還元反応の例を説明できる．

9.1 酸素のやり取りが行われる化学反応

9.1.1 酸素を受け取る変化が酸化

新しい銅線には光沢がある．これは，銅線の材料となっている銅 Cu のもつ金属光沢である．この銅線を空気中で強く熱すると，光沢が失われ，黒く変色する．これは，空気中の酸素 O_2 と銅 Cu が反応して，銅線の表面に黒色の酸化銅（Ⅱ）CuO ができたためである．このとき，銅は酸素を受け取っている．物質が酸素を受け取る変化を，**酸化**（oxidation）とよぶ．ここでは，銅は酸化された，と表現する[*1]．酸化によって生じる酸素を含む化合物を，**酸化物**（oxide）とよぶ．

※1「酸化された」と受け身の形で表現する．「銅が酸化して酸化銅になる」と表現してはいけない．

$$2Cu + O_2 \longrightarrow 2CuO$$

（Cu → CuO：酸化された）

9.1.2 酸素を失う変化が還元

酸化によって変色した銅線を再び加熱して水素（気体）H_2 の中に入れると，金属光沢が戻る．これは，酸化銅（Ⅱ）が水素 H_2 と反応して酸素を失い，銅 Cu に変化したからである．物質が酸素を失う変化を，**還元**（reduction）とよぶ．ここでは，酸化銅（Ⅱ）は還元された，と表現する[*2]．

※2「還元された」と受け身の形で表現する．「酸化銅（Ⅱ）が還元して銅になる」と表現してはいけない．

$$CuO + H_2 \longrightarrow Cu + H_2O$$

（H_2 → H_2O：酸化された，CuO → Cu：還元された）

- 酸化される：酸素を得る
- 還元される：酸素を失う

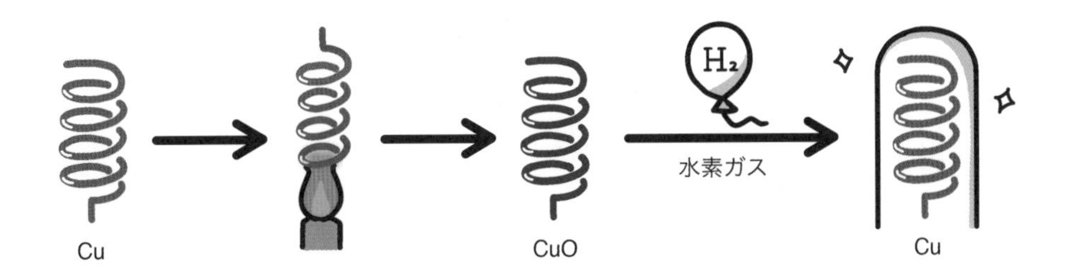

このとき，水素 H_2 は酸化されて水 H_2O に変化している．このように，酸化と還元は同時に起こる．同時に起きている酸化と還元を合わせて，**酸化還元反応** (redox reaction) とよぶ*3.

*3 酸化反応の例として最初に挙げた $2Cu + O_2 \rightarrow 2CuO$ においては，酸素は還元されている．

9.2 水素のやり取りで考える酸化と還元

硫化水素（気体）H_2S を燃やすと，硫化水素と空気中の酸素 O_2 とが反応して，硫黄 S と水 H_2O が生じる．

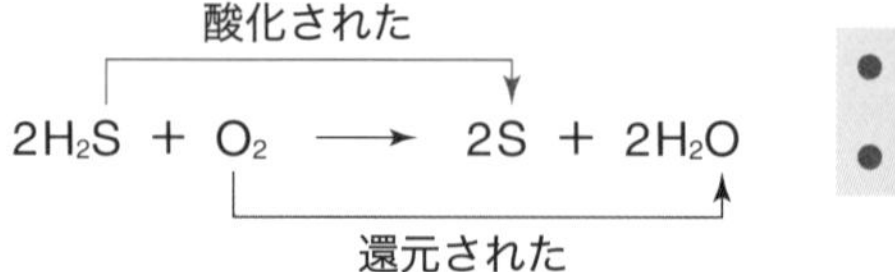

● 酸化される：水素を失う
● 還元される：水素を得る

このとき H_2S は酸素 O_2 と反応しており酸化されているが，酸素を得ているわけではない．H_2S は水素Hを失って硫黄 S になっている．このように，物質が水素を失う反応を酸化とする場合もある．この考え方では，物質が水素を得る反応が還元となる．上記の反応では，酸素 O_2 が水素を得ているので，酸素 O_2 は還元されている．

9.3 酸素も水素も関わらない反応で酸化と還元を考える

銅が酸素と反応して酸化銅（Ⅱ）CuO が生じる反応をもう一度考える．この反応で Cu は，酸化される物質である．CuO はイオン結晶であり，Cu^{2+} と O^{2-} が組み合わさった物質である（CuO は分子ではない）．この Cu^{2+} は，Cu が電子を手放すことによって陽イオンに変わったものである．

$$Cu \longrightarrow Cu^{2+} + 2e^-$$

一方 O^{2-} は，酸素 O_2 が電子 e^- を受け取って生じたものである．係数に注意して書くと，次のようになる．

$$O_2 + 4e^- \longrightarrow 2O^{2-}$$

この 2 つの反応は組み合わさっている．銅 Cu が手放した電子 e^- を，酸素 O_2 が受け取っているからである．したがって，合わせて書くと次のようになる．

$$\left.\begin{array}{l} 2Cu \xrightarrow{e^-\text{を失う}} 2Cu^{2+} + 4e^- \\ O_2 + 4e^- \xrightarrow[e^-\text{を得る}]{} 2O^{2-} \end{array}\right\} 2Cu + O_2 \longrightarrow 2CuO$$

次に銅が塩素 Cl_2 と反応して塩化銅（Ⅱ）$CuCl_2$ が生じる反応を考える．加熱した銅線を塩素 Cl_2 で満たされた容器の中に入れると，激しく反応して $CuCl_2$ が生じる．この反応も，次のような組み合わせになっている．

$$Cu \xrightarrow{e^- \text{を失う}} Cu^{2+} + 2e^-$$
$$Cl_2 + 2e^- \xrightarrow[e^- \text{を得る}]{} 2Cl^-$$
$$Cu + Cl_2 \longrightarrow CuCl_2$$

この反応には酸素も水素も関係していない．しかし Cu から Cu^{2+} が生じる段階は，CuO の生成反応と同じものである．そこで，この場合も Cu は酸化されたと考えることにする．すなわち，物質が電子を失うと酸化された，と考えることにする．また，物質が電子を得ると還元された，と考えることにする．このように考えることによって，酸素や水素が関わらない反応においても，酸化と還元を考えることが可能になる．

- 酸化される：電子を失う
- 還元される：電子を得る

電子は消えることもなければ現れることもない．ある原子が電子を手放せば，同時に別の原子が電子を受け取ることになる．したがって，酸化と還元は必ず同時に起こる．ここまでの内容を，表 9.1 に整理しておく．

表 9.1 酸化と還元の関係

	酸素原子	水素原子	電子
酸化される	得る	失う	失う
還元される	失う	得る	得る

例題 9.1

次の反応で，下線を付けた原子は，酸化されたか，還元されたか．

(1) $2\underline{Mg} + CO_2 \longrightarrow 2MgO + C$

(2) $\underline{Ag}_2O + H_2 \longrightarrow 2Ag + H_2O$

(3) $\underline{Mg} + Cl_2 \longrightarrow MgCl_2$

解 (1) 酸化された．(2) 還元された．(3) 酸化された．

考え方 (1) 酸素に注目すると，Mg は酸素を得ているので酸化されている．電子に注目すると，MgO は Mg^{2+} と O^{2-} から構成されるイオン結晶であり，Mg は電子を失って Mg^{2+} になっているので，酸化されている．(2) 酸素に注目すると，Ag_2O は酸素を失っているので還元されている．電子に注目すると，Ag_2O は Ag^+ と O^{2-} から構成されるイオン結晶であり，この Ag^+ は電子を得て Ag になっているので還元されている．(3) $MgCl_2$ は Mg^{2+} と Cl^- から構成されるイオン結晶である．Mg は電子を失って Mg^{2+} になっているので酸化されている．

9.4 特定の物質に限定されることなく酸化と還元を考える—酸化数

イオンが関係する反応では，電子のやり取りを判断しやすい．どの原子が酸化され，どの原子が還元されたのかは，電荷の変化を見ればわかる．しかし，$N_2 + 3H_2 \rightarrow 2NH_3$ のように，分子どうしが反応する場合には，電子がどのようにやり取りされたのかがわかりにくい．そこで，**酸化数**(oxidation number)という数を考え，どのような物質であっても酸化されたのか還元されたのかをはっきりさせる方法が考え出された．ここでは，化合物中の共有結合について，2個の原子を結ぶ電子対を，電気陰性度の高い方の原子に完全に割り当ててしまった状態を考える．たとえばアンモニア NH_3 の場合には，図9.1のように考える．

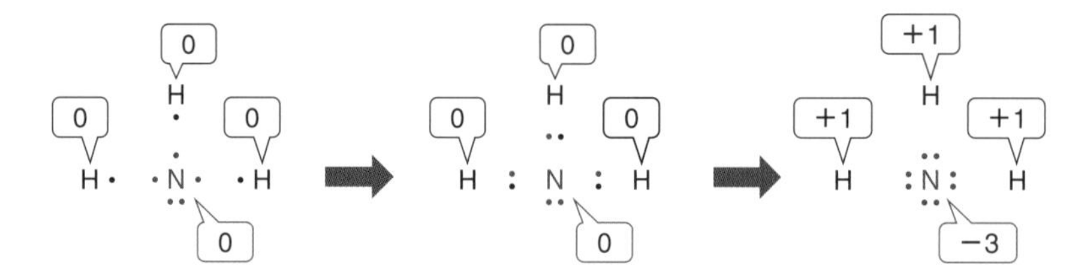

図9.1 酸化数の考え方（アンモニア）

9.4.1 酸化数の決め方

物質を構成する原子の酸化数は，表9.2に従って決める．

化学式に含まれる元素の酸化数を求めるときは，表9.2の❶から❻にかけて順番に考えていけばよい．たとえば硫酸 $H_2\underline{S}O_4$ のS原子の酸化数を求める際には，❸からH原子1個について $+1$ を割り当て，❹からO原子1個について -2 を割り当てる．求めるS原子の酸化数を x とすると，❺より $2\times(+1) + x + 4\times(-2) = 0$ となる．これを解くと $x = +6$ となる．酸化数には必ず+，−の符号を付ける．

例題 9.2

下線部の原子の酸化数を求めよ．

(1) $H\underline{N}O_3$　(2) $\underline{P}O_4{}^{3-}$　(3) $HO\underline{Cl}$

(4) $K\underline{Mn}O_4$（ヒント：K^+ と $MnO_4{}^-$ から構成されている）

解　(1) +5　(2) +5　(3) +1　(4) +7

考え方　(1) 表9.2の❸〜❺に従ってHに+1，Oに−2を割り当てると，$(+1)+x+3\times(-2)=0$となる．これを解くと$x=+5$になる．(2) 表9.2の❹と❻に従ってOに−2を割り当てると，$x+4\times(-2)=-3$となる．これを解くと$x=+5$となる．(3) 表9.2の❸〜❺に従ってHに+1，Oに−2を割り当てると，$(+1)+(-2)+x=0$となる．これを解くと$x=+1$となる．(4) $KMnO_4$はK^+とMnO_4^-から構成されている．MnO_4^-について表9.2の❹と❻をあてはめて考える．$x+4\times(-2)=-1$．これを解くと$x=+7$．

表9.2　酸化数の決め方

	決め方	例
❶	単体中の原子の酸化数は0とする．	H_2 O_2 Cl_2 Na Cu 0 0 0 0 0
❷	単原子イオン中の原子の酸化数は，イオンの電荷に等しい．	Na^+ Cu^{2+} Cl^- O^{2-} +1 +2 −1 −2
❸	化合物中の水素原子の酸化数は+1とする．	H_2O HCl NH_3 +1 +1 +1 ※例外あり．たとえばNaHではHの酸化数は−1になる．
❹	化合物中の酸素原子の酸化数は−2とする．	H_2O CO_2 −2 −2 ※例外あり．たとえばH_2O_2ではOの酸化数は−1になる．
❺	化合物中の各原子の酸化数の総和は0である．	H_2O +1 −2 CO_2 +4 −2
❻	多原子イオン中の各原子の酸化数の総和は，多原子イオンの電荷に等しい．	SO_4^{2-} +6 −2

9.4.2　化学反応に伴う酸化数の変化

ある原子が電子を失うと酸化数は増えることになる．逆に，ある原子が電子を得ると酸化数は減ることになる．たとえば水素H_2と酸素O_2から水H_2Oが生じる反応を考える．

水素H_2のH原子は0から+1に増加しているので，酸化されたことがわかる．酸素O_2のO原子は0から−2に減少しているので，還元されたことがわかる．反応の前後で酸化数の増加の総和と，酸化数の減少の総和は等しい．化学反応に伴って電子は移動しているだけだからである．たとえば上記の反応では，Hの酸化数の変化は合計+2，酸素の酸化数の変化は−2である．どちらも値の変化は2である．

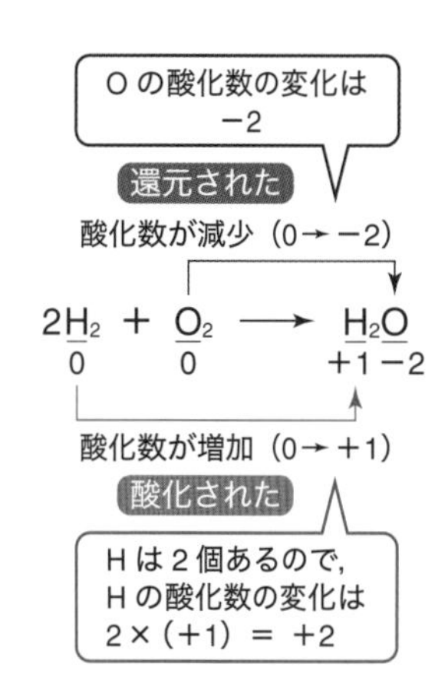

- 酸化される：酸化数が増加する．
- 還元される：酸化数が減少する．

｝反応の前後で酸化数の増加量の総和と，減少量の総和は等しい．

9.5　酸化剤と還元剤

酸化還元反応においては，必ず酸化と還元が同時に進行する．何かが酸化されるとき，その物質を酸化する物質が必ず存在する．これを，**酸化剤**（oxidizing agent）とよぶ．一方，何かが還元されるとき，その物質を還元する物質が必ず存在する．これを，**還元剤**（reducing agent）とよぶ．酸化剤は相手の物質を酸化するとともに，自分自身は還元される．還元剤は相手の物質を還元するとともに，自分自身は酸化される．

- 酸化剤：相手を酸化し，自分自身は還元される．相手から電子を奪う．
- 還元剤：相手を還元し，自分自身は酸化される．相手に電子を与える．

前節までにさまざまな酸化反応や還元反応を考えてきたが，すべての反応において酸化剤と還元剤が存在したことになる．

ある物質が酸化剤になるのか還元剤になるのかは，反応する相手によって決まる．その例として，過酸化水素 H_2O_2 と二酸化硫黄 SO_2 を取りあげる．

9.5.1　過酸化水素 H_2O_2

化合物を構成する原子の酸化数を求めるとき，酸素の酸化数は原則として −2 にするが，過酸化水素 H_2O_2 の場合には例外として酸素の酸化数を −1 とする（図 9.2）．

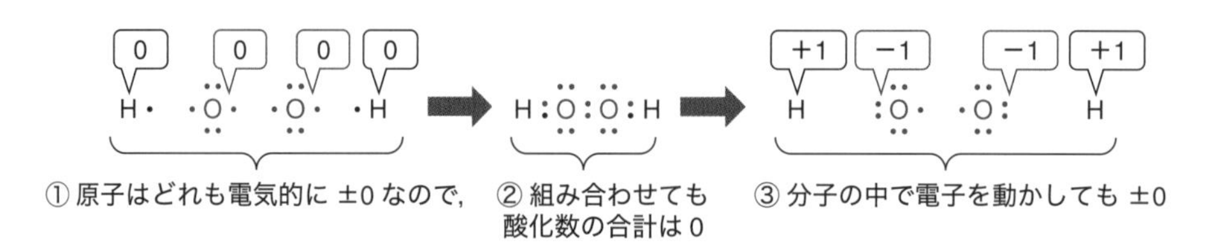

図 9.2　酸化数の考え方（過酸化水素）

(a) 酸化剤としてはたらく過酸化水素

硫酸で酸性にした H_2O_2 の水溶液中では，H_2O_2 はヨウ化カリウム KI に対して酸化剤としてはたらく．

酸化数が増加（−1→0）
酸化された・相手を還元した・還元剤としてはたらいた

$$\underset{-1}{H_2O_2} + 2\underset{-1}{KI} + H_2SO_4 \longrightarrow 2\underset{-2}{H_2O} + \underset{0}{I_2} + K_2SO_4$$

酸化数が減少（−1→−2）
還元された・相手を酸化した・酸化剤としてはたらいた

このとき，ヨウ化カリウム KI は，H_2O_2 に対して還元剤としてはたらいている．反応物を構成する原子のうち，反応に伴って酸化数が減少するものが酸化剤である．また，反応物を構成する原子のうち，反応に伴って酸化数が増加するものが還元剤である．

(b) 還元剤としてはたらく過酸化水素

一方，硫酸で酸性にした過マンガン酸カリウム $KMnO_4$ 水溶液中では，H_2O_2 は過マンガン酸カリウム $KMnO_4$ に対して還元剤としてはたらく．

酸化数が減少（+7→+2）
還元された・相手を酸化した・酸化剤としてはたらいた

$$5H_2\underline{O}_2 + 2K\underline{Mn}O_4 + 3H_2SO_4 \longrightarrow 5\underline{O}_2 + 2\underline{Mn}SO_4 + K_2SO_4 + 8H_2O$$

（H_2O_2 の O：−1，$KMnO_4$ の Mn：+7，O_2 の O：0，$MnSO_4$ の Mn：+2）

酸化数が増加（−1→0）
酸化された・相手を還元した・還元剤としてはたらいた

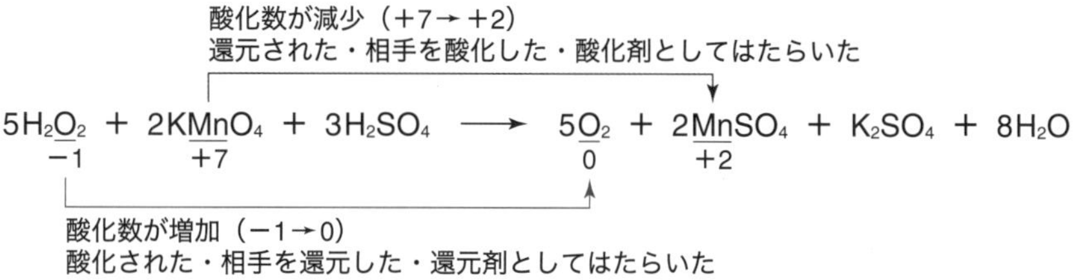

このとき，過マンガン酸カリウムは H_2O_2 に対して酸化剤としてはたらいている．

例題 9.3

次の反応で，酸化剤としてはたらいているものはどれか．また，還元剤としてはたらいているものはどれか．

$$2KMnO_4 + 10KI + 8H_2SO_4 \longrightarrow 2MnSO_4 + 5I_2 + 8H_2O + 6K_2SO_4$$

解 酸化剤：$KMnO_4$　還元剤：KI

考え方 反応物と生成物の酸化数を比べる．

酸化数が減少（+7→+2）
還元された・相手を酸化した・酸化剤としてはたらいた

$$2\underline{K}\underline{Mn}\underline{O}_4 + 10\underline{K}\underline{I} + 8\underline{H}_2\underline{S}\underline{O}_4 \longrightarrow 2\underline{Mn}\underline{S}\underline{O}_4 + 5\underline{I}_2 + 8\underline{H}_2\underline{O} + 6\underline{K}_2\underline{S}\underline{O}_4$$

（$KMnO_4$：+1 +7 −2，KI：+1 −1，H_2SO_4：+1 +6 −2，$MnSO_4$：+2 +6 −2，I_2：0，H_2O：+1 −2，K_2SO_4：+1 +6 −2）

酸化数が増加（−1→0）
酸化された・相手を還元した・還元剤としてはたらいた

9.5.2 二酸化硫黄 SO_2

(a) 酸化剤としてはたらく二酸化硫黄

水溶液中で二酸化硫黄 SO_2 は，硫化水素 H_2S に対して酸化剤としてはたらく．このとき，硫化水素は二酸化硫黄に対して還元剤としてはたらいている．

酸化数が増加（−2→0）
酸化された・相手を還元した・還元剤としてはたらいた

$$\underline{S}O_2 + 2H_2\underline{S} \longrightarrow 2H_2O + 3\underline{S}$$

+4　−2　0

酸化数が減少（+4→0）
還元された・相手を酸化した・酸化剤としてはたらいた

(b) 還元剤としてはたらく二酸化硫黄

一方，水溶液中で二酸化硫黄は，ヨウ素 I_2 に対して還元剤としてはたらく．このとき，ヨウ素は二酸化硫黄に対して酸化剤としてはたらいている．

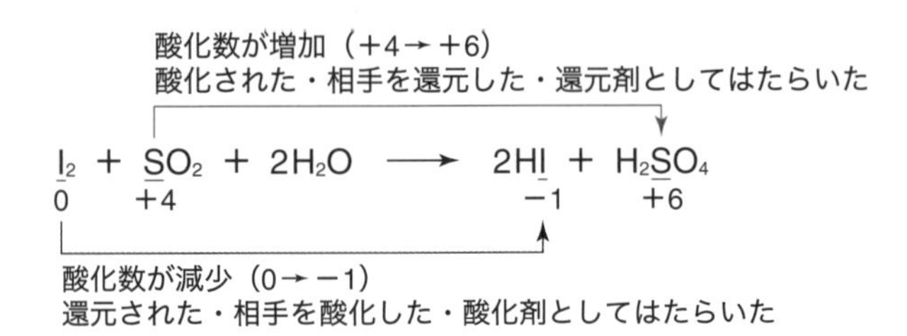

9.6 身近な酸化還元反応

酸化還元反応は身近なところで起きている．その例をいくつか見ていこう．

9.6.1 燃焼 ―ものが燃える

ガスコンロ，ロウソク，焚き火のように，物質が酸素と反応して炎や光を出す現象を，**燃焼** (combustion) とよぶ．都市ガスの場合には，主成分のメタン CH_4 が空気中の酸素 O_2 と反応して，二酸化炭素 CO_2 と水 H_2O が生じる．

$$CH_4 + 2O_2 \longrightarrow CO_2 + 2H_2O$$

この反応は，酸素によってメタンが酸化<u>される</u>酸化反応である．また，生じる二酸化炭素は炭素の酸化物，水は水素の酸化物である．メタンに限らず，炭素・水素・酸素から構成される化合物（プロパン C_3H_8，エタノール C_2H_5OH，スクロース $C_{12}H_{22}O_{11}$，ガソリン，脂肪など）が燃焼するときには，最終的な生成物は二酸化炭素と水になる．燃焼は，もっとも身近な酸化還元反応である．

9.6.2　鉄の赤さびと黒さび

古くなった鉄釘，針金，自転車などがさびて赤褐色になっていることがある．この赤い物質を，赤さびとよぶ．赤さびが生じるのは，鉄 Fe が湿った空気中で酸素によって酸化され，赤褐色の酸化鉄（Ⅲ）Fe_2O_3 になるためである．

$$\underset{0}{4Fe} + 3O_2 \longrightarrow \underset{+3}{2Fe_2O_3}$$

酸化数が増加：酸化された

● 赤さび（釘）と黒さび（フライパン，鉄瓶）

赤さびは非常にもろいので，鉄をさびさせない工夫が必要である．そのための方法の1つとして，表面を別の酸化物に変えておくという手段がある．空気中で鉄を強熱すると，次の反応が進む．

$$3Fe + 2O_2 \longrightarrow Fe_3O_4$$

この反応でも鉄は酸化されているが，生成する物質は四酸化三鉄 Fe_3O_4 である．これを黒さびとよぶ[*4]．黒さびと赤さびとは，異なる物質である．鉄製のフライパンや鍋で，表面が黒くなっているものがある．これは四酸化三鉄の被膜である．黒さびで覆うことにより，鉄の内部が空気中の酸素によって赤さびに変わり腐食することを防いでいる．

*4 四酸化三鉄 Fe_3O_4 は複雑な組成となっている．Fe^{2+} と Fe^{3+} が含まれている．そのため，Fe_3O_4 で酸素Oに酸化数 −2 を割り当てた場合，Fe の酸化数が整数にならない．

9.6.3　使い捨てカイロ

使い捨てカイロは，鉄が空気中の酸素で酸化されるときに発生する熱を利用したものである．使い捨てカイロの袋の中には，鉄粉と水分（保水剤と一緒になっている）が入っている．パッケージのフィルムを開封すると，ここに酸素がやって来て，次の反応が始まる．

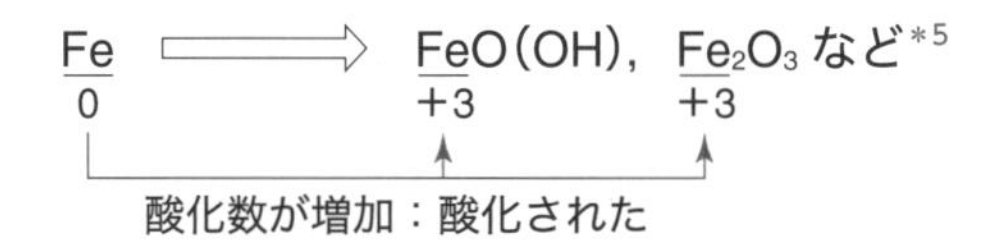

*5 複雑な混合物であると考えられている．

鉄が酸化される反応は非常にゆっくりしたものだが，使い捨てカイロでは鉄を粉末にすることで表面積を増やし，反応を速くしている．

9.6.4 酸化被膜で腐食を防ぐ

一円玉は，純度 100 %のアルミニウム Al で製造されている．新品の一円玉は金属光沢をもっているが，古くなると輝きを失い，白く濁ってくる．これは，アルミニウムの表面が空気中の酸素によってゆっくりと酸化され，酸化アルミニウム Al_2O_3 の被膜に覆われていくからである．

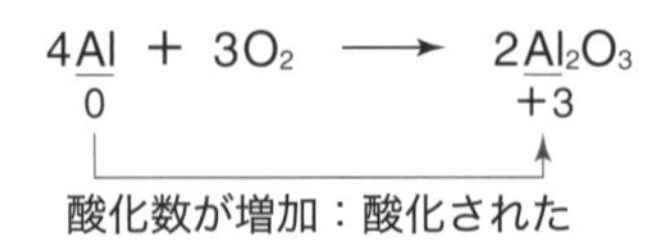

この被膜がつくられるので，一円玉に対する酸化反応は内部まで進行しない．アルミニウム製の鍋やトレー，窓サッシなどでは，腐食から守るために表面に人工的に酸化被膜を付ける加工が施されている．人工的に酸化被膜を付けたアルミニウム製品を，**アルマイト**（alumite）とよぶ．

● アルマイト製品

9.6.5 ステンレス

キッチンの流し台や，ドアノブ，食器などに使われている**ステンレス鋼**（stainless steel）は，鉄 Fe を主成分として，炭素 C，クロム Cr，ニッケル Ni などを含む**合金**（alloy）である．合金とは，融解した金属に他の金属元素や非金属元素の単体を混合してつくられた材料である．合金にすると，もとの金属単体では得られない優れた特性をもつ材料を得ることができる．ステンレス鋼は，表面にクロムの酸化物[*6]の被膜が生じて内部を保護するため，とてもさびにくい．

● ステンレス製品

*6 ステンレス鋼に含まれるクロムが酸化されて生じる物質の化学式は，複雑なのでここには示さない．

9.6.6 塩素系漂白剤

キッチン，風呂場，トイレなどの汚れを落とすために使われている漂白剤や洗浄剤の中には，ラベルに「塩素系」と書かれたものがある．これらには，酸化剤として次亜塩素酸 HClO や次亜塩素酸ナトリウム NaClO が含まれている．いずれも水溶液中では電離して，ClO^-を生じる．

$$HClO \rightleftharpoons H^+ + ClO^-$$
$$NaClO \longrightarrow Na^+ + ClO^-$$

この ClO^-が酸化剤としてはたらき，汚れの原因となっている分子と反応すると，還元されて Cl^-になる．

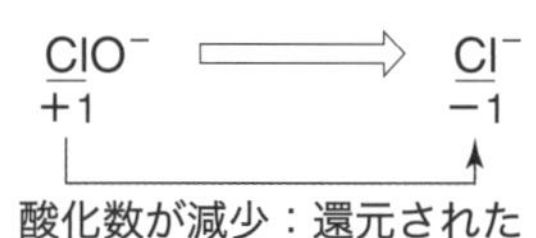

ClO^-中の Cl 原子が還元されると同時に，汚れの原因となっている分子は酸化されている．この酸化によって，汚れの分子は，色をもたない物質に分解される．

9.6.7　褐色のうがい薬・のどスプレー

褐色のうがい薬やのどスプレーが市販されている．イソジンという商品名のものが有名である．ここには殺菌・消毒成分としてヨウ素 I_2 が含まれている．ハロゲンの単体は電気陰性度が大きく，他の物質から電子を奪い取る能力が強い．I_2 の I 原子が還元されると同時に，雑菌の細胞を構成するさまざまな化合物が酸化されて破壊され，雑菌は死滅する[*7]．

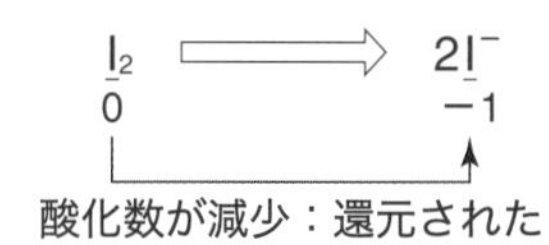

*7 酸化反応を利用して雑菌を死滅させるとき，人体を構成する細胞も損傷を受ける．しかし雑菌にとって致命的な損傷を受ける状況でも，人体には損傷を修復する能力があるので致命的な損傷に至らない．

9.6.8　オキシドール消毒

傷口の洗浄にオキシドールが使われることがある．オキシドールは，質量/体積パーセント濃度で 2.5 ～ 3.5 %の過酸化水素 H_2O_2 を含む水溶液である．この過酸化水素が，酸化剤としてはたらく．H_2O_2 中の O 原子が還元されると同時に，雑菌の細胞を構成するさまざまな化合物が酸化されて破壊され，雑菌は死滅する．

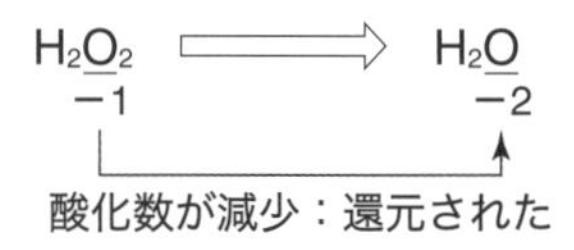

医療器具や生物実験器具の殺菌に，過酸化水素による処理が行われることもある．コンタクトレンズの洗浄液にも過酸化水素が使われている．

9.6.9　食品の酸化防止剤

食品中に含まれる成分の中には，空気中の酸素によってゆっくりと酸化され，味が落ちたり風味が損なわれたりするものがある．これを防ぐために，酸化防止剤としてビタミン C（アスコルビン酸）が添加されていることがある（図 9.3）．ビタミン C は還元剤としてはたらく．ビタミン C は酸化されやすい物質なので，食品を保存する容器内の酸素は，先にビタミン

ビタミンC（アスコルビン酸）　→　デヒドロアスコルビン酸

水素Hを失う
酸化を受ける

図 9.3　ビタミンCのはたらき

Cを酸化することに消費される．これによって食品の酸化を防ぐ．ビタミンCは「身代わり」に酸化されるのである．

9.6.10 光合成と呼吸

植物は日中，太陽光エネルギーを利用して光合成を行っている．すなわち，空気中の二酸化炭素を水で還元し，グルコース $C_6H_{12}O_6$ と酸素 O_2 を生産している．

$$6CO_2 + 12H_2O \xrightarrow{\text{光エネルギー}} \underset{\text{グルコース}}{C_6H_{12}O_6} + 6O_2 + 6H_2O$$

グルコースは植物の中でデンプンやセルロースとなる．デンプンは炭水化物（米，パン，うどん，そば，じゃがいもなど）として，セルロースは食物繊維（野菜，里いも，海藻，果実など）として，私たちの食物となる．

一方，私たちの身体では，これと逆の反応が起きている．食物から摂り入れたデンプンは，私たちの体内で分解されてグルコースとなり，このグ

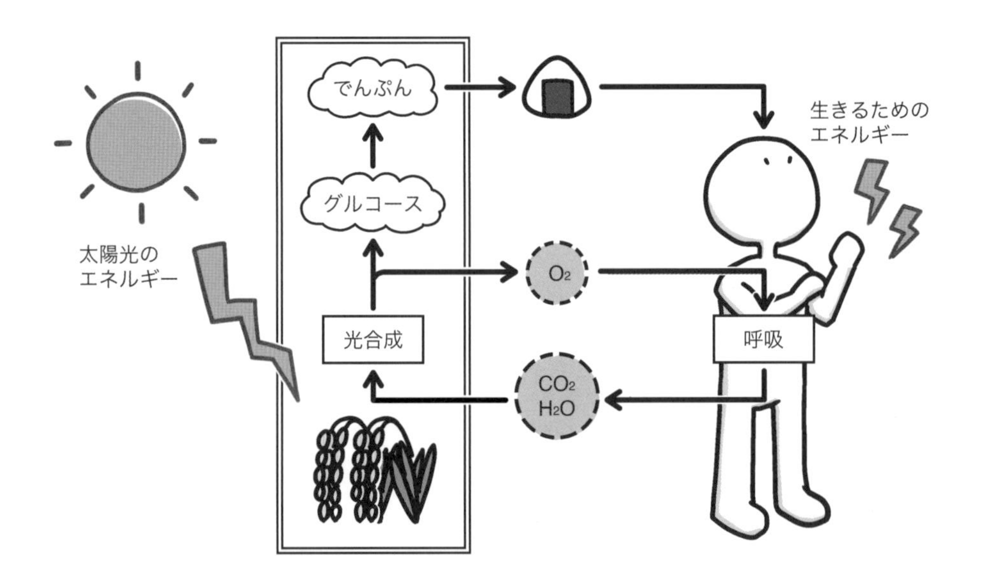

ルコースは，呼吸によって体内に摂り入れられた酸素で酸化される．

$$C_6H_{12}O_6 + 6O_2 + 6H_2O \longrightarrow 6CO_2 + 12H_2O$$

コラム 1 なぜ「まぜると危険」なのか？

洗剤や漂白剤のラベルに「まぜるな危険」と書かれていることがある．何と何を混ぜるとどのように危険なのだろうか．たとえば洗剤，漂白剤，防カビ剤などの中には，次亜塩素酸ナトリウム NaClO が含まれているものもあれば，塩酸 HCl が含まれているものもある．両者を混ぜると，次の反応が起きて，有毒な塩素ガスが発生する．この塩素ガスが原因で死亡事故が起きることもある．

$$NaClO + 2HCl \longrightarrow Cl_2\uparrow + NaCl + H_2O$$

異なる製品をわざわざ混合して使うことはなくても，風呂場で防カビ剤を使った後に続けて洗剤を使うと，塩素ガスが発生する可能性がある．異なる種類の洗剤，漂白剤，防カビ剤などを使用するときには，1 種類を使ったら十分に水で洗い流す必要がある．また，洗い流されずに残っている可能性もあるので，こうした薬品を使うときには，十分に換気することが大切である．

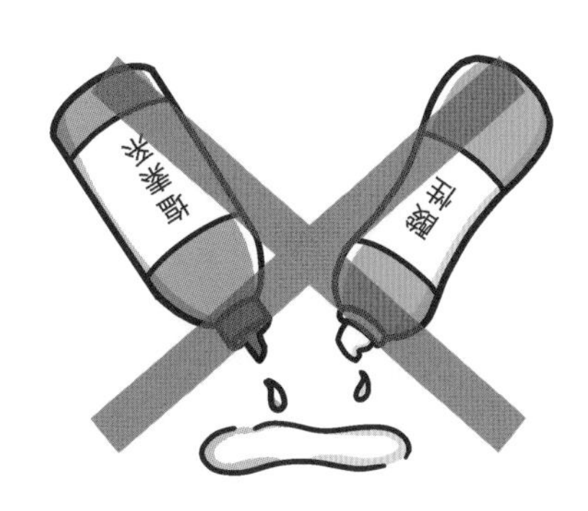

コラム 2 血糖値センサー

血液中のグルコース濃度を**血糖値**（blood glucose level）とよぶ．健常者では，食事の直後を除いてこの濃度が 80～100 mg dL^{-1} に保たれている[*8]．血糖値の測定には，次の反応が用いられている．

$$\text{グルコース} + O_2 + H_2O \longrightarrow \text{グルコン酸} + H_2O_2$$

この反応は酸化還元反応なので，グルコースの量に応じて電子が移動する．その量を電極で測定して，血糖値を求めることができる．電極も含めて装置の小型化が進んだため，指先に小型針を突き刺し，極微量の血液をサンプリングし，そのまま血糖値を測定できる小型の血糖値センサーが開発された．自宅で血糖値を簡単に測定できるため，糖尿病患者の健康管理に役立っている．

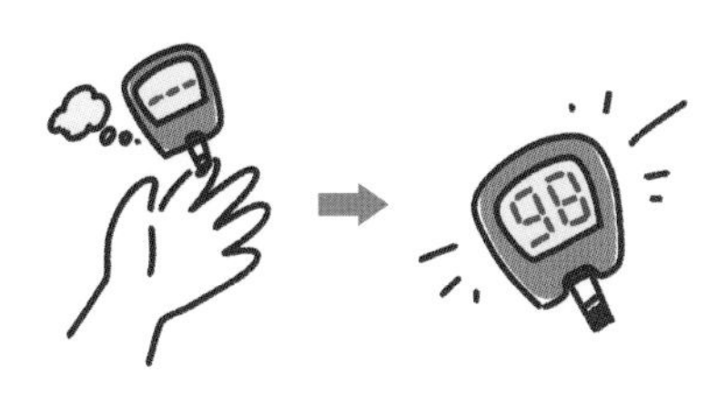

*8 dL はデシリットルであり，100 mL である．小学校の算数で習ったものの使う場面がなかった単位かもしれないが，このような場面で使われている．

10章 有機化合物の世界

この章の目標

1. 有機化合物と無機化合物の違いを説明できる.
2. 炭化水素を，構造にもとづいて分類できる.
3. さまざまな方法で表現された有機化合物の構造式を読み取れる.
4. 異性体を分類して説明できる.

theme1 有機化合物の世界を見てみよう

炭素を含む化合物を**有機化合物**（organic compound），それ以外を**無機化合物**（inorganic compound）とよぶ[*1]．これまでに自然界から発見された物質と，人工的に合成された化合物を合わせると，その種類は2億を超える．このうち，少なく見積もって1億を超える物質が，有機化合物である．たとえば食物中のタンパク質，糖質，脂質は有機化合物である．また，医薬品の多く，紙や木材，プラスチック類，衣類の素材である繊維も，有機化合物である．私たちの身体も，さまざまな有機化合物が集まって組み立てられている．本章～14章では，バラエティーに富んだ有機化合物の世界の入口を探ってみることにしよう．

*1 ただし，二酸化炭素 CO_2，一酸化炭素 CO，シアン化ナトリウム NaCN などは，有機化合物ではなく無機化合物に分類する．このように，有機化合物と無機化合物の分類は，厳密なものではない．

図 10.1　さまざまな有機化合物

10.1 なぜこれだけの種類があるのか

有機化合物の種類は1億を超えるが，有機化合物を構成する元素は限られている．主な元素は，炭素C，水素H，酸素O，窒素Nであり，他に硫黄Sやハロゲンなどを含むものもある，といった程度である．構成元素の種類が少ないにもかかわらず，化合物の種類が多い理由には，次のようなものが挙げられる（図 10.2）．

(1) 炭素原子どうしが，次々と安定な共有結合をつくることができる．その数に，限界は見出されていない[*2]．

(2) 炭素原子どうしは，単結合だけでなく，二重結合や三重結合をつくることもできる．

(3) 炭素原子のつながり方には，鎖状構造だけでなく，枝分かれ構造や環状構造がある．

(4) 炭素原子は，他の非金属の原子との間に，安定な共有結合をつくることができる．

*2 レジ袋や食材容器をはじめさまざまな場所に用いられるポリエチレンの中には，炭素原子が25万個以上連続して共有結合したものがある（超高分子量ポリエチレン，UHMWPE）．これは，ロープや人工関節などに用いられている．

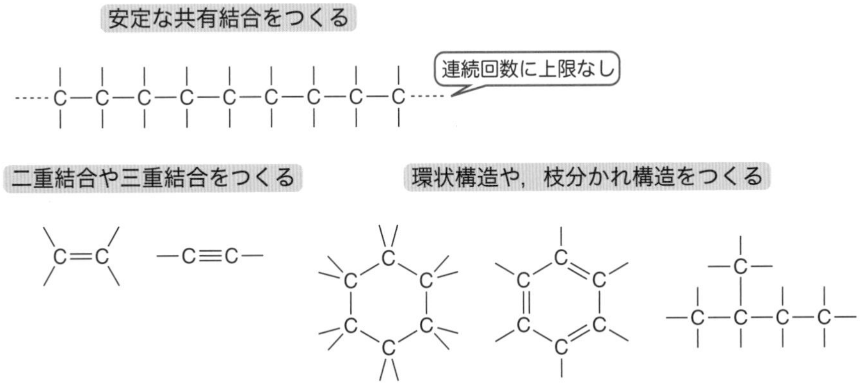

図 10.2 有機化合物のさまざまな構造パターン

10.2 炭化水素 —有機化合物の基本

炭素Cと水素Hだけから構成されている有機化合物を，**炭化水素** (hydrocarbon) とよぶ．炭化水素について考えるときは，まず炭素Cがどのようにつながっているのかを考え，次に，それぞれの炭素Cに何個ずつの水素原子Hが結合しているのかを考える．この，炭素原子Cのつながり方によって，炭化水素を分類することができる．

10.2.1 すべてが単結合でつながった炭化水素

炭化水素のうち，炭素原子が鎖状につながっており，すべての結合が単結合になっているものを，**アルカン** (alkane) とよぶ．アルカンには枝分かれしているものもある．また，炭化水素のうち，環状の構造をもち，すべての結合が単結合になっているものを，**シクロアルカン**（cycloalkane）とよぶ．

炭化水素で，鎖状で，すべてが単結合 → アルカン

枝分かれしているものもある

炭化水素で，環状で，すべてが単結合 → シクロアルカン

10.2.2 二重結合や三重結合をもつ炭化水素

炭化水素のうち，炭素原子が鎖状につながっており，二重結合を１つ含むものを**アルケン**（alkene），三重結合を１つ含むものを**アルキン**（alkyne）とよぶ．また，炭化水素のうち，環状の構造をもち，二重結合を１つ含むものを**シクロアルケン**（cycloalkene）とよぶ．

炭化水素で，鎖状で，二重結合が１つある → アルケン

炭化水素で，鎖状で，三重結合が１つある → アルキン

H—C≡C—H　H—C≡C—CH₃

炭化水素で，環状で，二重結合が１つある → シクロアルケン

10.2.3　その他の構造パターン

以上の分類をまとめると，図 10.3 のようになる．これに分類されない炭化水素の構造パターンも多数あるが，その 1 つとしてベンゼンを挙げておく（11.3 節参照）．

ベンゼン

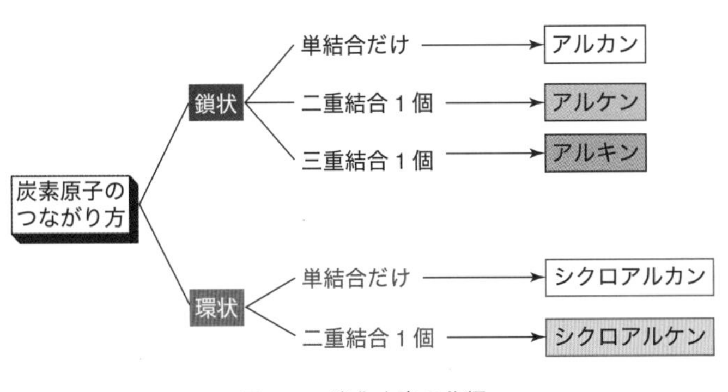

図 10.3　炭化水素の分類

Let's Try! 10.1　以下の化合物を，アルカン，アルケン，アルキン，シクロアルカン，シクロアルケンに分類せよ（解答は p. 132）．

(a)　(b)　(c)

(d)　(e)　(f)

theme2　有機化合物の構造を記述しよう

10.3　官能基と炭化水素基の組み合わせで考える

炭化水素以外の有機化合物について考えるときは，炭化水素の水素原子 H が，他の原子や原子団[*3]で置き換わった構造になっていると考える．たとえば，メタン CH_4 の 4 個の水素原子 H のうち，1 個が −OH で置き換

*3 化合物の分子の中に存在する，共有結合で結ばれた原子の集まりを原子団とよぶ．

表 10.1　主な官能基の構造，名称および一般的な略記法

—OH	—O—	—C(=O)—H	—C(=O)—	—C(=O)—OH
ヒドロキシ基	エーテル結合[†1]	ホルミル基[†2]	カルボニル基[†1]	カルボキシ基[†2]
ROH (R ≠ H)	R^1OR^2 (R^1, R^2 ≠ H)	RCHO	R^1COR^2	RCOOH
—C(=O)—O—	**—NH₂**	**—C(=O)—N(—)—**	**—NO₂**	
エステル結合[†1, 2]	アミノ基	アミド結合[†1,2]	ニトロ基	
R^1COOR^2 (R^2 ≠ H)	RNH_2 (R ≠ H)	$R^1CON(R^2)R^3$	RNO_2 (R ≠ H)	

[†1] R^1, R^2, R^3 は同じ場合も異なる場合もある．

[†2] ホルミル基，カルボキシ基，エステル結合，アミド結合の —C(=O)— をカルボニル基とよぶこともある．

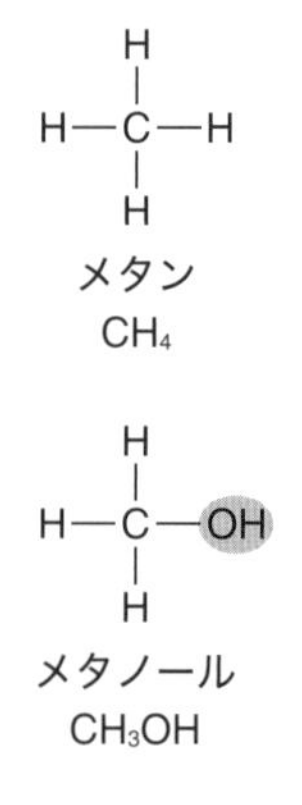

わると，メタノール CH_3OH になる．

メタン CH_4 はほとんど水に溶けないが，メタノール CH_3OH は水と自由な割合で混じり合う．—OH が導入されることによって，分子の特性が変化している．このように，有機化合物の特性を示す原子団を，**官能基**（functional group）とよぶ．さまざまな官能基があり，同じ官能基をもつ有機化合物どうしは，共通した性質を示す．有機化合物は，官能基によって分類することができる．一方，CH_3— のように，炭化水素から水素原子Hが取れた原子団を，**炭化水素基**（hydrocarbon group）とよぶ．炭化水素基一般を記号で略記するときは，R— とすることが多い．表 10.1 に，官能基による有機化合物の分類を示す．

Let's Try!10.1 解

(a) アルカン，(b) アルキン，(c) シクロアルケン (d) シクロアルカン，(e) アルカン，(f) アルケン．

考え方

(a) と (e) は，鎖状の炭化水素ですべてが単結合なのでアルカンである．(b) と (f) は鎖状の炭化水素で，(b) は三重結合を 1 個もつのでアルキン，(f) は二重結合を 1 個もつのでアルケンである．(c) と (d) は環状の炭化水素で，(c) は二重結合をもつのでシクロアルケン，(d) はすべてが単結合なのでシクロアルカンである．

10.4　有機化合物の化学式を考える

10.4.1　分子式 —どれを何個含むか

たとえば酢酸エチルを考える．酢酸エチルは，4 個の炭素原子 C，8 個の水素原子 H，2 個の酸素原子 O から構成されているので，$C_4H_8O_2$ と表すことができる．このように，分子中の原子の種類と数を表した化学式を，**分子式**（molecular formula）とよぶ．構造に関する情報が必要ないときは，これで済むこともある．たとえば，酢酸エチル 1 mol が完全燃焼したときに生じる CO_2 が何 mol なのかを求めるとき，構造についての情報は必要ない．しかし，構造について考えるときには，分子式だけでは限界がある．そこで，分子の構造を記述する必要が生じる．

10.4.2　構造式

有機化合物の分子の構造を記述する方法には，厳密なルールがあるわけではない．正しく伝われば，それでかまわない．ただし，広く習慣となっているものごとも多いので，ここではその基本を紹介する．

(a) 構造式 ―すべての結合を線で記す

分子の構造を説明するとき，分子内の結合を線で結んで描くとわかりやすい．これを**構造式** (structural formula) とよぶ．単結合は−，二重結合は＝，三重結合は≡で表す．酢酸エチルの場合は，右のように描くことができる．

```
   H  O      H  H
   |  ‖      |  |
H—C—C—O—C—C—H
   |         |  |
   H         H  H
```

↓ 一部を省略

```
       O
       ‖
CH3—C—O—CH2—CH3
```

(b) 構造式の一部を省略する

小さい分子なら，すべての結合を線で表してもよいが，大きな分子だと紙面を無駄に使うことになる．そこで，構造式を簡略化して表すことにする．水素原子Hは，それぞれの水素原子Hが直結している原子とまとめて表すことにする．いま考えている酢酸エチルでは，すべての水素原子Hが炭素原子Cに直結しているので，右上のように表す．

この描き方は1通りだけではない．たとえば，図10.4のように描いても，いずれも酢酸エチルであることが明らかである．正しく伝わるのであれば，どの描き方をしてもかまわない．

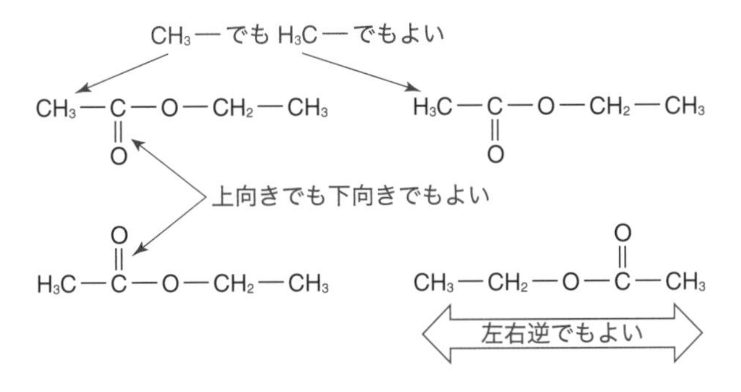

図10.4　酢酸エチルの構造式

(c) まとめて描けるところはまとめて描く

CH_3CH_2- は C_2H_5- としてもかまわない．C_2H_5- とした場合，CH_3CH_2- 以外の構造は考えられないからである．そうすると，次のように略して描くことができる．

```
       O                 O                         O
       ‖                 ‖                         ‖
H3C—C—O—C2H5    CH3—C—O—C2H5    C2H5—O—C—CH3

H3C—C—O—C2H5    CH3—C—O—C2H5    C2H5—O—C—CH3
       ‖                 ‖                         ‖
       O                 O                         O
```

H_3C
$\quad\rangle CH—$
H_3C

［注意］ $CH_3CH_2CH_2$— を C_3H_7— と略すときには注意が必要である．左の構造も C_3H_7— であり，どちらなのか明確にしてからでなければ略してはいけない．

(d) 単結合を省略して描く

単結合は省略してもかまわない．そうすると次のようになる．

$$\overset{O}{\overset{\|}{H_3CC}}OCH_2CH_3 \quad CH_3\overset{O}{\overset{\|}{C}}OCH_2CH_3 \quad H_3\overset{O}{\overset{\|}{CC}}OC_2H_5 \quad CH_3\overset{O}{\overset{\|}{C}}OC_2H_5$$

$$H_3\underset{O}{\underset{\|}{CC}}OCH_2CH_3 \quad CH_3\underset{O}{\underset{\|}{C}}OCH_2CH_3 \quad H_3\underset{O}{\underset{\|}{CC}}OC_2H_5 \quad CH_3\underset{O}{\underset{\|}{C}}OC_2H_5$$

(e) 分子式を基本に，特徴的な部分だけを残して１行で記す

酢酸エチルには，エステル結合（表 10.1）が含まれている．エステル結合は，—COO— と略すことができる．そこで，酢酸エチルにも，この描き方を適用してみる．

$$CH_3COOCH_2CH_3 \qquad CH_3COOC_2H_5$$

こうすると，１行に収めることができる．この描き方は，分子式の中から官能基だけを抜き出して表した記述になっている．これを**示性式**（condensed formula）とよぶことがある．

(f) 枝分かれした構造を示性式で表す

枝分かれした構造を示性式で表すときには，（　　）を使った方法が用いられている．いくつか例を挙げる．

飛び出している部分を（ ）に入れて行内に組み込む

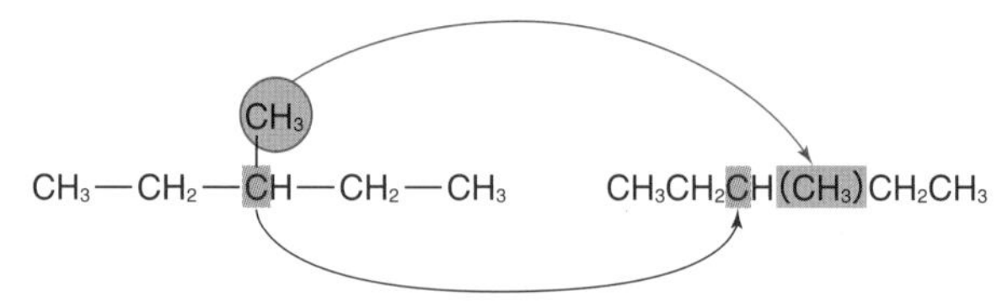

飛び出している部分の根元の原子を先に書く

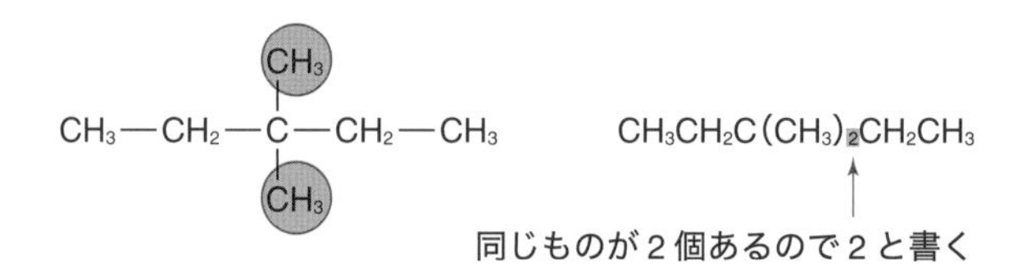

(g) 折れ線で骨格を記す

炭素の骨格を折れ線で表す方法も用いられている．ヘキサン $CH_3CH_2CH_2CH_2CH_2CH_3$ の場合，図 10.5 ❶ のように表される．

❷ ここでは，末端および角に炭素原子Cがあると考える．

❸ 炭素は4本の共有結合をもつので，どの炭素Cからも共有結合の線が4本ずつ出ていると考える．

❹ それぞれの先端には，水素原子Hが結合していると考える．これを伸ばして描くと，❺ のようになる．

これを整理すると，$CH_3CH_2CH_2CH_2CH_2CH_3$ になる．つまり，❶ の折れ線もヘキサンを表しており，構造式 ❺ を省略して描く際に使用される．

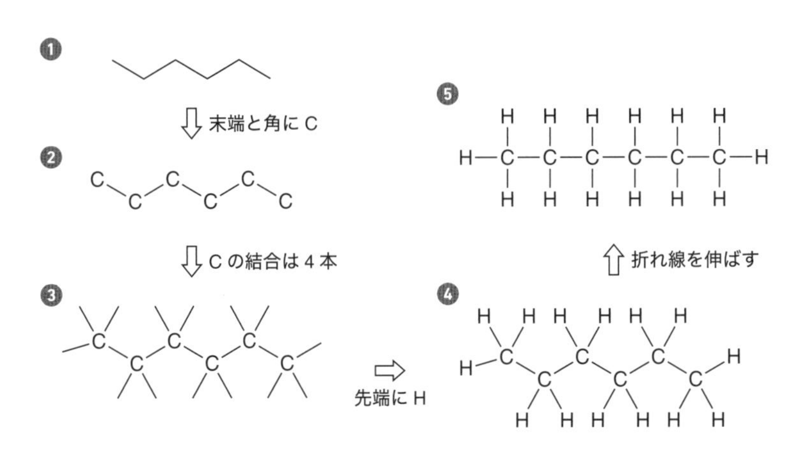

図 10.5 折れ線で骨格を記す（ヘキサン）

同様に酢酸エチルを折れ線で表すと，図 10.6 ❶ のようになる．❷ ここに炭素原子Cを追記する．❸ 炭素原子は結合の手が4本ある．❹ 共有結合の先端に水素原子Hを取り付ける．❺ これを伸ばして描くと次のようになる．これを整理すると，$CH_3COOCH_2CH_3$ になる*4.

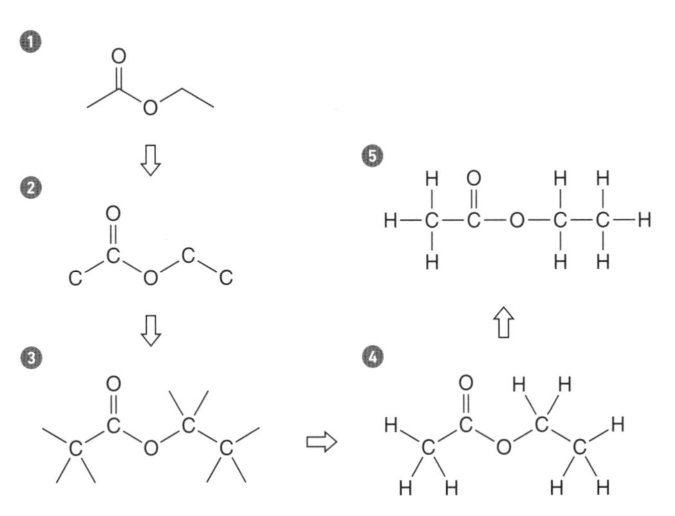

*4 環状の分子の構造式も折れ線で記すことができる．例えば以下のようになる．

図 10.6 折れ線で骨格を記す（酢酸エチル）

theme3 異性体とは ―同じ原子を同じ数だけ含む異なる物質

10.5 構造異性体 ―結合の順序の違い

消毒に用いられる有機化合物の1つに，イソプロピルアルコールがある*5．この化合物の分子式は，C_3H_8O である．一方，分子式が C_3H_8O である化合物には，1-プロパノールもある．両者の構造式は，次のとおりである．

*5 2-プロパノールともいう．また，イソプロパノールとよぶこともある．

$$CH_3-\underset{}{\overset{OH}{\overset{|}{C}H}}-CH_3 \qquad CH_3-CH_2-CH_2-OH$$

イソプロピルアルコール C_3H_8O ←互いに構造異性体→ 1-プロパノール C_3H_8O

このように，分子式は同じであっても構造が異なる化合物どうしを，互いに**異性体**（isomer）の関係にあると表現する．異性体のうち，原子の結合の順序が異なる異性体どうしを，互いに**構造異性体**（constitutional isomer）の関係にあると表現する．イソプロピルアルコールと1-プロパノールは，互いに構造異性体の関係にある．

Let's Try! 10.2 ヘキサン $CH_3CH_2CH_2CH_2CH_2CH_3$ には，5種類の構造異性体があり，そのうちの3つは以下の構造である．残り2つの構造式を記せ．

$$CH_3-CH_2-CH_2-CH_2-CH_2-CH_3$$

$$CH_3-\overset{CH_3}{\overset{|}{C}H}-CH_2-CH_2-CH_3 \qquad CH_3-\overset{CH_3}{\overset{|}{C}H}-\overset{CH_3}{\overset{|}{C}H}-CH_3$$

Let's Try! 10.2 解

$$CH_3-CH_2-\overset{CH_3}{\overset{|}{C}H}-CH_2-CH_3$$

$$CH_3-\underset{CH_3}{\underset{|}{\overset{CH_3}{\overset{|}{C}}}}-CH_2-CH_3$$

10.6 立体異性体 ―空間的配置の違い

分子内における原子の結合の順序は同じだが，空間的な配置が異なるものどうしを，互いに**立体異性体**（stereoisomer）であると表現する．

10.6.1 鏡像異性体 ―鏡のこちらと鏡のあちら

鏡に右手を映すと，鏡の中には左手が映る．右手も左手も，指の並ぶ順番は同じだが，右手と左手は重ね合わせることができない．

これと同じことが，分子でも起きることがある．たとえば乳酸を考える．乳酸には，L-乳酸とD-乳酸がある．両者は互いに鏡に写した構造になっており，重ね合わせることができない．この状況を，互いに**鏡像異性体**（enantiomer）の関係にあると表現する*6．鏡像異性体どうしは，融点，沸

*6 鏡像異性体の表記には，LとDの他にも，(*R*)と(*S*)，(+)と(−)といったものがある．

COOH / HO―C―CH₃ / H　　L-乳酸　　|鏡|　　COOH / H₃C―C―OH / H　　D-乳酸

注：立体構造（3次元）を紙面（2次元）に表すときは，紙面のこちら側に飛び出している結合を▬で，紙面の向こう側に飛び出している結合を┅┅で表す．ここでは，−H が紙面のこちら側に，$-CH_3$ が紙面の向こう側に飛び出している．

点，密度，溶媒への溶解度，燃焼熱の大きさなどが同一である．しかし，生物学的には全く異なる性質を示すことがある．たとえば，調味料「味の素」の主成分であるL-グルタミン酸ナトリウムには「うま味」があるが，これの鏡像異性体であるD-グルタミン酸ナトリウムには，味がない．他にも，鎮痛剤や解熱剤として処方されている(*S*)-ナプロキセンの鏡像異性体(*R*)-ナプロキセンは，医薬品としての効果を示さない．

(a) 不斉炭素原子 ―鏡像異性体をうみだす中心部

乳酸の構造を確かめてみよう．中心に炭素原子があり，ここには，4種類の異なる原子あるいは原子団，すなわち −H，−OH，$-CH_3$，−COOH が共有結合している．このように，4種類の異なる原子あるいは原子団が結合している炭素原子を，**不斉炭素原子**（asymmetric carbon atom）とよぶ．不斉炭素原子を1個もつ有機化合物には，互いに鏡像異性体となる物質が存在する[*7]．

*7 分子の中に不斉炭素原子が2個以上存在するとき，その分子の鏡像異性体が存在しない場合がある．これは，不斉炭素原子が2個以上になると，鏡像が自分自身と重なりあう構造をもつ場合があるからである（こうした構造をもつ化合物を，メソ化合物という）．これについては複雑なので，本書では説明を省く．

Let's Try! 10.3　以下の分子中に存在する不斉炭素原子はどれか．2個以上の不斉炭素原子を含むものもある（解答は p. 138）．

(a) $CH_3-CH_2-CH(CH_3)-CH(NH_2)-COOH$

(b) $H_3C-CH{=}CH-CH(CH_3)-C_2H_5$

ヒント　4種類の異なる原子あるいは原子団と結合している炭素原子Cが該当する．次のようにとらえる．

(a) [CH_3-CH_2]―C([CH_3], [H])―[$CH(NH_2)-COOH$]　　[$CH_3-CH_2-CH(CH_3)$]―C([NH_2], [H])―[COOH]

(b) [$H_3C-CH{=}CH$]―C([C_2H_5], [H], [CH_3])

$H_3C-C^*H(OH)-C^*H(NH_2)-COOH$

トレオニン

10.6.2 ジアステレオ異性体 —鏡に映る姿とは異なる立体配置

不斉炭素原子を2個以上含む有機化合物について考える．たとえばアミノ酸の1つであるトレオニンを考える．

この化合物には，2つの不斉炭素原子が含まれている（＊で記した）．それぞれのC^*について空間的な配置が2通りずつ考えられるので，合計で$2 \times 2 = 4$通りの立体異性体が存在することになる．この4通りの構造のうち，どれか1つを選んで仮にAとしよう．そして残りをB，C，Dとしよう．このとき，Aと互いに鏡像異性体の関係にあるのはB，C，Dのうちのどれか1つだけである．鏡に映るのは1つだけだからである．鏡に映った姿が仮にBだったとしよう．このとき，AとBとは互いに鏡像異性体の関係にある．ここまでは難しくないだろう．では，残りのCやDは，Aとどのような関係なのだろうか．AとCおよびAとDを，互いに**ジアステレオ異性体**（diastereomer）の関係にあると表現する（図10.7）．互いに立体異性体の関係にあるが，互いに鏡像異性体の関係にはないとき，それはジアステレオ異性体の関係にある．不斉炭素原子が2個以上になると，立体異性体の数も増えていく．その中の任意の2つを取り出したとき，互いに鏡像異性体になっているか，あるいは互いにジアステレオ異性体になっている．分子内にn個の不斉炭素原子が存在するとき，鏡像異性体とジアステレオ異性体を合わせて，最大で2^n種類の立体異性体が存在する[*8]．このあたりが難しく感じる場合は，「不斉炭素原子が2個以上になると，鏡像異性体ではない立体異性体の関係も生じる．これを，互いにジアステレオ異性体という」と覚えておいて先に進めばよい．

*8 必ず2^n種類の立体異性体が存在するわけではない．鏡像が自分自身と重なりあう構造をもつ場合があるからである．このあたりは複雑なので，本書では説明を省く．

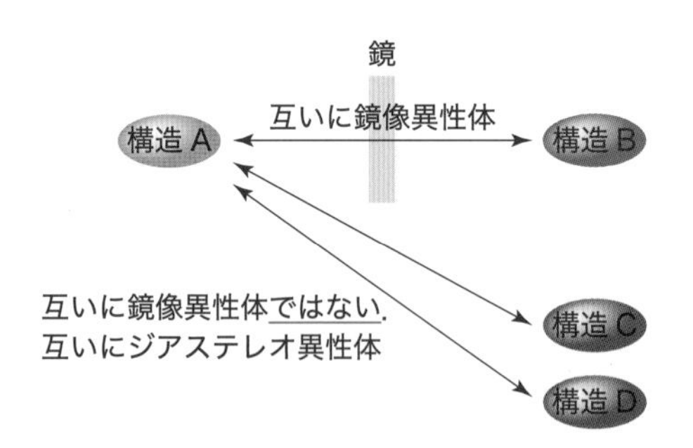

図10.7 鏡像異性体とジアステレオ異性体

Let's Try! 10.3 解

赤色で示した炭素原子が不斉炭素原子である．

$CH_3-CH_2-CH(CH_3)-CH(NH_2)-COOH$

$H_3C-CH=CH-CH(CH_3)-C_2H_5$

10.6.3 シス-トランス異性体 —アルケンで生じる異性体の関係

単結合は自由に回転することができる．

回転できる = 同じ物質

これに対して，二重結合は固定されていて，回転することができない．

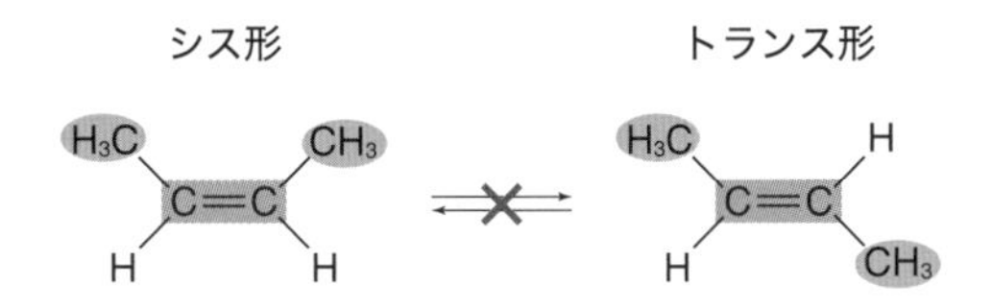

この結果として，異性体が生じることがある．二重結合に対する置換基の空間配置が異なる立体異性体どうしを，互いに**シス-トランス異性体**（*cis-trans* isomer）の関係にあると表現する．上記の化合物の場合，$-CH_3$ が二重結合の同じ側にあるものを**シス形**（*cis* form），反対側にあるものを**トランス形**（*trans* form）とよぶ．一般に，互いにシス-トランス異性体の関係にある化合物では，沸点，融点，密度，溶媒への溶解度などが異なる．シス-トランス異性体は，ジアステレオ異性体の一種である．異性体の関係を図 10.8 に示す．

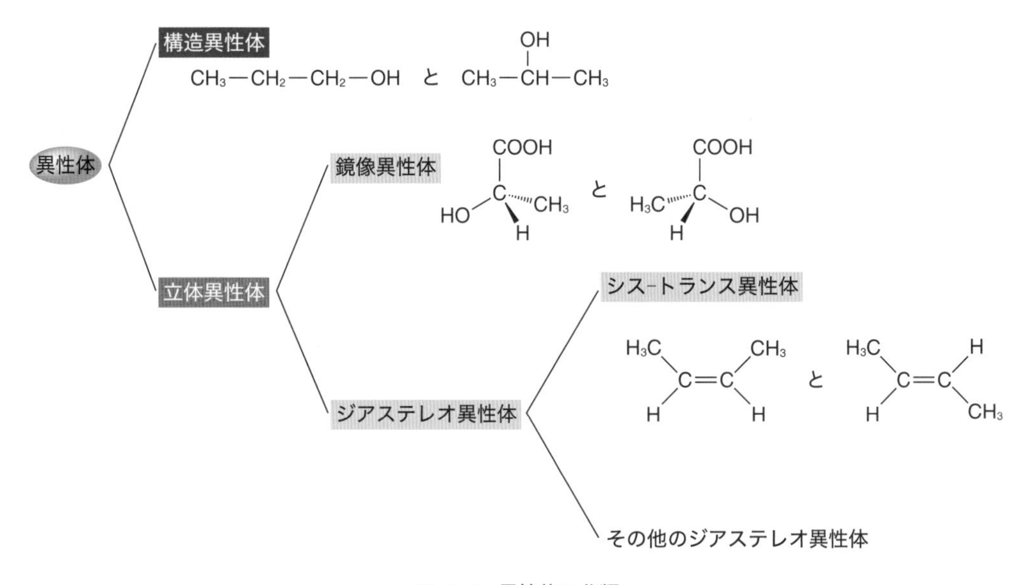

図 10.8　異性体の分類

コラム 1　立体異性体と人間の感覚

レモンの香りの主成分に，(+)-リモネンがある．(+)-リモネンは，さまざまな柑橘系の果物に含まれている炭化水素である．(+)-リモネンには(−)-リモネンという鏡像異性体が存在する．こちらは，ハッカの香りの主成分である．レモンの香りとハッカの香りは簡単に区別できる．しかしその違いは，分子内に組み込まれた1個の炭素原子周辺の立体構造の違いである．人間の嗅覚は，その違いを確実に識別している．

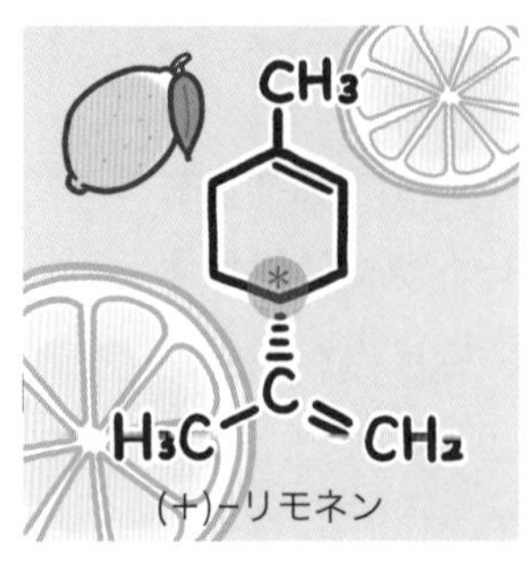

(+)-リモネン

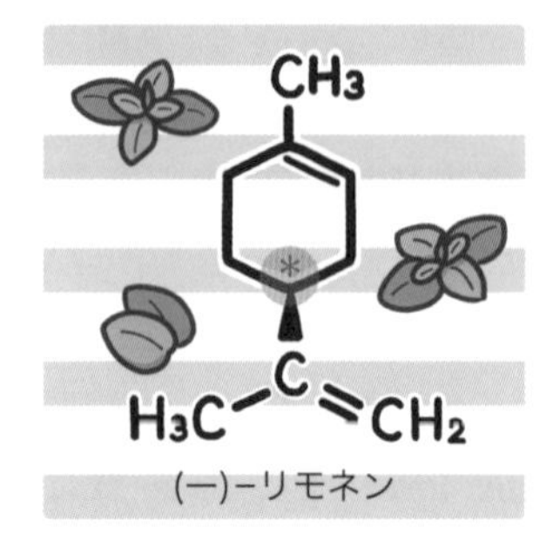

(−)-リモネン

（不斉炭素に＊をつけた）

コラム 2　立体異性体と医薬品

1960年代初め，サリドマイドという睡眠薬が市販された．安全でよく効く薬ということで，悪阻（つわり）で睡眠不足となっていた妊婦の間でも人気があった．ところが，サリドマイドを服用した妊婦から，奇形をもつ新生児が生まれてくる事件が多発した（サリドマイド事件）．サリドマイドには(*R*)-サリドマイドと(*S*)-サリドマイドがある．両者は互いに鏡像異性体の関係にある．原料からサリドマイドの合成を進めていくと，鏡像異性体を50％ずつ含む生成物が得られる．これが市販されていた．事件からしばらくして，睡眠薬としての効果を示すのは(*R*)-サリドマイドだけであり，(*S*)-サリドマイドだけが催奇性をもつことがわかった．現在の技術では(*R*)-サリドマイドと(*S*)-サリドマイドを分離することもできるが，(*R*)-サリドマイドだけを服用しても，動物の体内では(*S*)-サリドマイドへの変換が進行することがわかっている．同じ原子を同じ数だけ使って同じ順序で結合した分子であっても，人間の身体はその違いを識別し，想像もつかないかたちで反応を示すことがある．

(*S*)-サリドマイド（催奇性）　(*R*)-サリドマイド（睡眠薬）

（不斉炭素原子に＊を付けた）

11章 官能基で見分ける有機化合物の性質

この章の目標

1. 親水性と疎水性の違いを説明できる.
2. 主な官能基の名称と構造を説明できる.

theme1 官能基を見れば，水に溶けるかどうかわかる？

11.1 親水基と疎水基

本章では，官能基に注目して有機化合物を分類する．そこで，官能基を水に対するなじみやすさで二分する．水中で電離してイオンとなり，水和するものや，電離しないが水素結合により水和する性質を**親水性**(hydrophilic)，水になじみにくい性質を**疎水性**(hydrophobic)とよぶ[*1]．たとえば $-COOH$ や $-OH$ は親水性，$-CH_3$ などの炭化水素基は疎水性を示す．

*1 疎水性を親油性とよぶこともある.

例題 11.1

次の2つの化合物は，片方が水によく溶けるが，もう片方は水にほとんど溶けない．水によく溶けるものはどちらか．

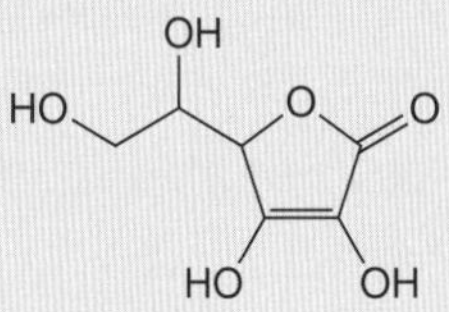

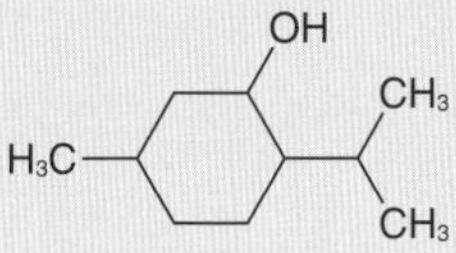

解 左の化合物.

考え方 両方ともほぼ同じサイズの分子だが，左の化合物は $-OH$ を4個もち，それぞれが水とよくなじむので，分子は水に溶けやすい．一方，右の化合物は $-OH$ を1個しかもたないので，この1個で分子全体を水になじませることはできない．

例題 11.2

次の化合物A，B，Cはいずれも常温で透明な液体である．Aは，B・Cのどちらかとはよく混じり合うが，もう片方とはほとんど混じり合わない．Aがよく混じり合うのはB・Cのどちらか．

A: HO–CH₂–CH(OH)–CH₂–OH　B: (直鎖アルカン)　C: CH₃CH₂–OH

解 C

考え方 AとCは親水性を示す －OH をもつものどうしなのでよく混じり合うが，Bはこれをもたず疎水性の強い物質であるため，AとBは混じり合わない．

theme2 官能基に含まれる元素で分類しよう

本章（11章）では，さまざまな構造パターンの紹介が続く．これは12章以降の内容を理解するために必要なものごとなので，しばらくお付き合い願いたい．ここで取りあげるものごとは，本書を読み終えた後にも日々の生活の中でよく目にすることだろう．また，構造パターンの紹介に伴い，本章には多くの有機化合物が登場する．構造式と化合物名が併記されているものは，覚えておくとよいだろう．

11.2 酸素を含む有機化合物

11.2.1 アルコール

ベンゼン環以外の炭化水素基に**ヒドロキシ基**（hydroxy group）－OH が結合した化合物 R－OH を，**アルコール**（alcohol）とよぶ．ヒドロキシ基は親水性を示す．日常生活や医療に関連する主なアルコールとしては，メタノール，エタノール，イソプロピルアルコールがある．いずれも常温・常圧で透明の液体であり，水と任意の割合で混じり合う．

$CH_3—OH$　メタノール

$CH_3—CH_2—OH$　エタノール

$CH_3—CH(OH)—CH_3$　イソプロピルアルコール

(a) メタノール

メタノールはメチルアルコールともよばれる．溶媒，燃料，化学製品の原料などに使用される．有毒であり，誤って飲むと失明し，死に至ることがある．

(b) エタノール

エタノールはエチルアルコールともよばれる．酒類の成分や，消毒薬，燃料などに用いられる．読者も注射の前にアルコールの染み込んだ脱脂綿で肌を拭き取ってもらったことがあるだろう．あの「アルコール」は，エタノールである．

(c) イソプロピルアルコール

イソプロピルアルコールは2-プロパノールやイソプロパノールともよばれる．手指や器具の消毒に用いられる．

11.2.2　フェノール類

ベンゼン環[2]に $-OH$ が直結した構造をもつものは，**フェノール類**(phenols) に分類する．ここは少しややこしい状況にある．例を挙げて説明する．

[2] ベンゼン環については，11.3.1項 (p. 148) で学ぶ．

直結している　直結している　直結していない　ベンゼン環ではない

(a) OH　(b) H_3C—OH　(c) CH_2—OH　(d) OH

分類：フェノール類　分類：アルコール

(a) と (b) はどちらもフェノール類に分類される．ベンゼン環に $-OH$ が直結しているからである．一方，(c) はフェノール類ではなく，アルコールに分類する．$-OH$ をもつが，これがベンゼン環に直結していないからである．(d) もアルコールに分類する．六角形はベンゼン環ではない．この化合物は，シクロヘキサンのHが $-OH$ に置き換わった構造をもつ．なお，(a) はフェノールという名称の化合物であり，フェノール類の代表的なものである．

(a) フェノール

フェノールはベンゼン環に $-OH$ が直結した構造をもつ，もっとも簡単なフェノール類である．医薬品や樹脂を合成する際の原料や，消毒剤として用いられる．皮膚を侵し，有毒である．水にわずかに溶解する．フェノールは，主にクメン法で製造される (12章)．

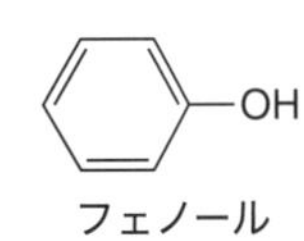

フェノール

11.2.3　ヒドロキシ基を2個以上もつ化合物

ヒドロキシ基を2個以上もつ化合物もある．エチレングリコール[3]は，ガソリン自動車のエンジン冷却水に不凍液として加えられている (7.3.1

[3] 1,2-エタンジオールともよぶ．

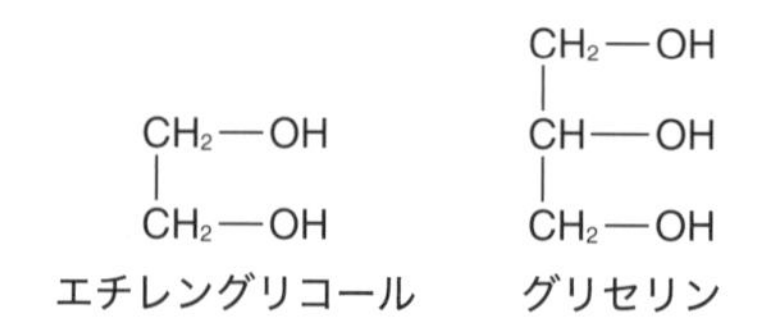

項）．グリセリン*4は，保湿剤として医薬品，化粧品，食品などに加えられている．また，浣腸剤や潤滑剤としても用いられている．いずれも常温・常圧で透明の液体であり，水と任意の割合で混じり合う．

*4 1,2,3-プロパントリオールともよぶ．

11.2.4 アルコールの分類

この先で学ぶものごとのために必要なので，ここでアルコールを分類しておく．

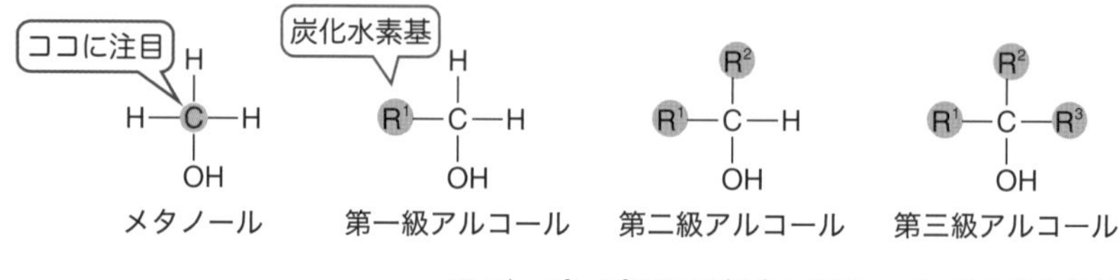

※ R^1，R^2，R^3 は同じ場合も異なっている場合もある

メタノールを基準に考える．—OH が結合している炭素原子Cに注目して，このCに結合している炭化水素基が1個のものを**第一級アルコール**（primary alcohol），2個のものを**第二級アルコール**（secondary alcohol），3個のものを**第三級アルコール**（tertiary alcohol）とよぶ．メタノールは第一級アルコールに含める．11.2.1項で学んだエタノールは第一級アルコール，イソプロピルアルコールは第二級アルコールである．

11.2.5 エーテル

酸素原子Oに2個の炭化水素基が結合した化合物 $R^1—O—R^2$ を，**エーテル**（ether）とよぶ．

(a) ジエチルエーテル

エーテル結合

$CH_3—CH_2—O—CH_2—CH_3$

ジエチルエーテル

ジエチルエーテルは，単にエーテルとよばれることもある．水にはわずかに溶けるだけだが，有機溶媒には溶ける．また，自身が有機溶媒となり，さまざまな有機化合物をよく溶かす．麻酔作用があり，かつては麻酔剤に用いられていた．

11.2.6 カルボニル化合物：アルデヒドとケトン

カルボニル基（carbonyl group）をもつ化合物を**カルボニル化合物**

(carbonyl compound) とよび，カルボニル基に水素原子Hが1個結合した官能基を**ホルミル基** (formyl group)，ホルミル基をもつ化合物を**アルデヒド** (aldehyde)，カルボニル基に2個の炭化水素基が結合した化合物を**ケトン** (ketone) とよぶ．

$R^1-C(=O)-H$ ⇐ $-C(=O)-H$　$-C(=O)-$ ⇒ $R^2-C(=O)-R^3$

アルデヒド　ホルミル基　カルボニル基　ケトン

官能基（ホルミル基，カルボニル基）

R^1 は H の場合もある．
R^2 と R^3 は同じ場合も異なる場合もある．

医療や日常生活に関連する主なカルボニル化合物には，ホルムアルデヒド，アセトアルデヒド，アセトンがある．いずれも常温・常圧で透明の液体であり，水と任意の割合で混じり合う．

$H-C(=O)-H$　ホルムアルデヒド

$H_3C-C(=O)-H$　アセトアルデヒド

$H_3C-C(=O)-CH_3$　アセトン

(a) ホルムアルデヒド

ガラスのビンの中に透明の液体が入っており，ここに小さな生き物や臓器が漬けられている標本を見た読者もいることだろう．この透明の液体は多くの場合，ホルマリンである．ホルマリンは，約37 %の質量パーセント濃度でホルムアルデヒドを含む水溶液である．ホルムアルデヒドは防腐剤のほかに，消毒剤，合成樹脂の原料などにも用いられる．刺激臭があり，人体には有害である．

(b) アセトアルデヒド

酒類を飲んだ翌日に，吐き気や頭痛など不快な症状が待っていることがある（二日酔い）．この原因となる物質が，アセトアルデヒドである．このアセトアルデヒドは，エタノールが体内で酸化されて生じるものである．アセトアルデヒドはさまざまな化合物の原料となるため，工業的に大量生産されているが，日常生活や医療でアセトアルデヒドそのものを取り扱う場面は，ほとんどない．

(c) アセトン

アセトンは，さまざまな有機化合物を溶かすので，マニキュアの除光液，プラスチック用の溶剤，塗料の溶剤，瞬間接着剤の剝がし液などに含まれている．沸点が低く，乾きやすいので，有機化学実験器具の洗浄に使われる．生物学の標本づくりにも使われる．

11.2.7 カルボン酸

カルボキシ基（carboxy group）$-COOH$ をもつ化合物を，**カルボン酸**（carboxylic acid）とよぶ．カルボン酸の一般式は，$R-COOH$ となる．カルボキシ基は親水性を示す．カルボン酸は水溶液中でわずかに電離して，弱い酸性を示す．

$$R-COOH \rightleftharpoons R-COO^- + H^+$$

カルボン酸に塩基（NaOH や KOH）の水溶液を加えると，中和反応が起こり，水溶性のカルボン酸の塩を生じる．

$$R-COOH + NaOH \longrightarrow R-COONa + H_2O$$

水素結合

二量体

カルボン酸は，分子間で水素結合をつくり，液体あるいは固体の状態では，左のような二量体を形成する．

カルボン酸の融点や沸点は，同程度の分子量のアルコールよりも高い*5．これは，状態を変化させるために与える熱が，二量体内の水素結合を切断する仕事にも用いられるからである．この仕事に必要なエネルギーをさらに熱として与えるため，温度が高くなる．

*5 一般的に，分子サイズが同程度だと，融点や沸点などの性質が似たものになる．

カルボン酸の例として，ギ酸と酢酸を挙げる．どちらも常温・常圧で無色透明の液体である．また，水と任意の割合で混じり合う．

(a) ギ 酸

ギ酸

ギ酸は蟻酸とも書き，アリやハチの毒腺中に含まれている．もっとも簡単な構造をもつカルボン酸である．刺激臭があり，肌を侵す．ギ酸は，家畜用飼料の防腐剤や殺菌剤に用いられている．ギ酸そのものを日常生活や医療で取り扱う場面はほとんどない．

(b) 酢 酸

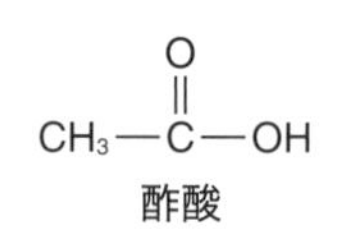

酢酸

酢酸は食酢の中に質量パーセント濃度 3 ～ 5 ％で含まれる化合物である．純粋な酢酸は冬期に凝固するので（融点 17 ℃），氷酢酸ともよばれる．

11.2.8 エステル

エステル結合（ester bond）$-COO-$ をもつ化合物を，**エステル**（ester）とよぶ．エステルは，水に溶けにくく，有機溶媒に溶けやすい．

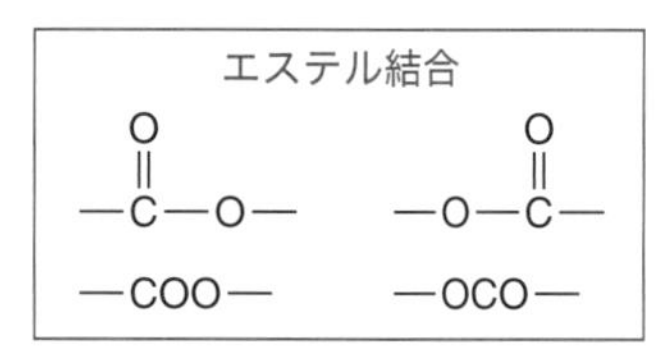

R^1COOR^2　　R^1OCOR^2

R^1 と R^2 は同じ場合も異なる場合もある．
R^1 は H の場合もあるが，R^2 は H ではない．

エステルは，カルボン酸とアルコール（またはフェノール類）から次の反応で水が取れて結合した構造になっている．この反応については，12章で学ぶ．

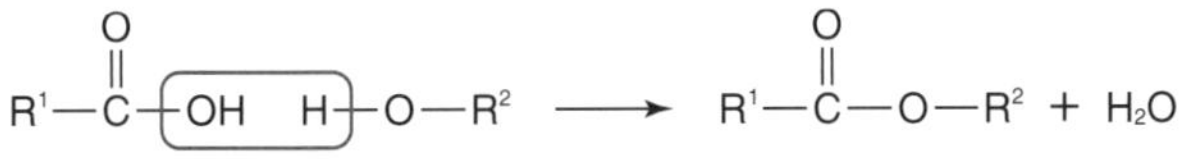

$$R^1-\overset{\overset{\displaystyle O}{\|}}{C}-\boxed{OH\quad H}-O-R^2 \longrightarrow R^1-\overset{\overset{\displaystyle O}{\|}}{C}-O-R^2 + H_2O$$

主なエステルとしては，5章でも学んだ酢酸エチルを挙げる．酢酸エチルは，塗料の溶剤やマニキュア除光液として用いられている．また，パイナップルやバナナの香りのもととなる成分の1つでもあり，食品添加物としても使用されている．果物にはそれぞれ独特の果実臭があるが，それがエステルによる場合も多い（**コラム**1，p. 152参照）．解熱鎮痛薬であるアスピリンにもエステル結合がある（11.3.4項）．

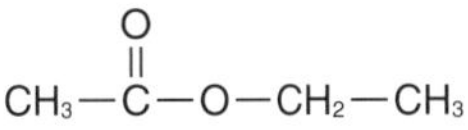

$$CH_3-\overset{\overset{\displaystyle O}{\|}}{C}-O-CH_2-CH_3$$

酢酸エチル
$CH_3COOC_2H_5$

Let's Try! 11.1 次の化合物を，第一級アルコール，第二級アルコール，第三級アルコール，エーテル，アルデヒド，ケトン，カルボン酸，エステルに分類せよ（解答は p. 148）．

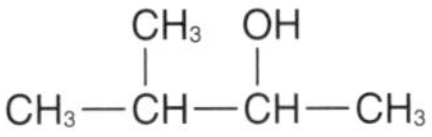

(a) $CH_3-\underset{}{\overset{\overset{\displaystyle CH_3}{|}}{CH}}-\overset{\overset{\displaystyle OH}{|}}{CH}-CH_3$

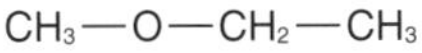

(b) $CH_3-O-CH_2-CH_3$

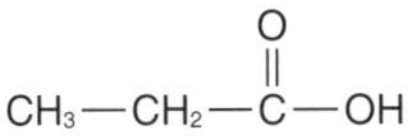

(c) $CH_3-CH_2-\overset{\overset{\displaystyle O}{\|}}{C}-OH$

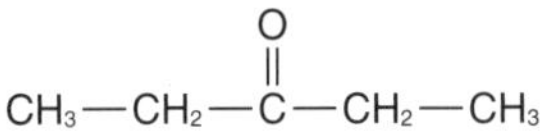

(d) $CH_3-CH_2-\overset{\overset{\displaystyle O}{\|}}{C}-CH_2-CH_3$

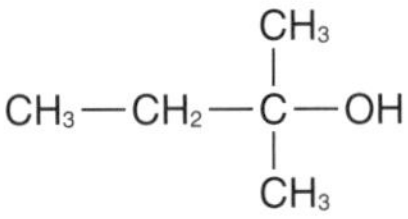

(e) $CH_3-CH_2-\overset{\overset{\displaystyle CH_3}{|}}{\underset{\underset{\displaystyle CH_3}{|}}{C}}-OH$

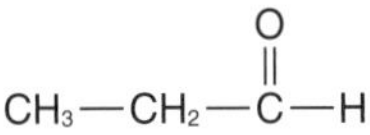

(f) $CH_3-CH_2-\overset{\overset{\displaystyle O}{\|}}{C}-H$

(g) $CH_3-\overset{\overset{\displaystyle CH_3}{|}}{CH}-CH_2-OH$

(h) $CH_3-O-\overset{\overset{\displaystyle O}{\|}}{C}-CH_2-CH_3$

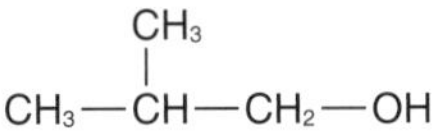

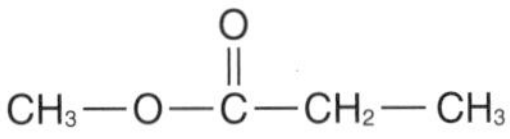

ヒント

(a) 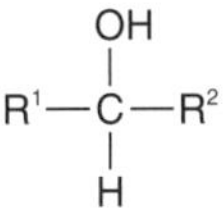 $R^1-\overset{\overset{\displaystyle OH}{|}}{\underset{\underset{\displaystyle H}{|}}{C}}-R^2$ —OHの結合しているCに，2個の炭化水素基が結合している．

(b) 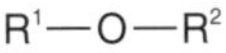 R^1-O-R^2 エーテル結合—O—をもつ．

(c) 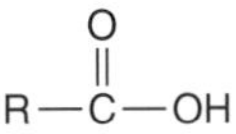 $R-\overset{\overset{\displaystyle O}{\|}}{C}-OH$ カルボキシ基—COOHをもつ．

(d) 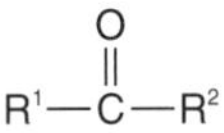 $R^1-\overset{\overset{\displaystyle O}{\|}}{C}-R^2$ カルボニル基 $-\overset{\overset{\displaystyle O}{\|}}{C}-$ の両側に炭化水素基がある．

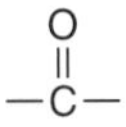

(e) 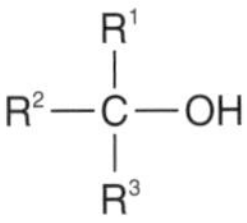 $R^2-\overset{\overset{\displaystyle R^1}{|}}{\underset{\underset{\displaystyle R^3}{|}}{C}}-OH$ —OHの結合しているCに，3個の炭化水素基が結合している．

Let's Try! 11.1 解
第一級アルコール (g)，第二級アルコール (a)，第三級アルコール (e)，エーテル (b)，アルデヒド (f)，ケトン (d)，カルボン酸 (c)，エステル (h)．

(f) R—C(=O)—H ホルミル基 —C(=O)—H をもつ．

(g) R—CH₂—OH —OH の結合している C に，1 個の炭化水素基が結合している．

(h) R^1—O—C(=O)—R^2 エステル結合 —O—C(=O)— をもつ．

11.3 ベンゼン環を含む有機化合物

私たちの体内にも，衣・食・住にも，医薬品にも，ベンゼン環を含むさまざまな化合物が存在しているが，ベンゼンそのものを取り扱う場面は，日常生活においても医療においてもないと考えておいてかまわない．かつては溶剤に用いられたが，人体に毒性があるので別の物質に置き換えられてきた．

11.3.1 ベンゼン環の描き方

(a) (b)

同じことを意味している

ここでベンゼン環について説明しておく．まず，ベンゼン環を描くときには，左の (a) (b) どちらの構造を使ってもかまわない．どちらも同じことを意味しているので，区別することができない．

(a) と (b) とは，単結合と二重結合の位置が異なっているが，実際のベンゼンは 6 辺がいずれも，単結合と二重結合を足して 2 で割った，いわば 1.5 重結合のようになっている．このことを構造式で表現するのは無理なので，(a) でも (b) でもかまわないという取り決めになっている．したがって，左の (c) と (d) も同じものを表している．

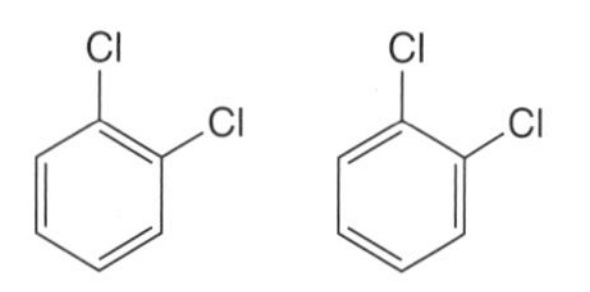

同じことを意味している

11.3.2 置換基を 1 個もつベンゼン

ベンゼン C_6H_6 の 6 個の水素は，いずれも他の原子や原子団に置き換わることができる．もともと結合していた原子の代わりに導入された原子や原子団を，**置換基** (substituent) とよぶ．ここではそのうちの簡単なものを紹介しよう．

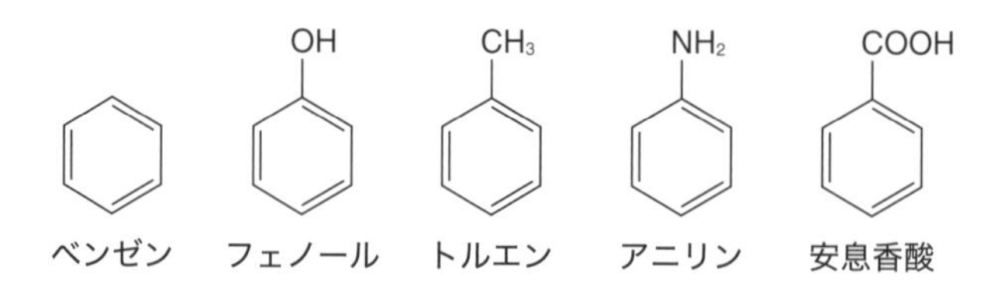

フェノールは，ベンゼン環にヒドロキシ基 —OH が導入された化合物である (11.2.2 項で学んだ)．トルエンは，ベンゼン環に**メチル基** (methyl group）$-CH_3$ が導入された化合物である．トルエンは，塗料の希釈液（シンナー）の主成分であるとともに，さまざまな化学製品の原料でもある．

アニリンは，ベンゼン環に**アミノ基**（amino group）$-NH_2$ が導入された化合物である．アニリンは，色素や医薬品の原料になる．

安息香酸は，ベンゼン環にカルボキシ基 $-COOH$ が導入された化合物である．この化合物と水酸化ナトリウム NaOH から得られる安息香酸ナトリウム C_6H_5COONa は，食品の保存料や，医薬品の防腐剤として用いられる．

11.3.3 置換基を2個もつベンゼン

ベンゼン環に2個の置換基が導入されている場合には，置換基の位置によって，*o*-（オルト）（ortho），*m*-（メタ）（meta），*p*-（パラ）（para）の3種類の構造異性体が存在する．クレゾールの場合を例に挙げる．クレゾールの3種類の構造異性体の混合物をセッケン水に溶解したものは，クレゾールセッケン液とよばれ，消毒薬として医療機関で用いられている．

CH_3 OH
o-クレゾール

CH_3 OH
m-クレゾール

CH_3 OH
p-クレゾール

Let's Try! 11.2 ベンゼン環にメチル基 $-CH_3$ が3個結合した場合，何種類の構造異性体が考えられるか（解答は p. 150）．

11.3.4 置換基を2個以上もつ主なベンゼン

置換基を2個もつベンゼンで，医療や日常生活に関連するものとしては，前述のクレゾールの他に，アセチルサリチル酸（アスピリン）やアセトアミノフェン（カロナール）がある．いずれも解熱鎮痛剤として用いられている．

エステル結合
COOH O O—C—CH_3
アセチルサリチル酸
（アスピリン）

アミド結合
O CH_3—C—N—H OH
アセトアミノフェン
（カロナール）

CH_3 O_2N NO_2 NO_2
2,4,6-トリニトロトルエン
（TNT）

ベンゼン環には最大で6個までの置換基を導入することができる．たとえば，爆薬に使われる2,4,6-トリニトロトルエン（略称TNT）は4個の置換基をもつ．構造式は前のページに載せた．

11.3.5 ナフタレン

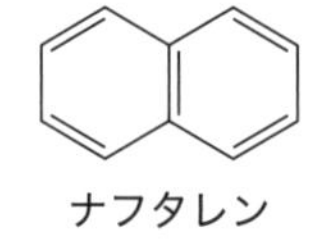

ナフタレン

ナフタレンはベンゼン環が2個結合した構造をもつ化合物である．白色結晶である．常温・常圧で徐々に昇華する．気化したナフタレンには殺虫作用があるので，防虫剤として用いられる（昇華するので液体による汚れが発生しない）．

11.4 窒素を含む有機化合物

11.4.1 アミン

アンモニア NH_3 の水素原子Hが炭化水素基に置き換わった構造をもつ化合物を，**アミン**（amine）とよぶ．前述のアニリンは，アミンの一種である．

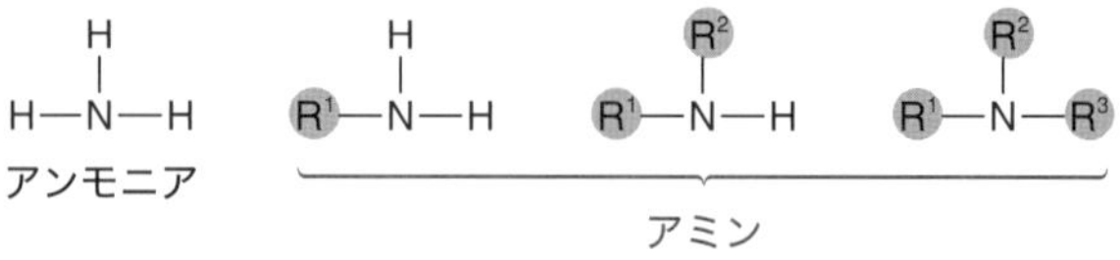

H−N(−H)−H　アンモニア

R^1−N(−H)−H　　R^1−N(R^2)−H　　R^1−N(R^2)−R^3　アミン

アミンを水に溶かすと，水溶液は塩基性を示す．

$$R-NH_2 + H_2O \rightleftharpoons R-NH_3^+ + OH^-$$

11.4.2 アミノ基を含む有機化合物

アミノ基を含む有機化合物としては，**アミノ酸**（amino acid）が重要である．1つの分子の中にアミノ基 $-NH_2$ とカルボキシ基 $-COOH$ を併せもつ化合物を，アミノ酸とよぶ．アミノ酸については13章で学ぶ．

Let's Try! 11.2 解

3種類

考え方

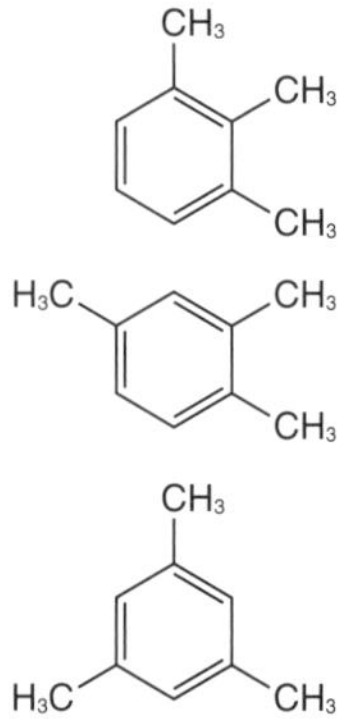

1,2,3-トリメチルベンゼン（CH_3 ×3），1,2,4-トリメチルベンゼン（H_3C, CH_3, CH_3），1,3,5-トリメチルベンゼン（CH_3, H_3C, CH_3）

11.4.3 アミド

アミド結合（amide bond）をもつ化合物を**アミド**（amide）とよぶ．

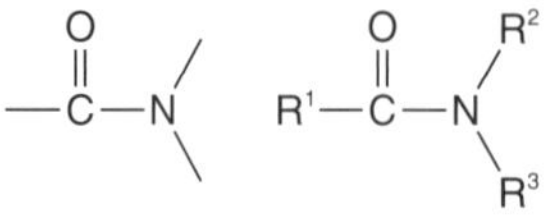

−C(=O)−N<　アミド結合

R^1−C(=O)−N(R^2)(R^3)　アミド

R^1，R^2，R^3 は同じ場合も異なる場合もある．
R^1，R^2，R^3 は水素原子Hの場合もある．

医療や日常生活に関連するアミドとして，尿素と尿酸を挙げる．

尿素は水によく溶ける結晶である．尿素は保湿クリームや肥料に含まれているほか，合成樹脂の原料にもなる．私たちが食料として体内に摂り入れた窒素を含む化合物は，最終的には尿素となり，尿として排泄される．一方，鳥類や爬虫類の場合には，尿酸として排泄される．尿酸は水にほとんど溶けない結晶である．私たちの体内でも尿酸がつくられており，血液中における尿酸の濃度は一定範囲に保たれている．しかし高尿酸血症を発症すると，血中の尿酸が飽和濃度に達し，結晶化した尿酸により激しい痛みを生じることがある．なお，アセトアミノフェン（11.3.4 項）にもアミド結合がある．

$NH_2-C(=O)-NH_2$

尿素

尿酸

11.4.4　ニトロ基を含む化合物

ニトロ基（nitro group）$-NO_2$ をもつ化合物には，爆発性のものが多い．11.3.4 項で述べた 2,4,6-トリニトロトルエンの他に，ニトログリセリンも爆薬に用いられる．ダイナマイトの主剤はニトログリセリンである．また，ニトログリセリンには血管拡張作用があるので，狭心症の薬としても用いられている（コラム 2 参照）．

CH_2-O-NO_2
$CH-O-NO_2$
CH_2-O-NO_2

ニトログリセリン

例題 11.3

次の構造式の中から，アミド結合，アミノ基，エステル結合，カルボキシ基，メチル基を探せ．

解

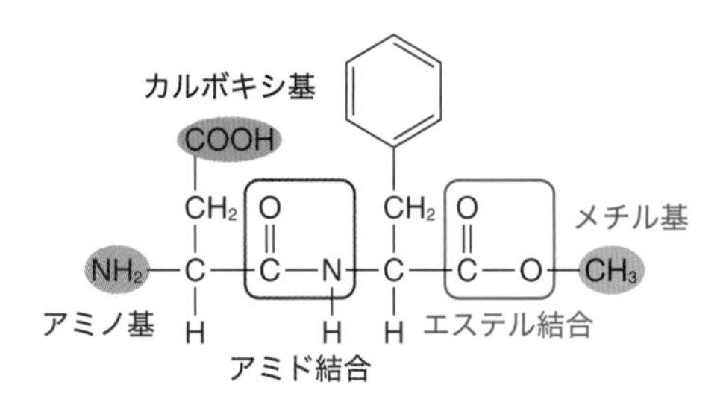

コラム 1 フルーティーなエステルの香り

エステルの中にはフルーティーな香りをもつものが多く，実際に果物の匂い成分としてエステルが含まれていることがある．その一部を紹介しよう．各分子のエステル結合を囲んでおいた．

エステル結合の前後の炭化水素基の長さや枝分かれ構造が変わると，匂いが変わる．私たちの嗅覚は，この分子構造の違いを香りの違いとして識別できるのだ．

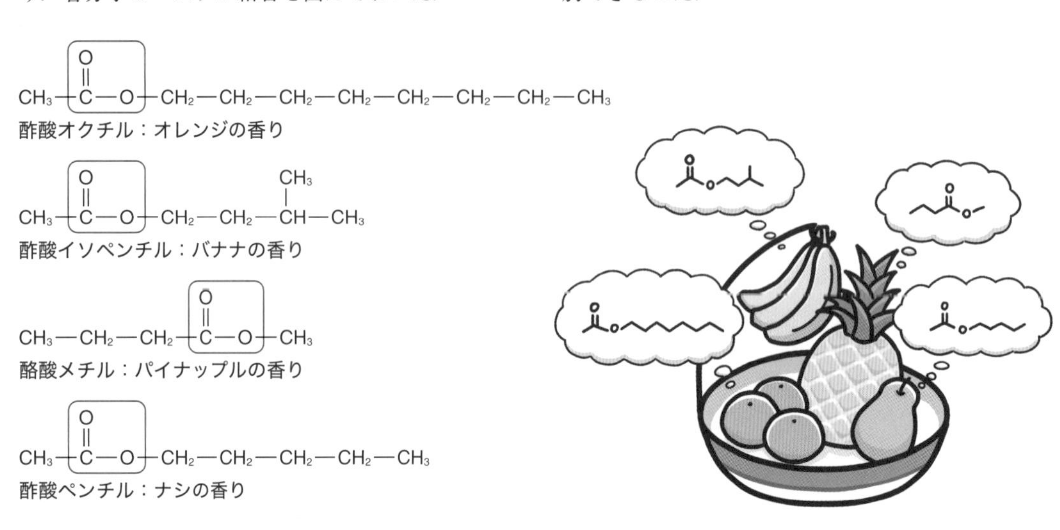

コラム 2 爆薬でもあり狭心症の薬でもあるニトログリセリン

ニトログリセリンは爆薬としてしばらく使われた後，狭心症の症状をやわらげる効果をもつこともわかった．

狭心症は，心臓の筋肉に酸素を届ける血管が収縮して血液の流れが悪くなり，酸素不足になって胸の痛みや圧迫感を抱く症状である．むかし，火薬工場に狭心症の患者が勤務していた．不思議なことに，彼は自宅では発作が起きるのに，工場で働いているときには発作が起きなかった．一方で，休暇明けに火薬工場で仕事を始めると，ひどい頭痛や目眩（めまい）が生じる従業員が何人もいた．こうした状況に注目した医師が，工場で扱っている火薬に血管を拡張させる効果があるのではないかと考えて研究を始めた結果，ニトログリセリンがこの作用を示すことがわかった．

ニトログリセリンは取り扱いに注意を要する物質である．衝撃やわずかな振動で爆発することもある．一滴を加熱しただけで実験器具が吹き飛ぶほどの威力をもつ．過去にはニトログリセリンの爆発事故による犠牲者も出ていた．考えただけで心臓に悪そうである．爆薬が狭心症の薬になるというのは意外だが，そのニトログリセリンを扱う工場に，狭心症の患者が勤めていたことも驚くべき偶然である．

12章 有機化合物の反応

この章の目標

❶ 付加反応，脱離反応，置換反応，転位反応がどのようなものかを説明できる.
❷ 油脂からセッケンをつくる方法を説明できる.
❸ エステルおよびアミドの合成と，それらの加水分解について説明できる.
❹ 飲酒に伴う体内でのアルコールの酸化反応について説明できる.

theme1 4種類の反応をおさえよう

12.1 反応の記述方法と反応パターン

12.1.1 構造の変化だけに注目して化学反応式を記述する

有機化合物の反応を考えるとき，化合物の構造の変化には注目するものの，反応前後の物質量の関係については注目しない場合がある．そのため，反応に伴う化合物の構造変化だけを記していく方法が用いられることがある．たとえば，次のような場合を考える．

$C_6H_5NO_2$ から $C_6H_5NH_3Cl$ を合成し，$C_6H_5NH_2$ を得る

このとき，すべての反応物と生成物を記すと，次のようになる．

$$2\,C_6H_5NO_2 + 3\,Sn + 14\,HCl \longrightarrow 2\,C_6H_5NH_3Cl + 3\,SnCl_4 + 4\,H_2O$$

$$C_6H_5NH_3Cl + NaOH \longrightarrow C_6H_5NH_2 + NaCl + H_2O$$

しかし，物質の量的な関係には注目しておらず，注目している分子の構造がどのように変わるのかだけを記したい場合には，次のように表すことがある．

$$C_6H_5NO_2 \xrightarrow[\text{還元}]{Sn,\ HCl} C_6H_5NH_3Cl \xrightarrow{NaOH} C_6H_5NH_2$$

このように，有機化学においては，矢印の上や下のスペースを使って，反応に関連する情報を記す方法が用いられている．この書き方に厳密なルールは存在しない．本書に限らず，今後このような表記を見かけたときには，→の上下には反応に関連する物質や条件，目的などが記されている，とだけ考えればよい．本書では説明に必要な最低限の情報だけを記すことにする．なお，本章にはさまざまな有機化合物が登場するが，すべての名称を覚える必要はない．覚えておいた方が便利なものに限って，構造式に名称を併記した．

12.1.2 基本的な反応パターンは4種類

有機化合物の種類は1億種類を超えるが，有機化合物の反応パターンを分類すると，次の4種類になる（図12.1）．本章ではこれらのうち，代表的なものを紹介しよう．

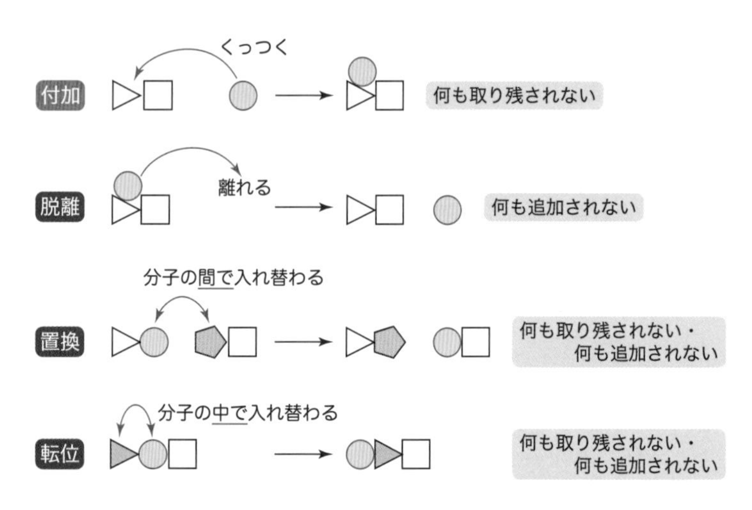

図12.1 有機化学反応パターン4種類

12.2 付加反応

2つの出発物が合わさって，どの原子団も取り残されることなく1つの新しい生成物ができる反応を，**付加反応**（addition reaction）とよぶ．たとえば，触媒の存在下，エチレン $H_2C{=}CH_2$ と水 H_2O からエタノール CH_3CH_2OH が得られる．

$H_2C=CH_2 + H{-}OH \longrightarrow H{-}CH_2{-}CH_2{-}OH$

エチレン　水　エタノール

これは，工業用エタノールの製造方法である．酒類のエタノールは，植物を原料に酵母を用いた発酵で製造されているが，工業用のエタノールの一部は，石油から得られるエチレンを原料にして，水の付加反応で製造されている．

同様に，触媒の存在下，プロピレン $H_2C=CHCH_3$ と水 H_2O の付加反応により，イソプロピルアルコール $H_3CCH(OH)CH_3$[*1] が得られる．

$H_2C=CHCH_3 + H{-}OH \longrightarrow H{-}CH_2{-}CH(OH){-}CH_3$

プロピレン　水　イソプロピルアルコール

プロピレンもエチレンと同様に，石油から得られる．医療用も含めて流通しているイソプロピルアルコールは，ほとんどがこの方法で製造されている．

*1 イソプロピルアルコールは以下のように描くこともできる．

$H_3C{-}CH(OH){-}CH_3$

12.3 脱離反応

1つの出発物質が2つの生成物に分かれる反応を，**脱離反応**（elimination reaction）とよぶ．脱離反応は，付加反応の逆の反応である．たとえば，エタノールを触媒とともに加熱すると，エチレンと水が生じる．

$H{-}CH_2{-}CH_2{-}OH \longrightarrow H_2C=CH_2 + H_2O$

エタノール　エチレン

同様に，イソプロピルアルコールを触媒とともに加熱すると，プロピレンと水が生じる．

$H{-}CH_2{-}CH(OH){-}CH_3 \longrightarrow H_2C=CHCH_3 + H_2O$

イソプロピルアルコール　プロピレン

12.4 置換反応

12.4.1 アルカンのハロゲン化

メタン CH_4 と塩素 Cl_2 を混合しておき（どちらも常温・常圧で気体である），光を照射すると，次の置換反応が進む．このように，2つの出発物質がそれぞれの一部分を交換して2つの新しい生成物ができる反応を，**置換反応**（substitution reaction）とよぶ．

入れ替わる

$$CH_4 + Cl_2 \xrightarrow{\text{光}} CH_3Cl + HCl$$

メタンに対して塩素が十分にあれば，この反応はここでは終わらず，水素原子Hが次々と塩素原子Clに置換されていく．

$$CH_4\ (a) \xrightarrow[\text{光}]{Cl_2} CH_3Cl\ (b) \xrightarrow[\text{光}]{Cl_2} CH_2Cl_2\ (c) \xrightarrow[\text{光}]{Cl_2} CHCl_3\ (d) \xrightarrow[\text{光}]{Cl_2} CCl_4\ (e)$$

このように次々と反応が進んでいくので，(a) がすべて反応し終えると，(b)～(e) の混合物ができている．これを分離するためには，(b)～(e) それぞれの沸点の違いを利用する．たとえば常温・常圧では (b) は気体だが，(c)，(d)，(e) は液体なので，混合物中から (b) を分けることができる．

例題 12.1

プロパン $CH_3CH_2CH_3$ の水素2個が塩素Clに置換された構造をもつ化合物は何種類あるか．立体異性体は区別せずに考えよ．

解 4種類

考え方 次の構造が考えられる．

(a) $CH_3-CH_2-CHCl_2$　(b) $CH_3-C^{*}HCl-CH_2Cl$　(c) $CH_2Cl-CH_2-CH_2Cl$　(d) $CH_3-CCl_2-CH_3$

補足 立体異性体を区別して考える場合には，5種類になる．(b) では * を付けたC原子が不斉炭素原子になっているので（4個の異なる原子あるいは原子団と結合している），(b) には鏡像異性体が存在する．

12.4.2 ベンゼン環での置換反応

ベンゼン C_6H_6 の水素原子 $-H$ を，他の原子や原子団に置換したさまざまな化合物が存在する．ベンゼンがもつ 6 個の水素原子 $-H$ は，いずれも置換することができるので，最大で 6 箇所の水素原子 $-H$ を他の原子や原子団に置換したものが存在する．さまざまな数のさまざまな置換基をベンゼン環に導入できるが，導入にあたっては，いくつかの制約が存在する．

(a) 一段階で導入できるものと，二段階以上の反応が必要なもの

ベンゼン環に導入される置換基には，一段階で導入できるものと，導入には二段階以上の反応が必要なものとがある．

たとえば，ベンゼンから (b) や (c) を直接つくることはできない．いったん (a) をつくり，それから (b) をつくり，(c) をつくることになる．$-NO_2$ は直接導入できるが，$-NH_2$ や $-NHCOCH_3$ は直接導入できない．アセチル化については後で学ぶ．

医薬品や樹脂の原料となる重要化合物フェノールも，ヒドロキシ基 $-OH$ をベンゼン環に直接導入する実用的な方法がないので，次のようにして製造されている．

このようにしてベンゼンとプロピレンからフェノールとアセトンをつくる方法のことを，**クメン法** (cumeneprocess) とよぶ[*2]．

*2 化合物 (d) の名称がクメンなので，クメン法とよばれる．化合物 (e) では酸素Oが 2 個続いた構造になっている．誤植ではない．

(b) 置換基を入れる順番に制約がある

ベンゼン環に 2 個以上の置換基を導入するときには，導入する順番に制約が生じることがある．たとえばベンゼン環に最初に $-NO_2$ を入れておき，次に $-Br$ を入れる場合を考える．

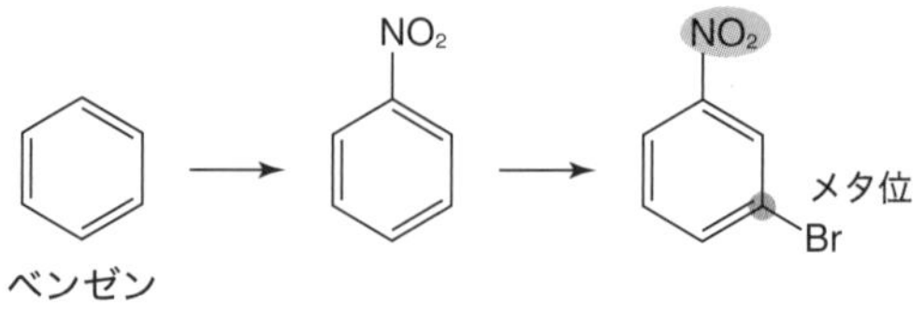

このとき，$-Br$ は $-NO_2$ からみてメタ位に導入される．一方，順番を逆にして，ベンゼン環に最初に $-Br$ を入れておき，次に $-NO_2$ を入れる場合を考える．

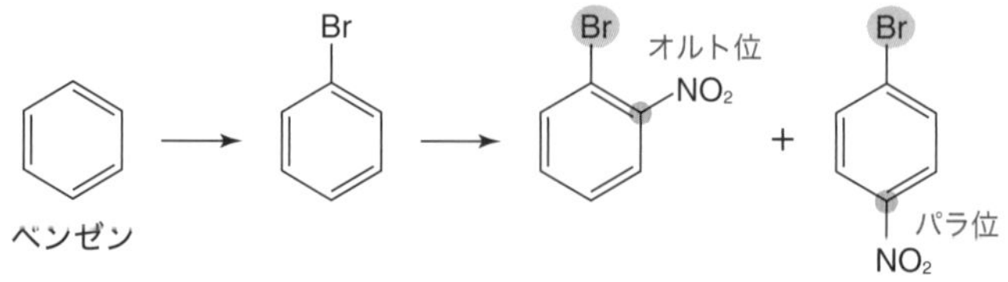

このとき，$-NO_2$ は $-Br$ からみてオルト位あるいはパラ位に導入される．このように，ベンゼン環に2つの置換基を導入するときには，1個目に導入された置換基が，2個目に導入される置換基の位置を決定する．これを置換基の配向性とよぶ．$-NO_2$ を先に導入した場合には，次の置換基はメタ位に導入される．これを，$-NO_2$ は**メタ配向性**（meta orientation）であるという．一方，$-Br$ を先に導入した場合には，次の置換基はオルト位かパラ位に導入される．これを，$-Br$ は**オルト・パラ配向性**（ortho-para orientation）であるという．置換基の配向性の例を表12.1に示す[*3]．なお，1個目の置換基としてオルト・パラ配向性の置換基が導入されている場合，2個目の置換基を導入すると，2個目の置換基がオルト位に導入されたものとパラ位に導入されたものの混合物が生成物となる．両者には溶媒に対する溶解度や沸点に大きな違いがみられることがあるので，これを利用して分離する．

[*3] この表を暗記する必要はない．

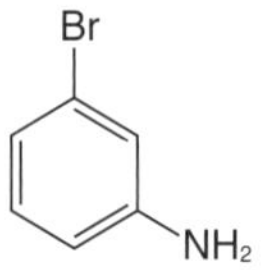

左の化合物をベンゼンから合成する場合に，どのような順番で置換基を導入すればよいのか，表12.1に基づいて考えてみる．

$-Br$ を先に導入した場合，$-Br$ はオルト・パラ配向性なので，次の置換基をメタ位に入れることができない．$-NH_2$ を先に導入した場合も，やはり $-NH_2$ はオルト・パラ配向性なので，次の置換基をメタ位に入れる

表12.1 置換基の配向性

配向性	置換基の例
オルト・パラ配向性	$-OH$　$-NH_2$　$-CH_3$　$-O-CH_3$　$-NH-C(=O)-CH_3$　$-Cl$　$-Br$
メタ配向性	$-NO_2$　$-SO_3H$　$-COOH$　$-C(=O)-CH_3$　$-C(=O)-H$

ことができない．さらに，$-NH_2$ はベンゼン環に直接導入できない置換基であって，いったん $-NO_2$ を導入しておき，これを還元して $-NH_2$ にすることになる（本項 (a) 参照）．そして $-NO_2$ はメタ配向性である．そこで，最初に $-NO_2$ を導入し，次に $-Br$ を導入し，それから $-NO_2$ を還元して $-NH_2$ にすればよい．

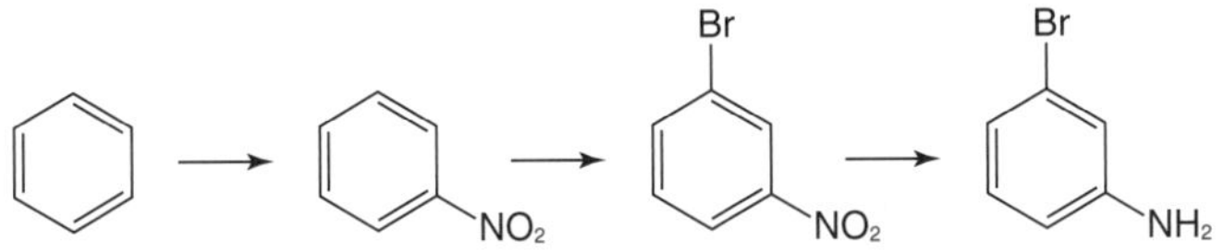

ベンゼン環を含むさまざまな化合物があり，2 個以上の置換基をもつものも多数あるが，合成するためには，一段階で導入できる置換基なのか二段階以上の反応を必要とする置換基なのかを考えつつ，配向性の制約もクリアした合成ルートが考えられている．

例題 12.2

ベンゼン環に対して $-Br$ も $-NO_2$ もそれぞれ一段階の反応で導入できる．ベンゼンから次の化合物を合成する場合，$-Br$ と $-NO_2$ のどちらを先に導入する必要があるか．表 12.1 から判断せよ．

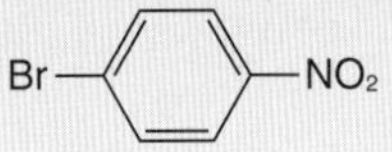

解 $-Br$ を先に導入する必要がある．

考え方 $-Br$ はオルト・パラ配向性の置換基なので，パラ位に 2 個目の置換基を導入できる．$-NO_2$ はメタ配向性の置換基なので，これを先に導入するとパラ位に $-Br$ を導入できなくなる．

12.5 転位反応

1 つの出発物の中で原子の結合が再編成されて新しい異性体を生じる反応を，**転位反応** (rearrangement reaction) とよぶ．たとえば，石油から採れるベンゼンを出発物質として合成された (a) は，転位反応によって (b) になる．(b) については 14.6.1 項で再び学ぶ．

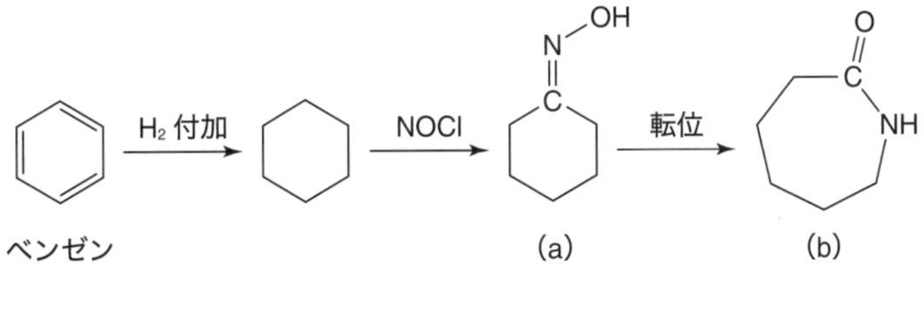

Let's Try! 12.1 次の ❶ ～ ❺ を，付加反応，脱離反応，置換反応，転位反応に分類せよ．

❶ $CH_3-CH_2Cl \longrightarrow CH_2=CH_2 + HCl$

❷ $CH_2=CH_2 + Cl_2 \longrightarrow CH_2Cl-CH_2Cl$

❸ ベンゼン $\xrightarrow{3H_2}$ シクロヘキサン

❹ $C_6H_5-O-CH_2-CH=CH_2 \longrightarrow$ $C_6H_4(OH)-CH_2-CH=CH_2$

❺ $CH_3-C(=O)-NH_2 + H_2O \longrightarrow CH_3-C(=O)-OH + NH_3$

theme2 身の回りの有機化学反応

12.6 油脂とセッケンの化学

7章では，セッケンが油汚れを落とす仕組みを学んだ．このセッケン分子はどのような分子なのだろうか．

12.6.1 エステルの生成と加水分解

5章で，酢酸 CH_3COOH とエタノール C_2H_5OH から酢酸エチル $CH_3COOC_2H_5$ と水が生じる反応を学んだ．次の式の正反応（→ 向き）である．

$$H_3C-C(=O)-OH + H-O-C_2H_5 \underset{加水分解}{\overset{縮合反応}{\rightleftarrows}} H_3C-C(=O)-O-C_2H_5 + HO-H$$

この反応では，酢酸の $-OH$ と，エタノールの $-H$ が合わさって水が取れる．このように，2つの分子から水のような簡単な分子が取れて新しい分子ができる反応を，**縮合反応**（condensation reaction）とよぶ．カルボン酸とアルコールの縮合反応では，一般にカルボン酸の $-OH$ とアルコール

Let's Try! 12.1 解
❶ 脱離反応
❷ と ❸ 付加反応
❹ 転位反応
❺ 置換反応

の −H から水が取れる*4.

一方，逆反応（← 向き）では，酢酸エチルが水と反応して酢酸とエタノールに分解している．これを，エステルの**加水分解**（hydrolysis）とよぶ．

*4 12.3 節の脱離反応は，1 つの分子内で水が脱離していたが，このように 2 つの分子間で水が脱離することもある．

(a) エステルやアミドが加水分解される位置

エステルの加水分解とアミドの加水分解は似ているので，一緒に覚えておこう．次の場所で切断される．どちらも生化学を学ぶときに必要な知識である．

ここが切断される

$$-\overset{\overset{\displaystyle O}{\|}}{C}-O- \longrightarrow -\overset{\overset{\displaystyle O}{\|}}{C}-OH\quad H-O-$$

エステル　　　そして水 H_2O が入る

$$-\overset{\overset{\displaystyle O}{\|}}{C}-N\langle \longrightarrow -\overset{\overset{\displaystyle O}{\|}}{C}-OH\quad H-N\langle$$

アミド

12.6.2 エステルのけん化

酢酸エチルに水酸化ナトリウムの水溶液を加えて加熱すると，酢酸ナトリウムとエタノールが生じる．塩基を用いて行うエステルの加水分解を，**けん化**（saponification）とよぶ．

$$CH_3-\overset{\overset{\displaystyle O}{\|}}{C}-O-C_2H_5 + NaOH \longrightarrow CH_3-\overset{\overset{\displaystyle O}{\|}}{C}-ONa + H-O-C_2H_5$$

酢酸エチル　　酢酸ナトリウム　　エタノール

12.6.3 油　脂

動物の脂肪細胞や植物の種から採れる「あぶら」が**油脂**（fats and oils）である．油脂の一般的な構造は，次のようになっている．すなわち，油脂は長い炭化水素基をもつカルボン酸とグリセリンが縮合したエステルである．

$$\begin{matrix} R^1-\overset{\overset{\displaystyle O}{\|}}{C}-OH & & HO-CH_2 & & R^1-\overset{\overset{\displaystyle O}{\|}}{C}-O-CH_2 & \\ R^2-\overset{\overset{\displaystyle O}{\|}}{C}-OH & + & HO-CH & \xrightarrow{\text{縮合}} & R^2-\overset{\overset{\displaystyle O}{\|}}{C}-O-CH & + \ 3H_2O \\ R^3-\overset{\overset{\displaystyle O}{\|}}{C}-OH & & HO-CH_2 & & R^3-\overset{\overset{\displaystyle O}{\|}}{C}-O-CH_2 & \end{matrix}$$

長い炭化水素基をもつカルボン酸　　グリセリン　　油脂

R^1，R^2，R^3 を構成する炭素 C の数は，16 や 18 のものが多い．また，R^1，R^2，R^3 の中には，C=C 結合をもつものと，もたないものとがある．

12.6.4 油脂からセッケンをつくる

油脂に水酸化ナトリウム水溶液を加えて熱を加えると，油脂はけん化されて，グリセリンと，カルボン酸のナトリウム塩を生じる．このカルボン酸のナトリウム塩が**セッケン**（soap）である．たとえば次のようなものになる．

$$\underbrace{CH_3CH_2CH_2CH_2CH_2CH_2CH_2CH_2CH_2CH_2CH_2CH_2CH_2CH_2CH_2CH_2}_{\text{油となじむ部分（疎水性）}}-\overset{\overset{\displaystyle O}{\|}}{C}-ONa \quad \text{水となじむ部分（親水性）}$$

セッケンは，水になじみにくく油とはなじみやすい疎水性の炭化水素基と，水になじみやすい親水性の $-COONa$ から構成されている．こうした構造になっているので，7.4.4 項で学んだ仕組みよって，セッケンは油汚れを落とすことができるのだ．

Let's Try! 12.2 次の化合物は人工甘味料アスパルテームである．この分子を完全に加水分解して生じる化合物の構造をすべて記せ（解答は p. 163）．

$$H_2N-\underset{\underset{\displaystyle COOH}{|}}{\underset{|}{\underset{\displaystyle CH_2}{\underset{|}{CH}}}}-\overset{\overset{\displaystyle O}{\|}}{C}-NH-\underset{\underset{\displaystyle C_6H_5}{|}}{\underset{\displaystyle CH_2}{\underset{|}{CH}}}-\overset{\overset{\displaystyle O}{\|}}{C}-O-CH_3$$

12.7 酸無水物を用いてエステルやアミドをつくる

カルボン酸 2 分子から水が取れて縮合した構造の化合物を，**酸無水物**（acid anhydride）とよぶ．酢酸 2 分子が脱水縮合した構造の化合物は，無水酢酸である[*5]．

$$2\,CH_3-\overset{\overset{\displaystyle O}{\|}}{C}-O-H \longrightarrow (CH_3CO)_2O + H_2O$$

酢酸　　　　無水酢酸

*5 無水酢酸と氷酢酸（11.2.7 項（b））は別の化合物である．無水酢酸は水と激しく反応するので，間違えると危険である．

12.7.1 酸無水物の反応

酸無水物はアルコール，フェノール類，アミンなどと反応し，エステル結合やアミド結合をつくる．たとえばサリチル酸と無水酢酸からは，アセチルサリチル酸（アスピリン）が得られる．アセチルサリチル酸は，人類が初めて合成した医薬品である．現在も解熱鎮痛剤として，多くの人々を痛みや発熱から救っている．

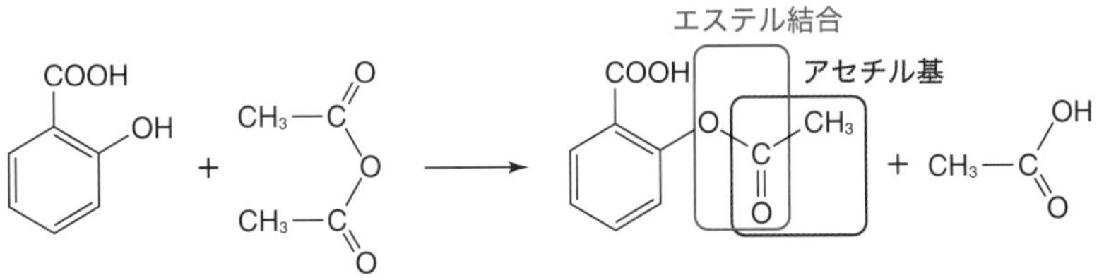

エステル結合
アセチル基
サリチル酸 + 無水酢酸 ⟶ アセチルサリチル酸（アスピリン） + 酢酸

アセチルサリチル酸がもつ CH_3CO− を**アセチル基**（acetyl group）とよぶ．アセチル基を導入する反応を，**アセチル化**（acetylation）とよぶ．

アセチル化は，アミノ基 $-NH_2$ に対しても行うことができる．たとえばアニリン（11.3.2 項）と無水酢酸の反応により，アセトアニリドが得られる．

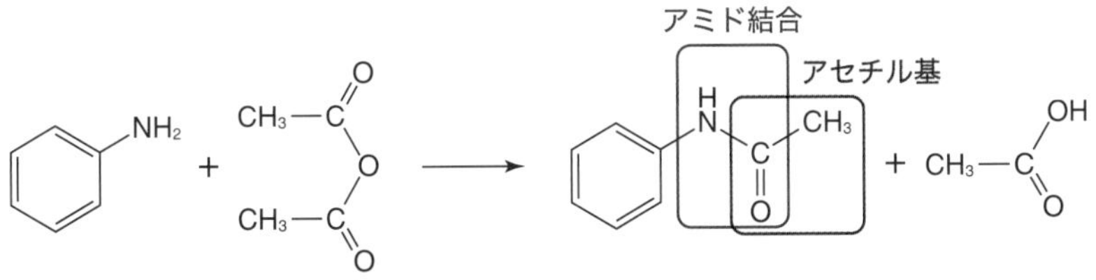

アミド結合
アセチル基
アニリン + 無水酢酸 ⟶ アセトアニリド + 酢酸

アセトアニリドも，解熱鎮痛作用を示す．ただし，副作用の問題があるため，現在は使用されていない．アセトアニリドの代わりに，アセトアミノフェンが用いられる（11.3.4 項）．

12.8 酸化還元反応

9 章で酸化還元反応について学んだ．有機化合物にも酸化還元反応がある．ここでは酸化を，酸素を得る・水素を失う，還元を，酸素を失う・水素を得る，で考えることにする．

12.8.1 飲酒の化学

アルコール飲料を飲むと，エタノール CH_3CH_2OH が体内の酵素によって酸化され，アセトアルデヒド CH_3CHO に変わる．この酸化は，水素を失う酸化である．アセトアルデヒドは別の酵素によって酸化され，酢酸 CH_3COOH になる．この酸化は，酸素を得る酸化である．酢酸はさらに代謝系で処理され，最終的に二酸化炭素 CO_2 と水 H_2O となり，身体の外に出ていく．

Let's Try! 12.2 解

生じる化合物は以下の 3 つである．

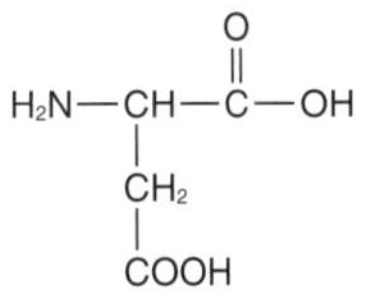

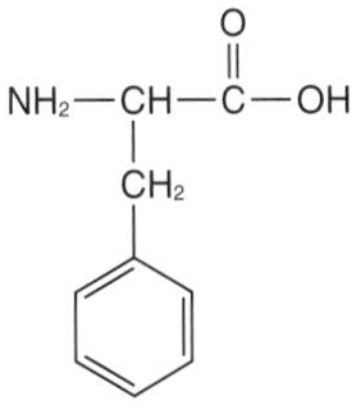

$H_2N-CH(CH_2COOH)-C(=O)-OH$

$NH_2-CH(CH_2C_6H_5)-C(=O)-OH$

CH_3OH

考え方

アミド結合 1 箇所とエステル結合 1 箇所で加水分解が生じる．

CH_3CH_2OH エタノール —水素を失う酸化→ CH_3CHO アセトアルデヒド —酸素を得る酸化→ CH_3COOH 酢酸 —代謝系で分解→ CO_2 ＋ H_2O

誤ってメタノール CH_3OH を飲んでしまった場合も，これと同様の反応が体内で進行する．

CH_3OH メタノール —水素を失う酸化→ HCHO ホルムアルデヒド —酸素を得る酸化→ HCOOH ギ酸

ここで生じるギ酸が視神経を攻撃するため，メタノールを飲むと失明することがある．また，ギ酸が神経系を侵すため，死亡することもある．メタノールが混入した密造酒が原因で死亡事故が起きることもある．

12.8.2 アルコールの酸化反応

アルコールの酸化は，酸化剤を用いて試験管の中でも行うことができる．このとき，第一級アルコール，第二級アルコール，第三級アルコールで，生成物は異なったものになる．

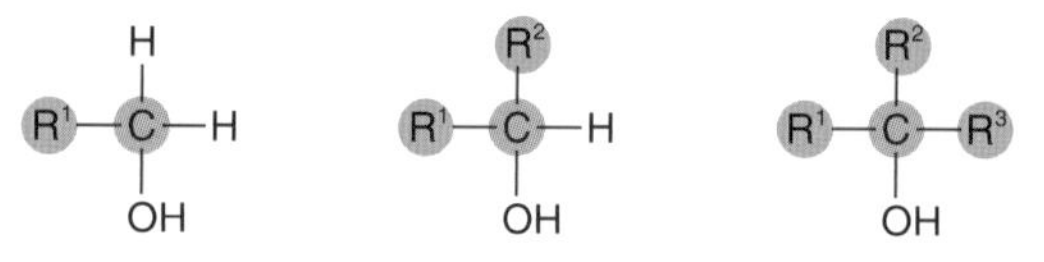

酸化剤を用いて第一級アルコールを穏やかな条件[*6]で酸化すると，アルデヒドになる[*7]．アルデヒドをさらに酸化すると，カルボン酸になる[*8]．アルデヒドもカルボン酸も，還元剤で処理すると，第一級アルコールになる．カルボン酸からの還元反応をアルデヒドで止めることは難しい．

*6 さまざまな酸化反応の条件があり，穏やかな方法を選ばないと，アルデヒドで止まらずカルボン酸まで酸化されてしまう．

*7 この酸化反応は，脱離反応である．

*8 この酸化反応は，酸化剤との多段階の反応から構成されており，脱離反応と付加反応が組み合わさっている．

第一級アルコール ⇄（水素を失う酸化／水素を得る還元）アルデヒド —酸素を得る酸化→ カルボン酸
カルボン酸 —水素を得る還元→ 第一級アルコール

※ 還元はアルデヒドで止められない

第二級アルコールを酸化すると，ケトンになる．ケトンはそれ以上酸化されない．ケトンを還元剤で処理すると，第二級アルコールになる．

第二級アルコール $R^1R^2CH{-}O{-}H$ ⇄（水素を失う酸化／水素を得る還元）ケトン $R^1R^2C{=}O$

第三級アルコールは，酸化されにくい．

第三級アルコール $R^1R^2R^3C{-}O{-}H$ ⟶ 酸化されにくい

例題 12.3

次の化合物のうち，酸化されてアルデヒドになるものはどれか．また，酸化されてケトンになるものはどれか．酸化されてアルデヒドまたはケトンになったときの構造も記せ．

(a) $CH_3{-}CH_2{-}CH(OH){-}CH_3$

(b) $CH_3{-}CH_2{-}CH_2{-}CH_2{-}OH$

(c) $CH_3{-}CH_2{-}C(OH)(CH_3){-}CH_3$

(d) $CH_3{-}CH(CH_3){-}CH(OH){-}CH_3$

解 アルデヒドになるものは (b)，ケトンになるものは (a) と (d)．酸化された後の構造は次のとおりである．

(a) の酸化 $CH_3{-}CH_2{-}C({=}O){-}CH_3$

(b) の酸化 $CH_3{-}CH_2{-}CH_2{-}C({=}O){-}H$

(d) の酸化 $CH_3{-}CH(CH_3){-}C({=}O){-}CH_3$

考え方 (a)～(d) はそれぞれ次のような構造をもっている．

(a) 第二級 $R^1{-}C(OH)(H){-}R^2$

(b) 第一級 $R{-}C(H)(H){-}OH$

(c) 第三級 $R^1{-}C(OH)(R^2){-}R^3$

(d) 第二級 $R^1{-}C(OH)(H){-}R^2$

第一級アルコールは酸化されてアルデヒドに，第二級アルコールは酸化されてケトンになる．第三級アルコールは酸化されにくい．

コラム 1 あなたは飲酒しても大丈夫な体質か？

アルコール飲料を飲むと気分が悪くなったり頭痛がひどくなったりすることがある．これは，エタノールが体内で酸化されて生じるアセトアルデヒドによるものである．アセトアルデヒドは体内でさらに酸化されて酢酸となり，最終的に二酸化炭素と水になって身体から追い出される．しかし，アセトアルデヒドを酢酸に酸化する能力には個人差がある．これは遺伝的なものであり，「酒に強い」，「酒に強くない」，「ほとんど酒を飲めない」の3通りの体質がある．この割合は人種によっても異なっており，ヨーロッパ系白人のほとんどが「酒に強い」なのに対して，日本人や中国人の約4割は「酒に強くない」である．じぶんがどの体質なのかは，パッチテストで確かめることができる（数百円のものがドラッグストアで販売されている）．肌に貼り付けて15分から30分待ち，剥がした後の肌の色から判断するものである．アセトアルデヒドは人体に有害な物質であり，体内の存在量が一定量を超えると中毒を起こし，死に至ることもある．少なくとも「ほとんど酒を飲めない」体質の者が酒の飲み比べをするなどということは自殺行為である．一方，「酒に強い」なら安心というわけでもなく，逆にアルコール依存症になる場合がある．アルコール飲料は，適量を楽しむことをおすすめする．

コラム 2 プロドラッグ：ターゲットに到達してから効き目を発揮する薬

インフルエンザの治療薬としてタミフルが処方されることがある．このタミフルは，そのままでは薬としてはたらかない．分子内のエステル結合が肝臓で加水分解されて初めて薬としてはたらく分子になる．

エステル結合

加水分解 →

タミフル
薬としてはたらかない

薬としてはたらく

経口投与された薬が効き目を発揮するためには，細胞膜を通り抜ける必要がある．細胞膜には疎水性の分子が集まっているので，親水性のカルボキシ基 −COOH をもつ分子が通り抜けるのは難しい．そこでカルボキシ基をエステルにして疎水性を高めてやり，細胞膜を通り抜けやすくしている．このように，生体内で何らかの変換を受けた後に活性を示す薬物を，プロドラッグ（prodrug）とよぶ．エステルやアミドの加水分解は，多くのプロドラッグに利用されている．

13章 私たちの身体をつくる有機化合物

この章の目標

1. 糖質，タンパク質，脂質，核酸の違いを説明できる.
2. 高分子とはどのようなものなのか説明できる.
3. デンプン分子，タンパク質分子，細胞膜，DNA 二重らせんがどのような構成になっているのかを説明できる.

13.1 生命現象に深く関わる分子 ―生体分子

私たちの身体はさまざまな有機化合物が集まってできている．また，私たちの体内では，さまざまな有機化合物が反応している．生命現象に深く関わる分子を，**生体分子**（biomolecule）とよぶ．本章では，主な生体分子として4つのグループ，すなわち**糖質**（carbohydrate），**タンパク質**（protein），**脂質**（lipid），**核酸**（nucleic acid）について，これらの分子がどこで何をしているのかを学ぶことにしよう．

13.2 糖 質

生体分子として最初に糖質を理解することにしよう．たとえば主食に含まれるデンプンや，砂糖の主成分であるスクロース，そして点滴液中に栄養剤として含まれるグルコースなどは，いずれも糖質である．糖質の多くは，分子式を $C_m(H_2O)_n$ のかたちで表すことができる．これは炭素と水が組み合わさっているように見えるので，炭水化物とよぶこともある．さまざまな糖質が存在するが，そのうちの代表的な数例を取りあげることにしよう．

13.2.1 グルコース

健康診断の検査項目の1つに血糖値がある（9章コラム2参照）．血液中のグルコース（ブドウ糖）濃度が血糖値である．グルコースは，私たちの身体においてエネルギー源となる化合物である．

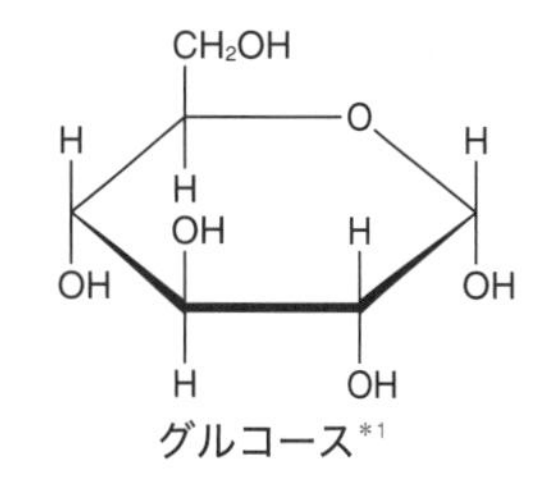

グルコース[*1]

*1 糖質分子の構造をわかりやすく説明するために，環構造の手前側を太く描く方法が広く用いられている．水溶液中のグルコース分子は，3つの異性体の平衡状態にある．これはそのうちの1つである．

13.2.2 フルクトースとスクロース

ここでは甘いものについて考える．砂糖の主成分はスクロース（ショ糖）である．スクロースを加水分解すると，グルコースとフルクトース

(果糖)が生じる．フルクトースはもっとも甘い糖質である．スクロースが加水分解して生じるグルコースとフルクトースの等量混合物を転化糖(invert sugar)とよび，甘味料としてアイスクリームやジュースなどに加えられている．スクロースのように，加水分解で2分子の糖質分子を生じる分子を，**二糖**(disaccharide)とよぶ．グルコースやフルクトースのように，それ以上の加水分解を受けない糖質を，**単糖**(monosaccharide)とよぶ．人間が生きていくためには，8種類の単糖が必要である．いずれも人体ではグルコースからつくることができる．加水分解によって2分子から10分子程度の単糖を生じる化合物は，**オリゴ糖**(oligosaccharide)とよぶ．二糖もオリゴ糖の一種である．

スクロース + H_2O ⟶ グルコース + フルクトース[*2]

*2 水溶液中のフルクトース分子は，いくつかの異性体の平衡状態にある．ここに記した構造は，そのうちの1つである．

牛乳にわずかな甘みを感じたことがあるかもしれない．これはラクトース(乳糖)によるものである．水飴やサツマイモにも甘さがある．これはマルトース(麦芽糖)によるものである．

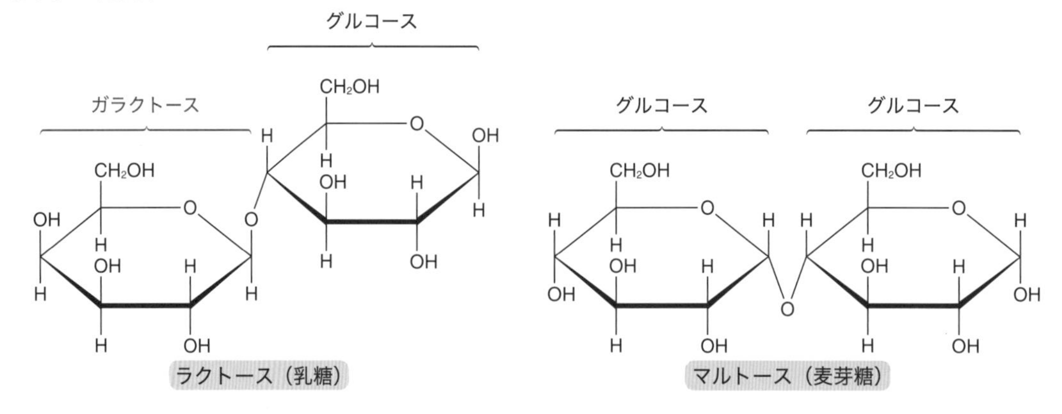

ラクトース（乳糖）　マルトース（麦芽糖）

13.2.3 グルコースがつながった大きな分子

植物は太陽光のエネルギーを利用して，空気中の二酸化炭素 CO_2 と水蒸気 H_2O からグルコース $C_6H_{12}O_6$ を合成している．グルコースは，セルロースまたはデンプンの形で植物の体内に貯蔵される．

$$6\,CO_2 + 6\,H_2O \xrightarrow{\text{太陽光}} 6\,O_2 + C_6H_{12}O_6$$

$C_6H_{12}O_6$（グルコース）⟶ セルロース／デンプン

セルロースやデンプンは，数千個から数万個のグルコース分子が縮合することによってつながった，非常に大きな分子であり，加水分解によって多数の糖質分子を生じる．こうした分子を，**多糖**（polysaccharide）とよぶ．一般に，モル質量が 10^4 g mol^{-1} 以上の分子を，**高分子**（macromolecule）とよぶ．天然に存在する高分子を天然高分子，人間が開発した高分子を合成高分子とよぶ．合成高分子については，14 章で学ぶ．

高分子の構造は，小さな構成単位の繰り返しとなっており，この構成単位となる分子を**単量体**（monomer），単量体が繰り返しつながる反応を**重合**（polymerization），重合によって生じる高分子を**重合体**（polymer）とよぶ（図 13.1）．高分子 ≈ 重合体と考えておいてかまわない．

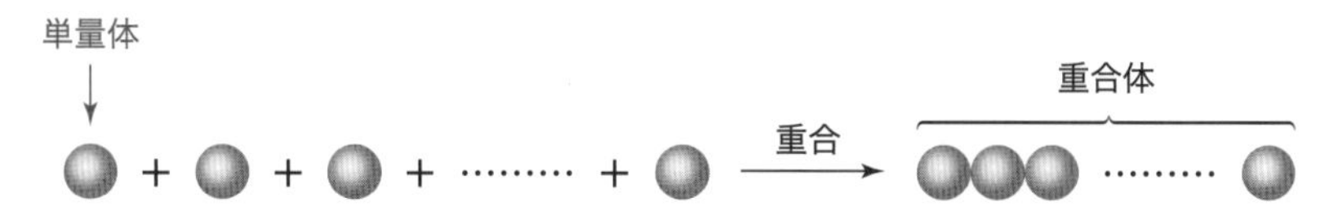

図 13.1　**重合**
単量体の重合によって重合体が生じる．

13.2.4　デンプンとセルロース

米類，パン，麺類，いも類などにはデンプンが含まれている．デンプンは私たちの体内にある加水分解酵素によってグルコースに分解され，グルコースは私たちの生命を維持するエネルギー源となる．

デンプンもセルロースも，ともにグルコースが縮合によってつながった高分子だが，私たちの身体はセルロースを加水分解することができない．デンプンとセルロースでは，グルコースどうしをつなぐ結合の構造が異な

デンプン

セルロース

っており，デンプンを加水分解する酵素が，この違いを区別するからである．

草食動物の胃の中には，セルロースを加水分解する酵素をもつ微生物がいるので，草食動物はセルロースをエネルギー源として利用することができる．私たちの身体はセルロースを栄養源として利用することはできないが，セルロースを主成分とする木材，紙，セロハン，綿などを，さまざまな目的に利用している．

13.2.5　糖質の一部が変化した化合物

糖質は，脂質やタンパク質と共有結合した状態で存在している場合もある．また，酸化，アセチル化，硫酸化，メチル化などの修飾を受けた糖もある．

例題 13.1

モル質量 1.0×10^6 g mol^{-1} のデンプン分子が完全に加水分解すると何個のグルコース分子が生じるか．有効数字 2 桁で答えよ．グルコースのモル質量は 180 g mol^{-1}，水のモル質量は 18 g mol^{-1} とせよ．

ヒント グルコースとグルコースが縮合するとき，結合 1 つに対して水分子 1 つが取れる．また，デンプンは十分に長い分子なので，デンプン内に組み込まれたグルコース分子の数と，縮合した回数は同じものと考えてかまわない．

解 6.2×10^3 個

考え方 縮合 1 回につき水分子が 1 個取れるので，デンプン分子内に組み込まれた繰り返し構造（グルコースから H と OH が外れたもの）のモル質量は，180 g mol^{-1} − 18 g mol^{-1} = 162 g mol^{-1} になる．デンプン分子内の繰り返し構造の数は，1.0×10^6 g mol^{-1}/162 g mol^{-1} = 6172.83 … = 6.2×10^3.

13.3　アミノ酸，ペプチド，タンパク質

私たちの細胞の中に水に次いで多く存在する化合物がタンパク質である．私たちの筋肉，器官，爪，毛髪などは主にタンパク質からできている．また，私たちの体内には触媒としてはたらくタンパク質や，物質や情報を運ぶタンパク質も存在している．タンパク質は多数のアミノ酸が重合した高分子なので，まずアミノ酸を理解するところから始めよう．

13.4　アミノ酸

13.4.1　α-アミノ酸

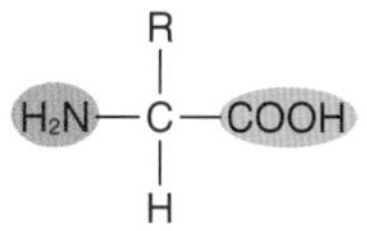

分子中にアミノ基 $-NH_2$ とカルボキシ基 $-COOH$ を併せもつ化合物が，**アミノ酸**（amino acid）である．アミノ酸のうち，右のように同じ炭素原子Cに $-NH_2$ と $-COOH$ が結合したものを，**α-アミノ酸**（*α*-amino acid）とよぶ．Rを**側鎖**（side chain）とよび，さまざまなものがある．

R
|
$H_2N-C-COOH$
|
H

13.4.2　タンパク質を組み立てている20種類のアミノ酸

天然のタンパク質を構成するアミノ酸は，20種類である．表13.1に側鎖の構造を示した．炭化水素基，ベンゼン環をもつもの，カルボキシ基 $-COOH$ をもつものなど，さまざまなものがある．プロリンは他の19種類と異なる構造をもつので，側鎖ではなく分子全体を記してある*3．

*3 プロリンの構造は，正確にはアミノ酸ではなく，イミノ酸である．しかしタンパク質を構成する20種類のアミノ酸に分類する．

表13.1　タンパク質を構成する20種類のアミノ酸の側鎖

アミノ酸	側鎖	アミノ酸	側鎖
グリシン	$-H$	アスパラギン	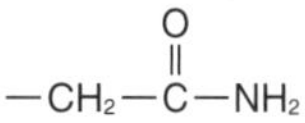 $-CH_2-C(=O)-NH_2$
アラニン	$-CH_3$	グルタミン	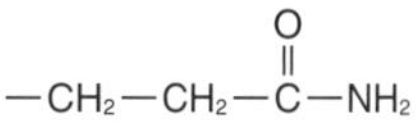 $-CH_2-CH_2-C(=O)-NH_2$
バリン	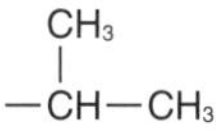 $-CH(CH_3)-CH_3$	アスパラギン酸	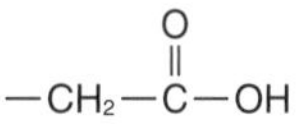 $-CH_2-C(=O)-OH$
ロイシン	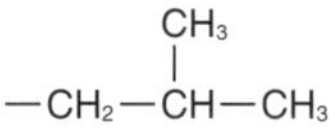 $-CH_2-CH(CH_3)-CH_3$	グルタミン酸	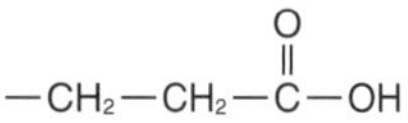 $-CH_2-CH_2-C(=O)-OH$
イソロイシン	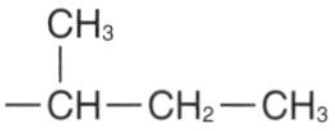 $-CH(CH_3)-CH_2-CH_3$	アルギニン	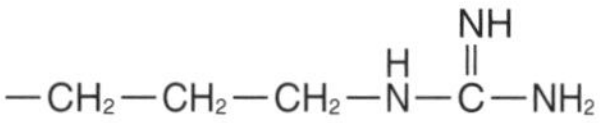 $-CH_2-CH_2-CH_2-NH-C(=NH)-NH_2$
メチオニン	$-CH_2-CH_2-S-CH_3$	リシン	$-CH_2-CH_2-CH_2-CH_2-NH_2$
システイン	$-CH_2-SH$	ヒスチジン	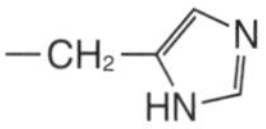 $-CH_2-$（イミダゾール環：N，HN）
セリン	$-CH_2-OH$	トリプトファン	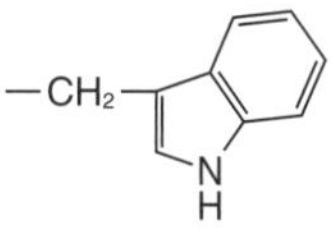 $-CH_2-$（インドール環：NH）
トレオニン	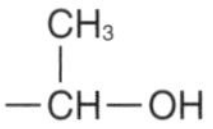 $-CH(CH_3)-OH$	プロリン	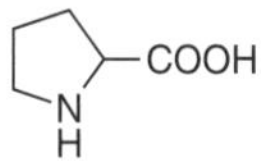 （ピロリジン環：NH）$-COOH$
フェニルアラニン	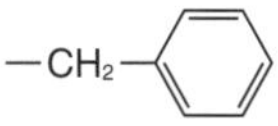 $-CH_2-C_6H_5$（ベンゼン環）		
チロシン	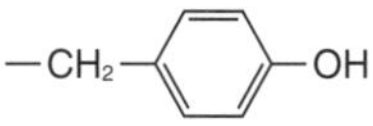 $-CH_2-C_6H_4-OH$（ベンゼン環）		

13.4.3 L-アミノ酸 ―鏡に映った片側だけがタンパク質に使われる

グリシン以外のα-アミノ酸には，鏡像異性体が存在する．そのうち，タンパク質の構成要素となるものは，次の立体配置の**L-アミノ酸**（L-amino acid）だけである[*4]．

*4 体内にはD-アミノ酸も見つかっている．

L-アミノ酸　　D-アミノ酸

13.5 ペプチド ―アミノ酸がつながったもの

たとえばアミノ酸1とアミノ酸2が次のように縮合した化合物を考える．

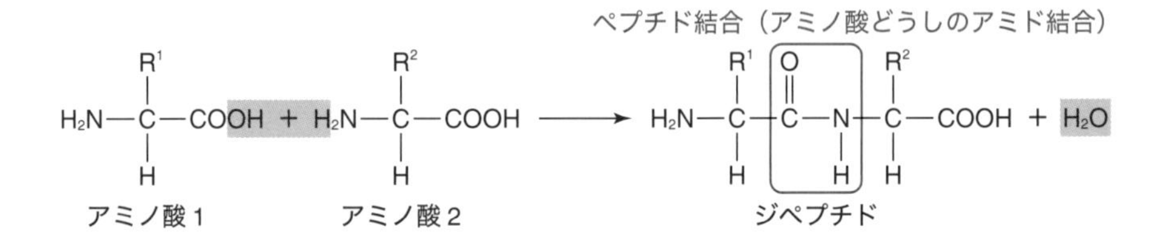

ここでは縮合に伴ってアミド結合が生じている．アミノ酸どうしから生じたアミド結合を，**ペプチド結合**（peptide bond）とよび，ペプチド結合をもつ化合物を，**ペプチド**（peptide）とよぶ．ペプチドのうち，2分子のアミノ酸の縮合で生じたものを**ジペプチド**（dipeptide），3分子のアミノ酸の縮合で生じたものを**トリペプチド**（tripeptide）とよぶ．ジペプチドとトリペプチドも含めて，数分子のアミノ酸の縮合で生じたペプチドを，**オリゴペプチド**（oligopeptide），数十分子以上のアミノ酸の縮合で生じたペプチドを，**ポリペプチド**（polypeptide）とよぶ[*5]．

*5 オリゴペプチドとポリペプチドに明確な境目はない．

例題 13.2

グリシン，アラニン，チロシンを1個ずつ含む鎖状のトリペプチドには何種類の構造異性体が考えられるか．

解 6種類

考え方 グリシン-アラニン-チロシン，グリシン-チロシン-アラニン，アラニン-チロシン-グリシン，アラニン-グリシン-チロシン，チロシン-グリシン-アラニン，チロシン-アラニン-グリシン．

例題 13.3

次のペプチドを完全に加水分解したときに生じるアミノ酸の名称をすべて答えよ．表13.1を見てよい．

$$H_2N-CH(CH_2-C_6H_4-OH)-C(=O)-NH-CH_2-C(=O)-NH-CH_2-C(=O)-NH-CH(CH_2-C_6H_5)-C(=O)-NH-CH(CH_2-CH_2-S-CH_3)-COOH$$

解 チロシン，グリシン，フェニルアラニン，メチオニン．

考え方 加水分解によってペプチド結合が加水分解される．次の場所で切断されて5個のアミノ酸が生じる．グリシンは2つ含まれている．

$$H_2N-CH(CH_2-C_6H_4-OH)-C(=O)\downarrow NH-CH_2-C(=O)\downarrow NH-CH_2-C(=O)\downarrow NH-CH(CH_2-C_6H_5)-C(=O)\downarrow NH-CH(CH_2-CH_2-S-CH_3)-COOH$$

チロシン　グリシン　グリシン　フェニルアラニン　メチオニン

13.6 タンパク質

ポリペプチドが折れ曲がったり，らせんを巻いたり，全体として丸まったりして特異的な立体構造をもち，場合によっては糖質や脂質などと結合して機能を発揮するものが，**タンパク質**（protein）である．タンパク質ならポリペプチドを含んでいるが，ポリペプチドならタンパク質になるというわけではない[*6]．

*6 たとえば仮にアミノ酸を適当に100個とか200個とか縮合させてポリペプチドを合成した場合，これはタンパク質にならない．このポリペプチド鎖は秩序正しい立体構造をもつこともなければ，何かの機能を発揮することもない，何の機能ももたない，ただの長い分子鎖にすぎない．

13.6.1 球状タンパク質と繊維状タンパク質

ポリペプチド鎖が球状に丸まったタンパク質を，**球状タンパク質**（globular protein）とよぶ．球状タンパク質には水に溶ける[*7]ものもあり，生命現象に深く関わるものもある．血液検査の項目の1つにアルブミンがある．アルブミンは水に溶ける球状タンパク質である．一方，私たちの爪や毛髪をつくっているケラチンや，筋肉組織中のミオシンなどは，水に溶けない**繊維状タンパク質**（fibrous protein）である．

*7 タンパク質分子は分子コロイドなので，「分散する」と表現する方が適切かもしれないが，「溶ける」「溶解する」との表現が一般的である．

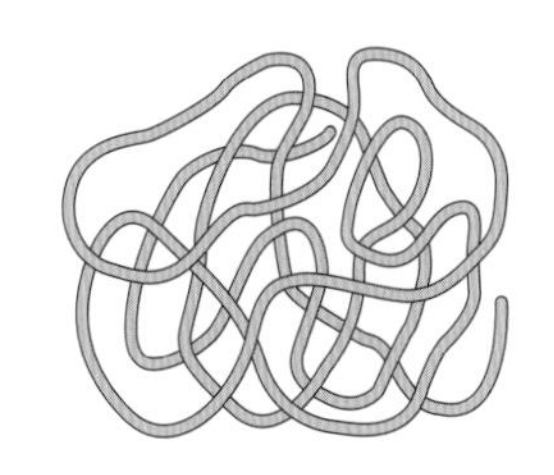

球状タンパク質

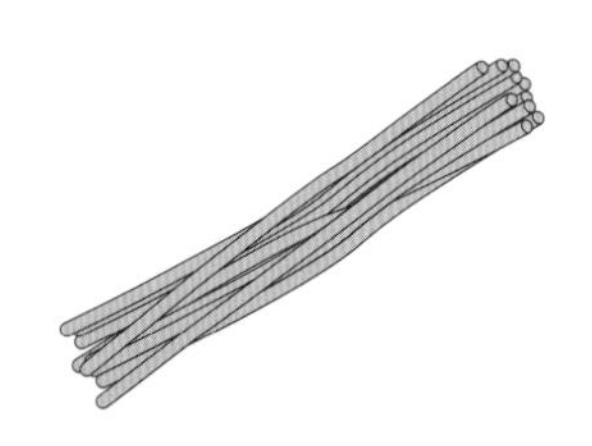

繊維状タンパク質

13.6.2 単純タンパク質と複合タンパク質

糖質，リン酸，色素，脂質，核酸などと結合しているタンパク質を，**複合タンパク質**（conjugated protein）とよぶ．たとえば血液中で酸素運搬を担っているヘモグロビンは，色素と結合した複合タンパク質である．

13.6.3　タンパク質の構造を4段階に分けて考える

タンパク質の化学的な構造を考えるときには，以下に述べる一次構造から四次構造までの，4つの階層で考える．

(a) タンパク質の一次構造 ―アミノ酸はどのように並んでいるのか

タンパク質の構造について考えるときには，まずタンパク質分子内のアミノ酸の配列に注目する．ペプチドやタンパク質のアミノ酸配列を記すときは，いくつかの習慣がある．

N端末 $H_2N-CH(R^1)-C(=O)-NH-CH(R^2)-C(=O)-NH-CH(R^3)-C(=O)\cdots\cdots NH-CH(R^n)-COOH$ C端末

1個目　2個目　3個目　n個目

n個のアミノ酸が縮合している場合を考える．この分子鎖の片側に組み込まれたアミノ酸はアミノ基 $-NH_2$ を，もう片側に組み込まれたアミノ酸はカルボキシ基 $-COOH$ を残している（Rの中に $-NH_2$ や $-COOH$ を含むものがあるが，ここではそれらは考えない）．これを記述するときは，上図のように，左側に $-NH_2$ を，右側に $-COOH$ を配置する．このとき左側をN末端，右側をC末端とよぶ．このときのN末端からC末端に向かってのアミノ酸の配列を，タンパク質の**一次構造**（primary structure）とよぶ．

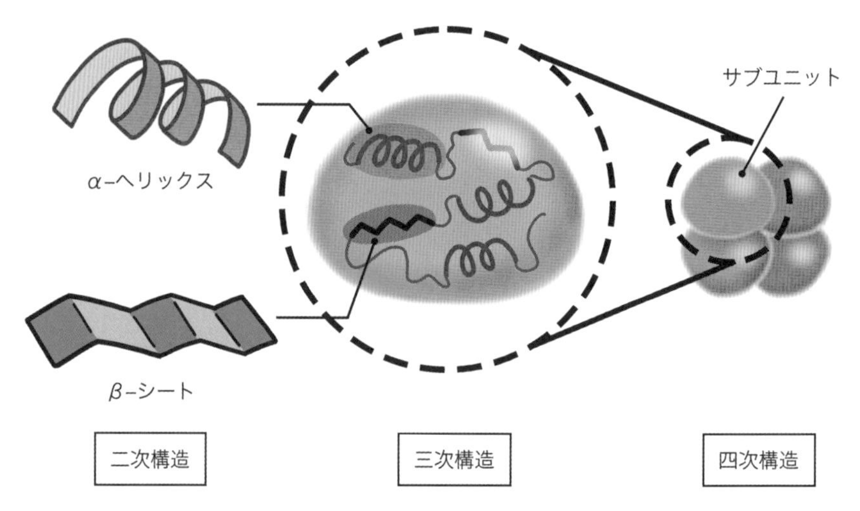

図13.2　**タンパク質の二次構造と三次構造と四次構造**
ポリペプチド鎖がらせんを描いたり（α–ヘリックス）ジグザグに折れ曲がったり（β–シート）してつくられる規則的な立体構造を二次構造とよぶ．ポリペプチド鎖全体が複雑に折りたたまれた構造を三次構造とよぶ．三次構造をとったポリペプチド鎖がいくつか集まってつくられる複合体を四次構造とよぶ．

(b) タンパク質の二次構造 ─どのような構造パターンをもつのか

ポリペプチド鎖は，特徴的な構造を形成することがある．代表的なものに右巻きらせん構造の**α-ヘリックス**（*α*-helix）と，2本の分子鎖が平行に並び，ジグザグに折れ曲がった**β-シート**（*β*-sheet）がある．これらの構造を，タンパク質の**二次構造**（secondary structure）とよぶ（図13.2）．タンパク質の二次構造は，分子内で水素結合がつくられることで安定に保たれる．

(c) タンパク質の三次構造 ─全体でどのような形になっているのか

タンパク質ではポリペプチド鎖が折りたたまれて立体構造をつくる．この構造を，タンパク質の**三次構造**（tertiary structure）とよぶ．分子内の側鎖どうしは，電気的な引力，疎水性のものどうしの集まり，水素結合，イオン結合などによって結び付く（図13.3）．また，システインがもつ－SHどうしがジスルフィド結合（S－S）で共有結合をつくる．こうして安定な立体構造が形づくられる．一方，タンパク質の表面の親水性をもつ側鎖は，水と水素結合してタンパク質分子を水になじませる．

(c) タンパク質の四次構造 ─組み合わさってはたらく

タンパク質のなかには，2個以上のポリペプチド鎖が集まって複合体をつくるものがある．これをタンパク質の**四次構造**（quaternary structure）とよぶ．四次構造を形成するポリペプチド鎖を，サブユニット（subunit）とよぶ．たとえば血液中で酸素の運搬に関係するヘモグロビンは，2種類のサブユニットを2個ずつ含む，合計4個のサブユニットから構成される

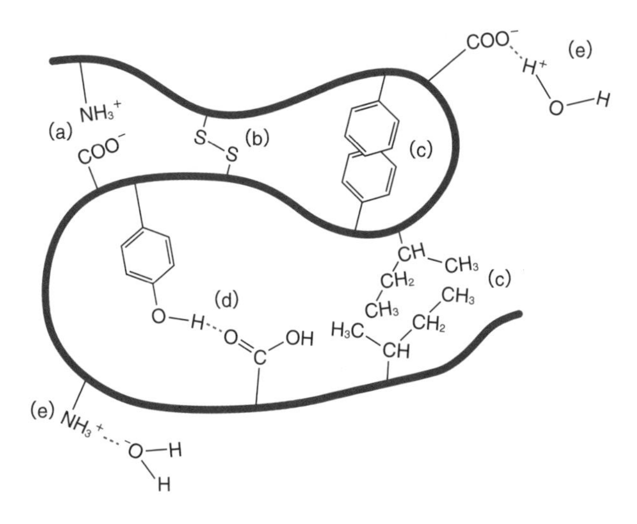

図13.3 **タンパク質の立体構造の安定化**

(a) 正電荷をもつ側鎖と負電荷をもつ側鎖が電気的に引き合う．(b) ジスルフィド結合で結ばれる．(c) 疎水性の側鎖どうしが集まる．(d) 水素結合で結ばれる．(e) タンパク質の表面では電荷をもった側鎖が水と水素結合をつくり，タンパク質分子を水になじませる．

タンパク質である.

13.7 脂質 —油によく溶けるもの

水にはほとんど溶けない天然の有機化合物を**脂質** (lipid) とよぶ. 脂質には, 糖質やタンパク質のように共通した性質があるわけではない. 脂肪, 油, ワックス, 多くのビタミンやホルモン, 細胞膜成分 (タンパク質を除く) などがまとめて脂質と呼ばれている. ここでは細胞膜を構成する化合物の仕組みを取りあげる.

13.7.1 リン脂質 —私たちの細胞を包む部品

12 章で油脂の構造を学んだ. 油脂の一部がリン酸に変わった構造の化合物が, ホスファチジン酸である.

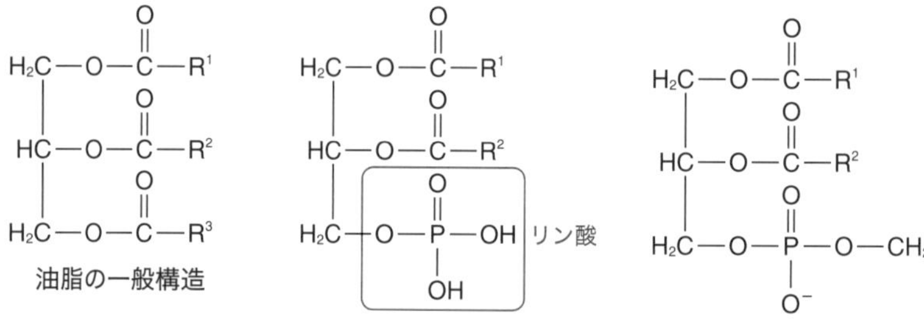

油脂の一般構造

リン酸

ホスファチジン酸

ホスファチジルコリン

このホスファチジン酸が, リン酸のエステルとなったものが, 細胞膜の主要構成材料である. ホスファチジルコリンはその 1 つである[*8]. 構造中にリン酸エステルをもつ脂質を, **リン脂質** (phospholipid) とよぶ.

*8 他にホスファチジルセリンや, ホスファチジルエタノールアミンなども細胞膜を構成する.

これらの構造式中において, R^1 および R^2 は, 炭素数 12 〜 20 程度の炭化水素鎖である. 次のように表すと理解しやすいだろう. イオン性頭部と非極性尾部の組み合わせになっている.

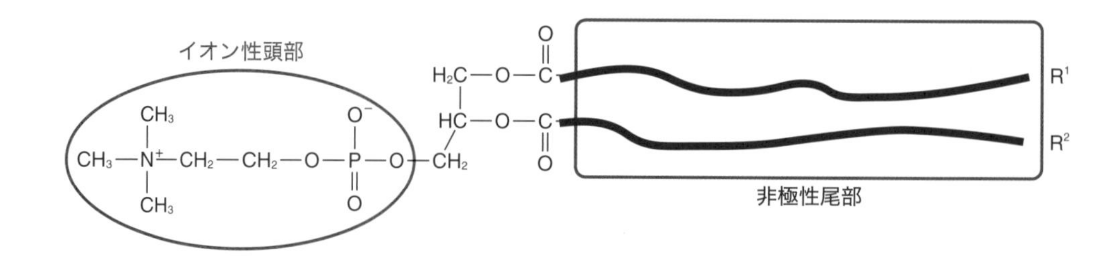

こうした化合物は, 広く動物や植物の組織に見出され, 細胞膜の約 50 % 〜 60 % を占める. 細胞膜のリン脂質は, 厚さ約 5.0 nm の**脂質二重層** (lipid bilayer) をつくる (図 13.4). この二重層に, タンパク質が貫通したり,

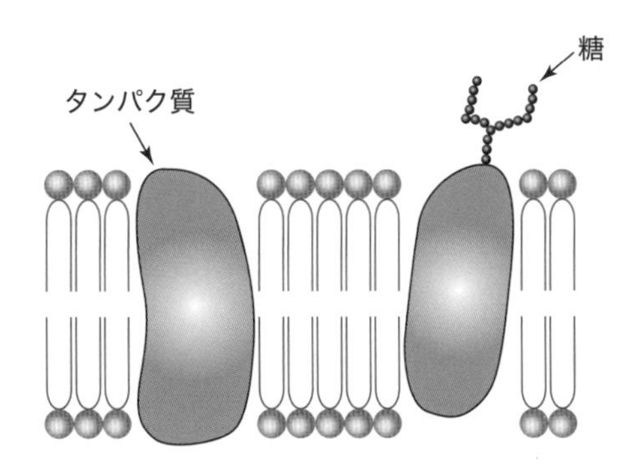

図 13.4 **脂質二重層**
リン脂質が集まって二重層をつくり，ここにタンパク質が貫通したり埋め込まれたりしている．

埋め込まれたりしている．これらタンパク質は，特定の箇所に固定されているのではなく，二重層内を自由に動き回ることができる（流動性をもつ）．

13.8 核酸 ─ 情報分子

生物の遺伝情報を記録・伝達する物質が，核酸であり，**デオキシリボ核酸**（deoxyribonucleic acid；DNA）と**リボ核酸**（ribonucleic acid；RNA）がある．ここでは，両者の構造的な共通点と相違点の理解を目指そう．

13.8.1 核酸を構成する要素

多糖が単糖の縮合した高分子であるのと同じように，また，タンパク質がアミノ酸の縮合した高分子であるのと同じように，核酸は**ヌクレオチド**（nucleotide）が縮合した高分子，すなわち**ポリヌクレオチド**（polynucleotide）である．ヌクレオチドはリン酸，**核酸塩基**（nucleobase），デオキシリボース（DNA の場合）またはリボース（RNA の場合）が組み合わさった化合物である．

(a) 核酸塩基

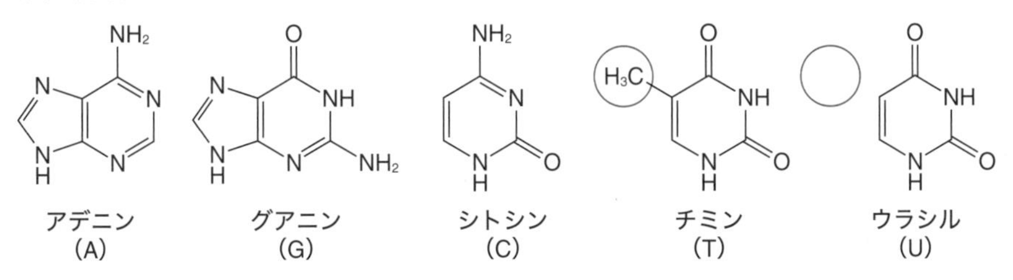

DNA も RNA も核酸塩基を 4 種類含んでいる．そのうちアデニン（A），グアニン（G），シトシン（C）の 3 種類は共通だが，残り 1 つは DNA ではチミン（T），RNA ではウラシル（U）となっている．チミン（T）とウラシル（U）は，メチル基 $-CH_3$ の有無が異なっている[*9]．

*9 DNA や RNA が合成されるときの単量体に含まれている核酸塩基は，A，C，G，T，U だが，DNA や RNA が合成された後に，核酸塩基の構造が変化する場合がある．

(b) デオキシリボースとリボース

DNAにはデオキシリボースが，RNAにはリボースが構成要素として含まれる．両者は酸素原子の数が1個異なる．

デオキシリボース　　リボース

(c) ヌクレオシド

核酸塩基がデオキシリボースあるいはリボースと結合した化合物を，**ヌクレオシド**（nucleoside）とよぶ[*10]．たとえば次のような構造のものがある．

*10 ヌクレオシドの定義は，実際にはもっと広い範囲の物質に及ぶ．

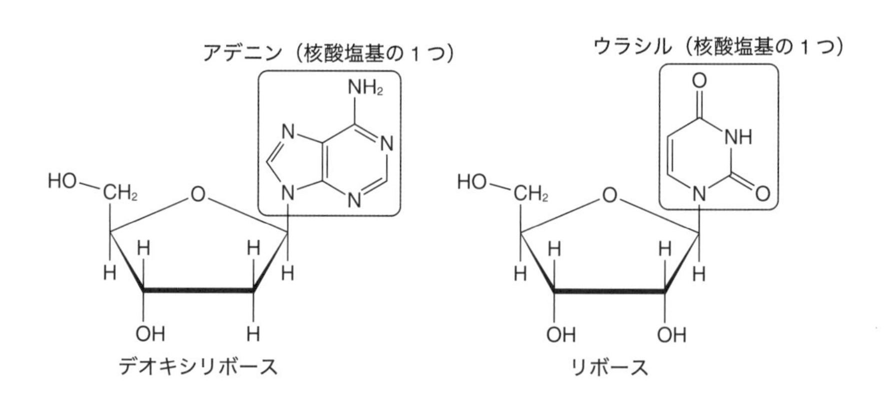

(d) ヌクレオチド

ヌクレオシドにリン酸が結合した化合物を，**ヌクレオチド**（nucleotide）とよぶ．たとえば，上記のヌクレオシドにリン酸が結合した化合物は次のようになる．

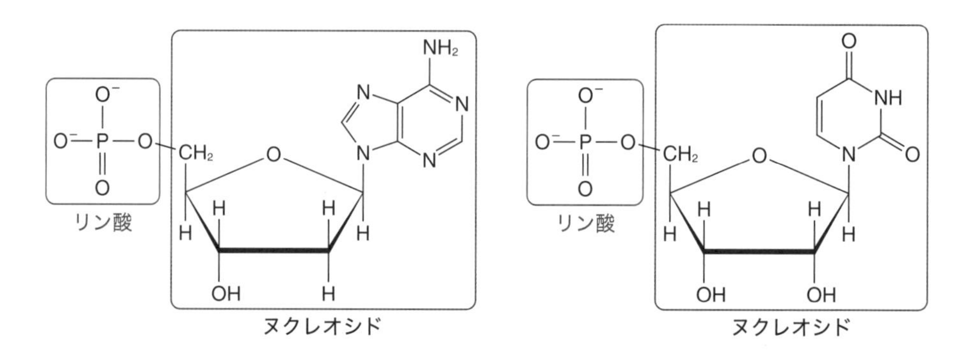

13.8.2 ポリヌクレオチドの塩基配列

DNA 中のヌクレオチドが 3 個並んだ箇所を例として考える．

5′ 末端

アデニン（A）

グアニン（G）

シトシン（C）

3′ 末端

タンパク質のアミノ酸配列についてN末端からC末端に向けて考えることが慣例になっているのと同様に，DNA や RNA においては，**5′ 末端**（5′ end）から **3′ 末端**（3′ end）に向けて考える[*11]．ここではアデニン（A）→ グアニン（G）→ シトシン（C）の順に並んでいる．この順を記すときには 5′-AGC-3′ とする．核酸分子内の単量体の配列を，**塩基配列**（base sequence）とよぶ．

*11 リボースやデオキシリボースを構成する炭素原子の位置を説明するときに，次のように 1′ ～ 5′ の番号を付ける．5′ 末端と 3′ 末端は，この番号に由来する．

13.8.3 DNA の二重らせん構造

生体中の DNA 分子は，2 本のポリヌクレオチド鎖が互いに逆方向にコイル状に巻き，右巻きのらせん階段の手すりのような**二重らせん**（double helix）になっている（図 13.5）．

2 本のポリヌクレオチド鎖は，特定の塩基どうし，すなわちAとTおよ

T : A

C : G

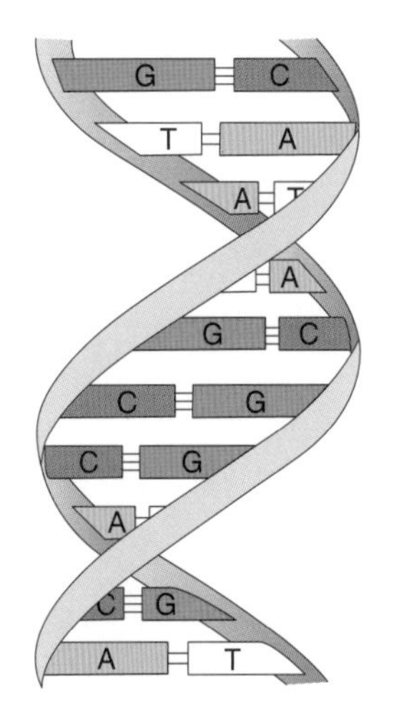

図 13.5 二重らせん構造

びCとGの間の水素結合を介して対をつくっている．これらの対を，**塩基対** (base pair) とよぶ．

二重らせん構造をとっているDNA鎖においては，1本のポリヌクレオチド鎖の塩基配列が定まれば，もう1本のポリヌクレオチド鎖の塩基配列も定まる．たとえば5′-ATGTTACATGAC-3′となっているポリヌクレオチド鎖に対しては，3′-TACAATGTACTG-5′となっているポリヌクレオチド鎖が組み合わさっている．これを逆から書くと，5′-GTCATGTAACAT-3′となる．

5′-ATGTTACATGAC-3′
3′-TACAATGTACTG-5′ = 5′-GTCATGTAACAT-3′

例題 13.4

5′-CATGGTCGATTG-3′の配列をもつDNA鎖と二重らせん構造を組むDNA鎖の配列を5′側から記せ．

解 5′-CAATCGACCATG-3′

考え方 AとT，GとCが組み合わさる．

5′-CATGGTCGATTG-3′
3′-GTACCAGCTAAC-5′ = 5′-CAATCGACCATG-3′

13.8.4 DNAやRNAの分子サイズ

DNA分子の長さは生物によってさまざまである．ヒトの場合，もっとも大きな染色体（1番染色体）では，約2.8億個のヌクレオチドがつながっているが，大腸菌では全ヌクレオチドの数が470万個である．DNAと比べるとRNAは短い．とくに短いものでは，20個程度のヌクレオチドがつながったものが発見されている．

例題 13.5

次の生体分子のうち，加水分解によって生じる生成物が1種類だけのものはどれか．

(a) DNA (b) ケラチン (c) デンプン (d) スクロース

解 (c)

考え方 DNAを加水分解すると4種類のヌクレオチドになる．ケラチンはタンパク質なので加水分解するとさまざまなアミノ酸の混合物が生じる．デンプンはグルコースの重合体なので加水分解するとグルコースだけが生じる．スクロースは加水分解するとグルコースとフルクトースになる．

コラム 1　インフルエンザ治療薬の化学

インフルエンザウイルスは，糖，タンパク質，RNAの複合体であり，直径80 nm～120 nmの球状をしている．一方，私たちの細胞膜には糖タンパク質（糖質とタンパク質が共有結合した分子）が埋め込まれており，その中にはシアル酸とよばれる糖の一種をもつものもある．インフルエンザウイルスはこのシアル酸に結合し，それから細胞内に侵入する．細胞内で増殖したウイルスは，再び細胞膜の表面に出てくる．そして，シアル酸と糖タンパク質との共有結合を切断し，細胞から離れて別の細胞に移り感染を広げていく．この切断反応は，ウイルスのもつノイラミニダーゼという酵素が触媒する．したがって，ノイラミニダーゼのはたらきを邪魔する化合物があれば，インフルエンザウイルスの感染を抑え込むことができるだろう．

インフルエンザウイルスに対して効果を示すタミフルやリレンザは，インフルエンザウイルス本来の標的であるシアル酸と似た構造をもっている．ニセモノをつかませてウイルスの活動を邪魔する作戦である．細胞内で増殖したウイルスは細胞から離れることができなくなるので，感染拡大を防ぐことができる．

糖タンパク質内のシアル酸部位　　タミフル　　リレンザ

コラム 2　遺伝情報記録媒体としての核酸

動物も植物も，すべての生物は遺伝情報をコードする核酸として2本鎖DNAを用いている．しかし，ウイルスにはDNAを用いているものもあれば，RNAを用いているものもある．さらに，DNAの場合もRNAの場合も，1本鎖のものを用いているものもあれば，2本鎖のものを用いているものもある．代表的な例を表13.2に示す．

表13.2　ウイルスが遺伝情報をコードする分子として利用している核酸

	DNA	RNA
1本鎖	りんご病	HIV，インフルエンザ，狂犬病，風疹，新型コロナ（COVID-19）
2本鎖	天然痘，水痘	ロタウイルス（乳幼児の下痢症）

遠くの星から知能をもつ生命体が地球の探査にやってきて調査を行ったら，「この星で活動する生命システムは，情報記録方法の違いにもとづいて4種類に分類できる」と報告するかもしれない．私たちは人間なので，人間を中心に地球環境や生命を考えがちである．「地球にいるのは，動物と，植物と，あと小さな何か」というような理解をしている人もいる．しかし，視点を変えて，たとえば有機化合物の視点で整理してみると，この世界は全く違う姿に見えるかもしれない．

14章 人間が開発した高分子

この章の目標

1. 繊維，樹脂，ゴムの違いを，分子の構造にもとづいて説明できる．
2. 付加重合と縮合重合の違いを説明できる．
3. 合成高分子の名称と性質と用途について，例を挙げて説明できる．

14.1 合成高分子　プラスチックとその仲間

前章では私たちの身体をかたちづくっているさまざまな天然高分子について理解を深めた．本章では，天然には存在しない優れた材料を求めて人間が開発してきた，**合成高分子**（synthetic polymer）について学ぶ．合成高分子も天然高分子も，物理的性質によって分類すると，**樹脂**（resin），**繊維**（fiber），**ゴム**（rubber）になる．こうした性質の違いはどこから来るものなのだろうか．

14.1.1 合成樹脂 ―プラスチック

読者もペットボトル飲料を買ったことがあるだろう．ペットボトルの本体はポリエチレンテレフタラート（PET），キャップはポリエチレン（PE）またはポリプロピレン（PP）という高分子でつくられている．ペットボトルのような，成形加工された製品をつくるときに用いられる人工材料が，**プラスチック**（plastics）である．

プラスチックは**合成樹脂**（synthetic resin）ともよぶ．かつては天然ゴム，松ヤニ，ウルシ，琥珀（こはく）のように植物から採れる固体や半固体の物質を，**樹脂**（resin）とよんでいた．これと似た性質をもつ高分子が合成されるようになってからは，旧来の樹脂を天然樹脂，人工的に合成されたものを合成樹脂とよぶようになった．合成樹脂には成形加工できる性質 plasticity があることから，プラスチックとよばれるようになった．

14.1.2 プラスチックの分子はどうなっているのか

ペットボトルをつくる合成高分子は，どのような状態になっているのだろうか．室温のペットボトルの樹脂の中では，分子鎖が規則正しく並んで集まった**微結晶** (crystallite) と，無秩序な**非晶質** (amorphous) とが入り交じっている (図 14.1)．微結晶の大きさはさまざまである．ここに熱を与えていくと，小さな微結晶から順にほどけていく．そして徐々に全体が柔らかくなっていく．そのため，合成樹脂は一定の融点を示さない．

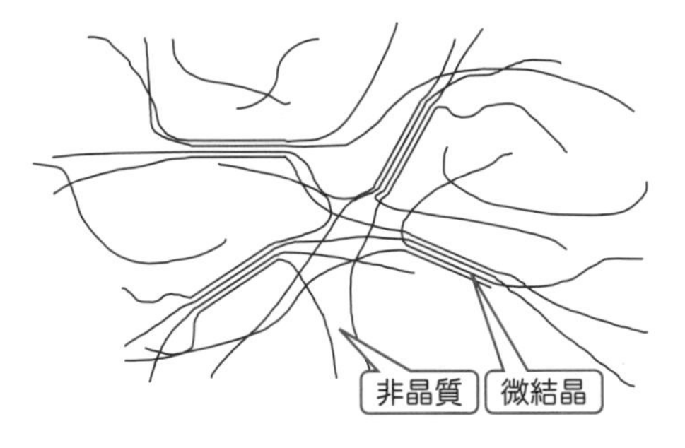

図 14.1 微結晶と非晶質

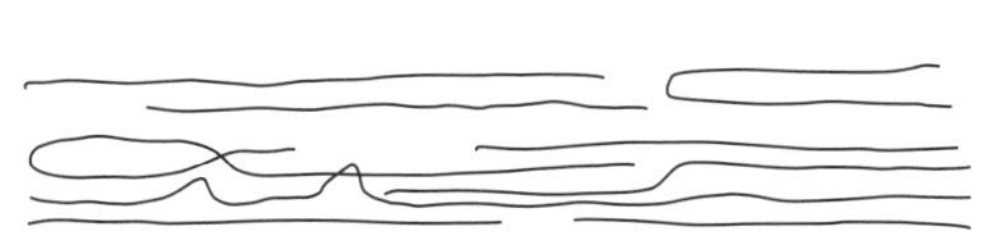

図 14.2 合成繊維の構造

14.1.3 合成繊維 —化学繊維

合成高分子に熱をかけて融かし，細い孔から一定方向に引き延ばすことによって製造される材料が，**合成繊維** (synthetic fiber) である．引き延ばすときに分子鎖が束ねられ，強度をもつ材料になる (図 14.2)．合成樹脂と比べると，合成繊維内では，微結晶の割合が高くなっている．ナイロン，ポリエステル，アクリル繊維[*1]を，三大化学繊維[*2]とよぶ．

*1 単に「アクリル」だとアクリル樹脂との区別ができない．アクリル繊維はポリアクリロニトリルであるが，アクリル樹脂は，ポリメタクリル酸メチルの樹脂を指す．

*2 これに対して麻類，綿，絹，羊毛を四大天然繊維とよぶ．

14.1.4 合成ゴム

タイヤ，ボール，輪ゴムなどに使われているゴムは，どのような仕組みになっているのだろうか．ゴムの分子鎖には多数の折れ曲がりがあるので，分子全体としては丸まった形をしている．これを手で引っ張ると，丸まった部分が伸びるので，ゴムは伸ばすことができる．しかし伸びた状態の分子は不安定なので，手を離すと元の形に戻る (図 14.3)．合成樹脂と比べると，ゴム内では，非晶質の割合が高くなっている．

ゴムの木の樹液を処理してつくられるゴムが，**天然ゴム** (natural rubber) である．これに対し，同じように伸び縮みする性質をもった**合成ゴム** (synthetic rubber) が開発されている．

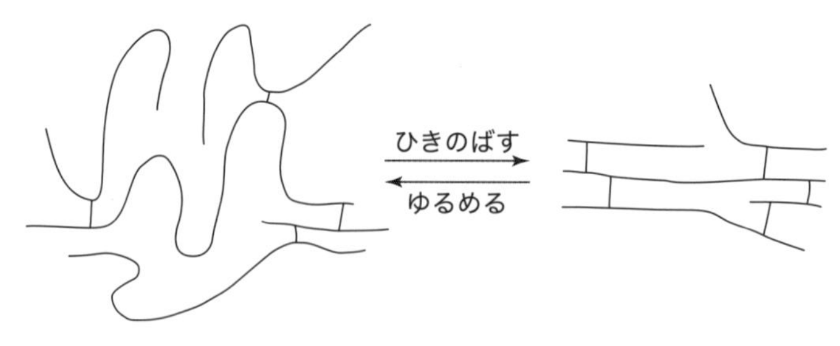

図 14.3 **ゴムの構造**

14.2 合成高分子の大きさを考える

13章で学んだ多糖と同じように，合成高分子も繰り返し構造をもつ．合成高分子の構造を記すときは，繰り返し構造がわかればよいので，たとえば次のように記す．末端部分については，無視する[*3]．

$$\cdots -CH_2-\underset{|}{\overset{CH_3}{CH}}-CH_2-\overset{CH_3}{CH}-CH_2-\overset{CH_3}{CH}-CH_2-\overset{CH_3}{CH}-CH_2-\overset{CH_3}{CH}-\cdots = \left(CH_2-\overset{CH_3}{CH}\right)_n$$

これがわかればよい（$-CH_2-CH(CH_3)-$ の部分）

*3 非常に長い分子鎖の末端がどのような構造になっていても，高分子の性質にはほとんど影響がない．分子量を求めるときも無視して問題がない（誤差範囲）．

ここで n は同じ構造の繰り返し回数を表す**重合度**（degree of polymerization）である．重合の条件を変えると，重合度が変わる．また，重合が終わった後の生成物は，さまざまな重合度の分子の混合物になっている．そのため，合成高分子の分子量を考えるときは，**平均分子量**（average molecular weight）を考える（図 14.4）．平均分子量を求める方法の1つが，7章で学んだ浸透圧測定（7.2.5項）である．

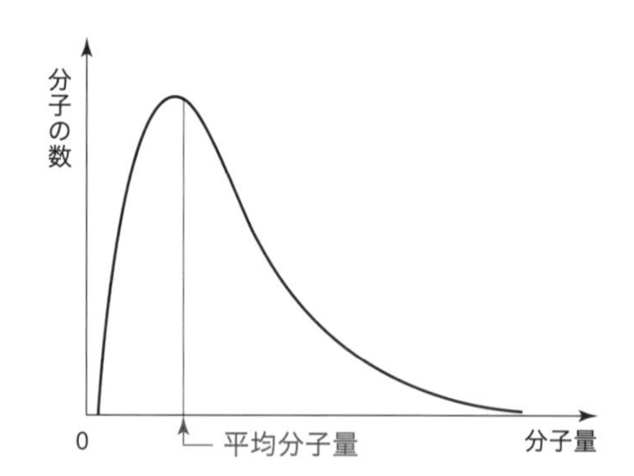

図 14.4 **高分子の分子量**
さまざまな重合度の分子が混ざっているので，分子量は平均値を考える．

例題 14.1

ある水溶性の合成高分子 0.30 g を水に溶かして体積を 100 mL とし，温度 27 ℃（300 K）においてその浸透圧を測定したところ，750 Pa であった．この合成高分子の分子量はいくらか．有効数字2桁で答えよ．気体定数は 8.3×10^3 Pa L mol^{-1} K^{-1} とせよ．

解　1.0×10^4

考え方

ファントホッフの法則から $\Pi V = nRT = \dfrac{w}{M}RT$

$$M = \frac{wRT}{\Pi V} = \frac{(0.30\ \mathrm{g}) \times (8.3 \times 10^3\ \mathrm{Pa\ L\ mol^{-1}\ K^{-1}}) \times (300\ \mathrm{K})}{(750\ \mathrm{Pa}) \times (100 \times 10^{-3}\ \mathrm{L})}$$

$$= 9960\ \mathrm{g\ mol^{-1}} = 1.0 \times 10^4\ \mathrm{g\ mol^{-1}}$$

モル質量の数値部分が分子量なので，答えは 1.0×10^4 となる．

14.3　さまざまな合成高分子と，それらの合成方法

さまざまな合成高分子がある．代表的なものについて合成方法，特徴，用途を紹介しよう．高分子の合成方法にはさまざまなものがあるが，主に**付加重合**（addition polymerization）と，**縮合重合**（condensation polymerization）が用いられる（図 14.5）．

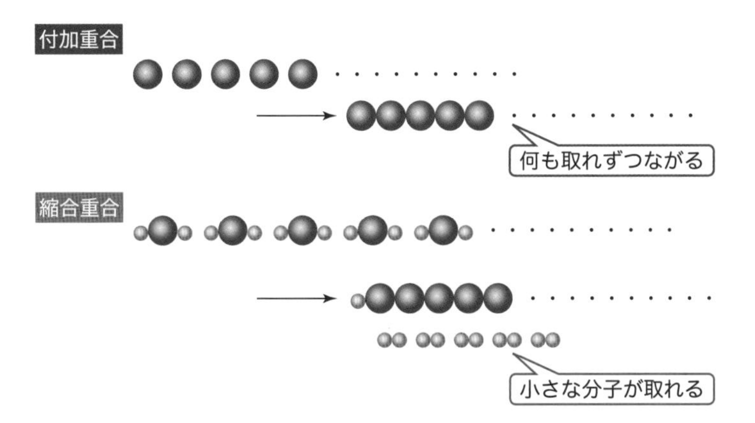

図 14.5　付加重合と縮合重合

14.4　付加重合で合成される高分子

14.4.1　付加重合 ―付加反応の繰り返し

スーパーマーケットやコンビニエンスストアのレジ袋に使われているポリエチレンについて考えよう．ポリエチレンは，エチレン $H_2C{=}CH_2$ が次々と付加反応を繰り返しながらつながった高分子である．単量体が付加反応を繰り返しながら結び付いていく重合を，付加重合とよぶ．

$$n\ H_2C{=}CH_2 \xrightarrow{\text{付加重合}} \left[CH_2{-}CH_2 \right]_n$$

エチレン　　　　ポリエチレン

14.4.2 付加重合でつくられるさまざまな高分子

次の一般式 $H_2C{=}CHR$ で表されるさまざまな単量体が，付加重合による高分子の合成に用いられている*4．代表的なものを以下に挙げる．

*4 $H_2C{=}CH-$ を，ビニル基とよぶ．そのため，$H_2C{=}CHR$ の付加重合で製造される高分子を，ビニル系ポリマーとよぶことがある．レジ袋をビニル袋とよぶことがあるが，その語源はこれである．

$$n\ \mathrm{H_2C{=}CHR} \xrightarrow{\text{付加重合}} \left[\mathrm{CH_2{-}CHR}\right]_n$$

—R	単量体の名称	高分子の名称	用途の例
—H	エチレン	ポリエチレン	レジ袋，透明収納ケース，灯油タンク
$-CH_3$	プロピレン	ポリプロピレン	ゴミバケツ（いわゆるポリバケツ），ペットボトルのフタ
—Cl	塩化ビニル	ポリ塩化ビニル	上下水管（灰色のものが多い），人形（柔らかいもの）
—CN	アクリロニトリル	ポリアクリロニトリル	衣類（アクリル繊維）
$-C_6H_5$	スチレン	ポリスチレン	カップラーメン容器，発泡スチロールの箱

こうした高分子は，医療においても活躍している．使い捨て手袋には，ポリエチレンが使われている．使い捨て注射器の本体にはポリプロピレンが使われている．輸液バッグにはポリエチレン，ポリプロピレン，ポリ塩化ビニル製のものが用いられている．ポリエチレンには医療用のものがあり，人工関節の一部として体内に組み込まれるものもある．血液透析のダイアライザーには，ポリアクリロニトリル製のものがある．微生物を取り扱う使い捨て透明シャーレには，ポリスチレン製の樹脂が使われている．

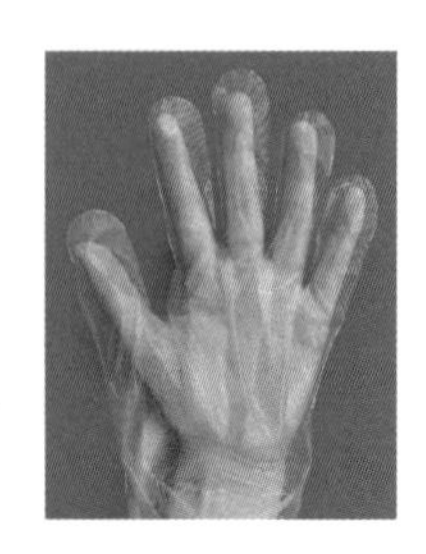
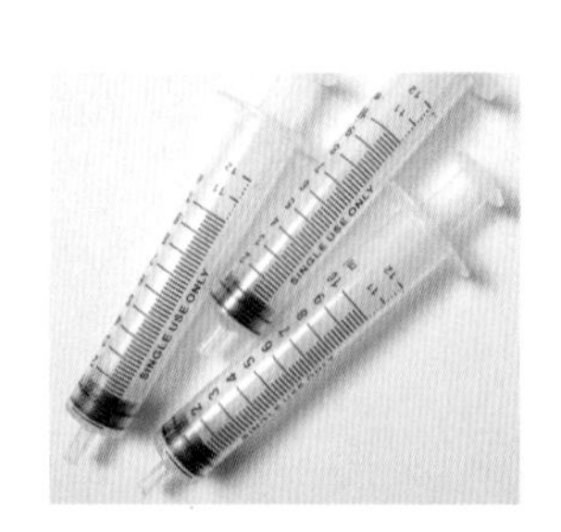
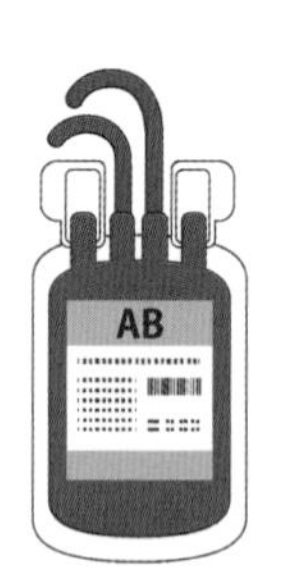

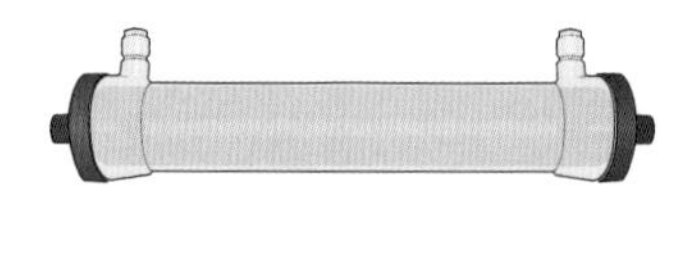

● 付加重合で合成される高分子
左から手袋，注射器，輸液バッグ，ダイアライザー（右上），シャーレ（右下）

次のような高分子も，付加重合で合成されている．

ポリメタクリル酸メチルは頑丈な透明樹脂として，自動車のライトのカバーや水族館の水槽などに使われている．医療分野では，人工歯やハードコンタクトレンズの素材として用いられている．

フッ素樹脂コーティングされた調理器具が普及しているが，この樹脂は多くの場合，ポリテトラフルオロエチレンである．水も油も弾くので焦げ

$$n\ \mathrm{H_2C{=}C(CH_3){-}C({=}O){-}O{-}CH_3} \longrightarrow \mathrm{{-}\!\!\left[CH_2{-}C(CH_3)(COOCH_3)\right]_n\!\!{-}}$$

メタクリル酸メチル　　ポリメタクリル酸メチル

$$n\ \mathrm{F_2C{=}CF_2} \longrightarrow \mathrm{{-}\!\!\left[CF_2{-}CF_2\right]_n\!\!{-}}$$

テトラフルオロエチレン　　ポリテトラフルオロエチレン

付きが残らず，炒めものをするときに必要な油の量も少なくて済む．衛生的な素材が求められる医療では，汚れが付着しにくい性質を利用して，人工血管やカテーテル，骨接合用のネジなどに用いられている．

Let's Try! 14.1　次の化合物の付加重合によって生じる高分子の構造式を記せ（解答は p. 188）．

(a) $\mathrm{H_2C{=}CHCl}$　　(b) $\mathrm{H_2C{=}CH{-}O{-}C({=}O){-}CH_3}$

14.4.3　単量体を混ぜてつないで新しい機能を生み出す ― 共重合

2 種類以上の単量体を混ぜて行う重合を，**共重合**（copolymerization）とよび，共重合によって生じる高分子を，**共重合体**（copolymer）とよぶ[*5]．たとえば塩化ビニルとアクリロニトリルを共重合させた後に繊維としたものは，難燃性繊維としてカーテン，カーペット，作業服，キャンプ用品などに使われている．

*5 共重合は主に付加重合において行われるが，後述の縮合重合や開環重合でも用いられる．共重合は付加重合の一種ではない．

$$m\ \mathrm{H_2C{=}CHCl} + n\ \mathrm{H_2C{=}CH{-}C{\equiv}N} \longrightarrow \cdots\mathrm{CH_2{-}CH(Cl){-}CH_2{-}CH(C{\equiv}N){-}CH_2{-}CH(Cl)}\cdots\mathrm{CH_2{-}CH(Cl){-}CH_2{-}CH(C{\equiv}N)}\cdots$$

塩化ビニル　　アクリロニトリル

※－Cl と－C≡N は不規則に組み込まれている．その比は $m : n$ になっている．

塩化ビニルと塩化ビニリデンを共重合させて得られる高分子をサランとよび，サランをフィルム化したものは，食品用ラップとして用いられる．

$$m\ \mathrm{H_2C{=}CHCl} + n\ \mathrm{H_2C{=}CCl_2} \longrightarrow \cdots\mathrm{CH_2{-}CH(Cl){-}CH_2{-}CCl_2{-}CH_2{-}CH(Cl)}\cdots\mathrm{CH_2{-}CH(Cl){-}CH_2{-}CCl_2}\cdots$$

塩化ビニル　　塩化ビニリデン

サラン製食品用ラップの，ガラス容器と密着する性質や，フィルムどうしでも密着する性質は，異なる単量体が1本の分子の中に共有結合で組み込まれることによって現れるものである．ポリ塩化ビニルとポリ塩化ビニリデンをそれぞれ合成しておいてから混合しても，こうした性質は現れない．

14.4.4 ゴ ム

(a) 天然ゴム

天然ゴムは，イソプレンが重合した構造の，ポリイソプレンである[*6]．

$n\ CH_2=C(CH_3)-CH=CH_2 \xrightarrow{付加重合} \left[-CH_2-C(CH_3)=CH-CH_2- \right]_n$（シス形）

イソプレン　　天然ゴムのポリイソプレン

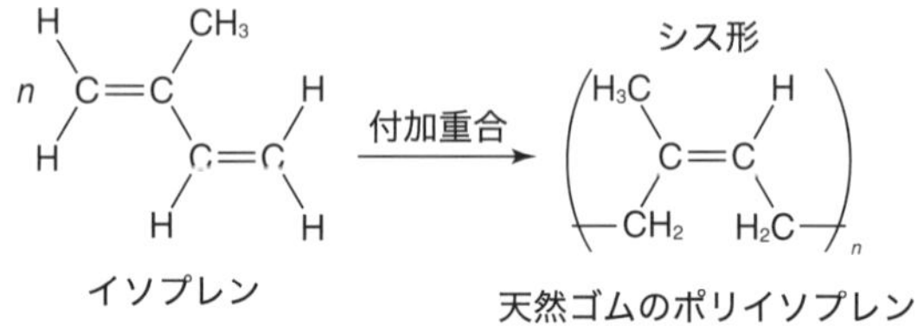

この重合のときに，二重結合の位置が動く．天然ゴムのポリイソプレンは，C=C 結合の部分がすべてシス形である．

[*6] 天然ゴムを加熱処理すると，イソプレンに分解することができる．また，イソプレンは石油化学工業でも製造されている．イソプレンを付加重合するとポリイソプレンになる．これを合成天然ゴムとよぶことがある．ややこしい．

(b) 合成ゴム

天然ゴムと似た分子構造をもつ合成ゴムも開発されている．たとえばイソプレンの $-CH_3$ が $-H$ になったブタジエンや，$-Cl$ になったクロロプレンを付加重合すると，それぞれブタジエンゴムやクロロプレンゴムが得られる．

$n\ H_2C=CH-CH=CH_2 \xrightarrow{付加重合} \left[CH_2-CH=CH-CH_2 \right]_n$

ブタジエン　　ブタジエンゴム

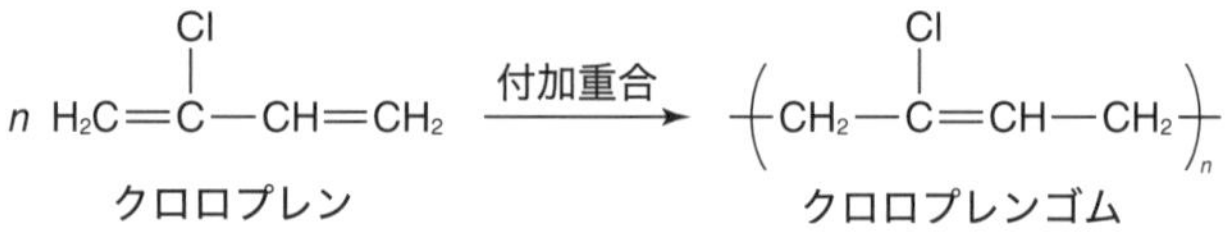

$n\ H_2C=C(Cl)-CH=CH_2 \xrightarrow{付加重合} \left[CH_2-C(Cl)=CH-CH_2 \right]_n$

クロロプレン　　クロロプレンゴム

Let's Try! 14.1 解

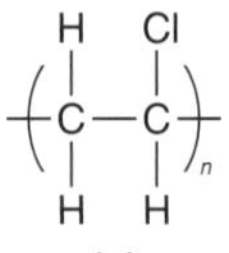

(a) $\left[-CH_2-CHCl- \right]_n$

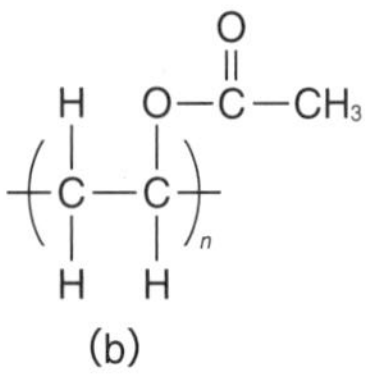

(b) $\left[-CH_2-CH(O-CO-CH_3)- \right]_n$

考え方

C=C の二重結合が開いて単結合ができる．C=O は付加重合に関係しない．

14.5 縮合重合

縮合を繰り返しながら重合が進んでいく反応が，縮合重合である．

14.5.1 ポリエチレンテレフタラート

ポリエチレンテレフタラート（PET）は，次の2種類の化合物が交互に縮合してエステル結合でつながった構造をもつ高分子である．エステル結合の繰り返しでつながった高分子を，ポリエステルとよぶ．

$$n\ \mathrm{HO{-}CH_2CH_2{-}OH} + n\ \mathrm{HO{-}\overset{O}{\overset{\|}{C}}{-}C_6H_4{-}\overset{O}{\overset{\|}{C}}{-}OH}$$

エチレングリコール　　テレフタル酸

$$\longrightarrow \left(\mathrm{O{-}CH_2CH_2{-}O{-}\overset{O}{\overset{\|}{C}}{-}C_6H_4{-}\overset{O}{\overset{\|}{C}}} \right)_n + 2n\ \mathrm{H_2O}$$

ポリエチレンテレフタラート（PET）

PET は，樹脂として飲料ボトルや卵のパックに，繊維として衣類に用いられている．使い捨てマスクの不織布にも，PET が使われている．医療では，PET 製の人工血管や縫合糸が使われている．PET には親水性の官能基がないので，吸湿性がなく，洗濯しても乾きやすい．医療スタッフの白衣や作業着も，PET 製が主流である．天然繊維も合成繊維も合わせた中で，毎年もっとも多く生産されている繊維が，PET 製のポリエステル繊維である．

14.5.2 ナイロン 66

ナイロン 66 は，人類が初めて開発した合成繊維の材料である．次の 2 種類の化合物が交互に縮合してアミド結合でつながった構造をもつ高分子である．アミド結合の繰り返しでつながった高分子を，ポリアミドとよぶ．

$$n\ \mathrm{H_2N{-}CH_2CH_2CH_2CH_2CH_2CH_2{-}NH_2} + \mathrm{HO{-}\overset{O}{\overset{\|}{C}}{-}CH_2CH_2CH_2CH_2{-}\overset{O}{\overset{\|}{C}}{-}OH}$$

$$\longrightarrow \left(\mathrm{\overset{H}{N}{-}CH_2CH_2CH_2CH_2CH_2CH_2{-}\overset{H}{N}{-}\overset{O}{\overset{\|}{C}}{-}CH_2CH_2CH_2CH_2{-}\overset{O}{\overset{\|}{C}}} \right)_n + 2n\ \mathrm{H_2O}$$

ナイロン 66

ナイロン 66 は繊維としてストッキングやスポーツウェアに用いられる．また，樹脂として自動車部品や電子部品に用いられる．頑丈な素材なので，担架のシートにもナイロン 66 が選ばれている．

例題 14.2

質量 100 g のポリエチレンおよび PET に含まれる繰り返し構造の数を有効数字 2 桁で答えよ．エチレンのモル質量は 28 g $\mathrm{mol^{-1}}$，エチレングリコールのモル質量は 62 g $\mathrm{mol^{-1}}$，テレフタル酸のモル質量は 166 g $\mathrm{mol^{-1}}$，水のモル質量は 18 g $\mathrm{mol^{-1}}$，アボガドロ定数は $6.0 \times 10^{23}\ \mathrm{mol^{-1}}$ とせよ．

解 ポリエチレン 2.1×10^{24} 個，PET 3.1×10^{23} 個.

考え方 ポリエチレンはエチレンの付加重合で合成されるので，繰り返し構造1個あたりのモル質量は，エチレンのモル質量と同じ $28\ \mathrm{g\ mol^{-1}}$ になる．高分子は十分に長い分子鎖をもつので，末端については無視して考える．物質量＝質量/モル質量＝ $(100\ \mathrm{g})/(28\ \mathrm{g\ mol^{-1}}) = 3.571 \cdots\ \mathrm{mol}$．これの数は，物質量 ×アボガドロ定数 $= (3.571 \cdots\ \mathrm{mol}) \times (6.0 \times 10^{23}\ \mathrm{mol^{-1}}) = 21.42 \cdots \times 10^{23} = 2.1 \times 10^{24}$.

PETは繰り返し構造1個ができるときに水分子が2個外れているので，繰り返し構造1個あたりのモル質量は，エチレングリコールのモル質量＋テレフタル酸のモル質量－2×水のモル質量となる．これを求めると，$62\ \mathrm{g\ mol^{-1}} + 166\ \mathrm{g\ mol^{-1}} - 2 \times 18\ \mathrm{g\ mol^{-1}} = 192\ \mathrm{g\ mol^{-1}}$．高分子は十分に長い分子鎖をもつので，末端については無視して考える．物質量＝質量/モル質量＝ $(100\ \mathrm{g})/(192\ \mathrm{g\ mol^{-1}}) = 0.5208 \cdots\ \mathrm{mol}$．これの数は，物質量×アボガドロ定数 $= (0.5208 \cdots\ \mathrm{mol}) \times (6.0 \times 10^{23}\ \mathrm{mol^{-1}}) = 3.124 \cdots \times 10^{23} = 3.1 \times 10^{23}$.

14.6 その他の重合

14.6.1 ナイロン6

ナイロンと付く名称の合成高分子がいくつかある．ナイロン6も，その1つである[*7]．ナイロン6は，次のように環状の化合物が，次々と環を開きながらつながっていくことによって重合する[*8].

*7 ナイロン6は日本で開発された.

*8 この仕組みを，開環重合(ring-opening polymerization)とよぶ.

$$n\ \text{カプロラクタム} \longrightarrow \left[\mathrm{NH{-}CH_2CH_2CH_2CH_2CH_2{-}C(=O)}\right]_n$$

カプロラクタム　　ナイロン6

ナイロン6とナイロン66はほとんど同じ用途に用いられる．ただし，繊維にしたときの肌触りが，ナイロン6は木綿に，ナイロン66はシルクに似ていると感じる人が多い．その理由はわかっていない.

14.6.2 ポリウレタン

スポーツウェア，タイツ，台所用スポンジなどに用いられている弾力性のある素材が，ポリウレタンである．ポリウレタンは，次のように2種類の化合物が交互に付加することによって重合する．ウレタン結合の繰り返しでつながった高分子を，ポリウレタンとよぶ.

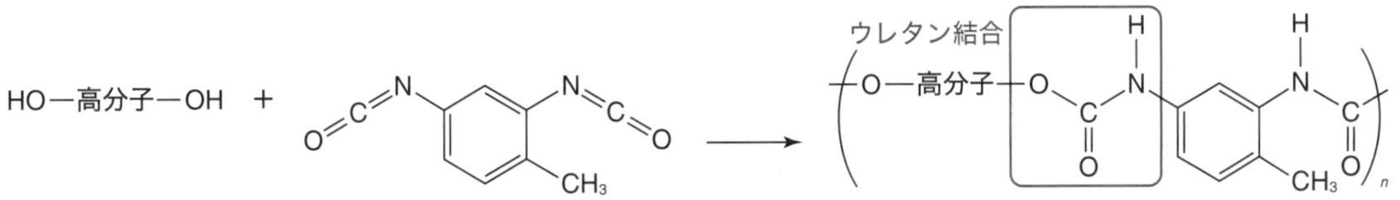

HO—高分子—OH ＋ (トルエンジイソシアネート) ⟶ ポリウレタン

構造式中の「高分子」とあるところには，さまざまな長さや構造のものが選ばれる．ポリウレタンは医療分野では，人工心臓の部品や，カテーテルなどに用いられている．

14.6.3 フェノール樹脂

フェノールとホルムアルデヒドを反応させると，次の反応が次々と進んでいく[*9]．しばらくすると，柔らかいかたまりになって反応が止まるので，ここで熱を加えると，全体が共有結合でつながった大きなかたまりができる．このかたまりは，世界初の合成樹脂である，フェノール樹脂である．

*9 この反応は，付加と縮合が組み合わさった付加縮合（addition condensation）とよぶ．

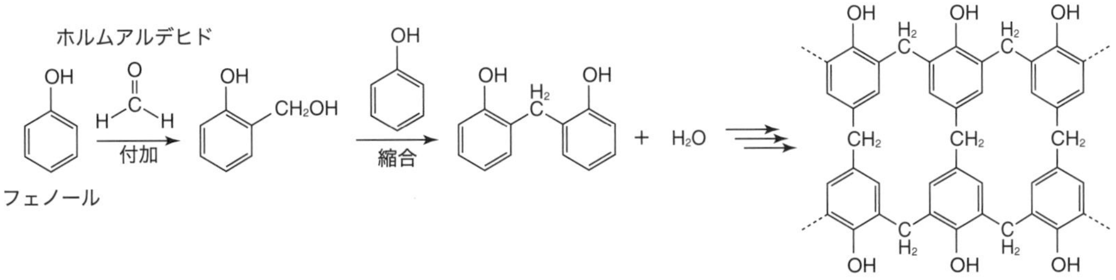

フェノール樹脂の合成と同じような仕組みで，尿素樹脂やメラミン樹脂が合成されている．

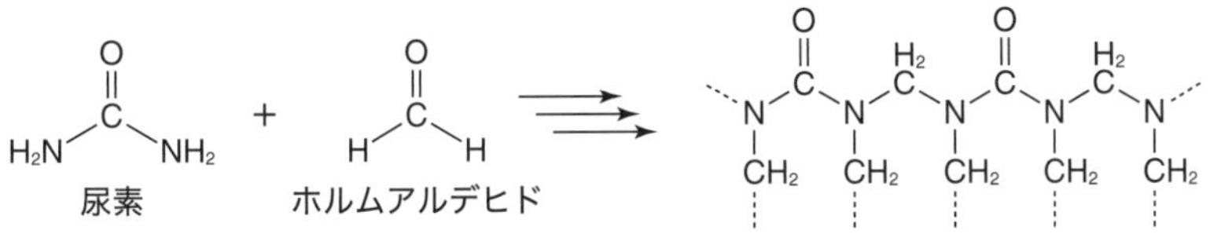

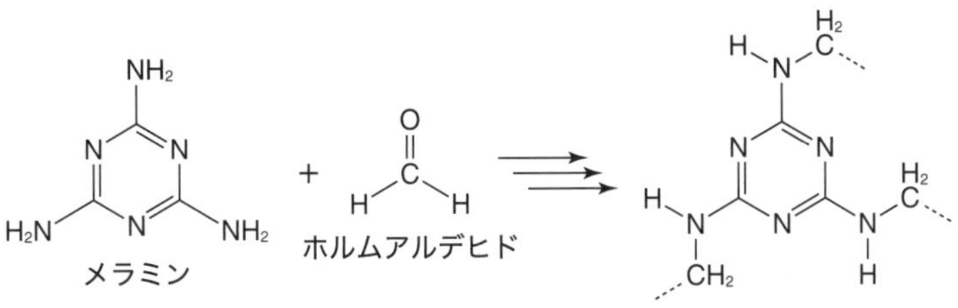

14.7 熱に対する性質 —熱硬化性と熱可塑性

前項で取りあげた3種類の樹脂は，いずれも熱を加えると硬くなり，硬くなった後は再び熱を加えても柔らかくならない．こうした性質をもつ樹脂を，**熱硬化性樹脂**（thermosetting resin）とよぶ．紙面の都合で構造式は平面に描かれているが，熱硬化性樹脂の内部では，共有結合が三次元的に広がって全体を結んでいる．硬くなった大きなかたまりは，それ自体で1つの分子である．熱硬化性樹脂は，頑丈で熱に強く電気を通しにくい性質をもつ．身の回りでは，電気製品のソケット，ヤカンの取っ手，食器洗浄機対応の食器などに用いられている．

これに対して，熱を加えると柔らかくなり，冷ますと硬くなる性質をもつ樹脂を，**熱可塑性樹脂**（thermoplastic resin）とよぶ．14.4節で学んだ一般式 $H_2C{=}CHR$ で表される単量体の付加重合で合成される高分子や，PET，ナイロンなどが，熱可塑性樹脂として利用されている．身の回りでは，ペットボトル，アヒルなどの形のソフトビニール人形，食品用ラップなどに用いられている．図14.1で示した高分子の分子構造は，熱可塑性樹脂についてのものである．

14.8 先端材料

天然には存在しない優れた性質をもつ材料が次々と開発され，世の中を変えてきた．

14.8.1 電気を通すプラスチック

アセチレンを付加重合すると，ポリアセチレンが得られる．

$$\mathrm{H{-}C{\equiv}C{-}H} \xrightarrow{\text{付加重合}} \cdots\mathrm{CH{=}CH{-}CH{=}CH{-}CH{=}CH{-}CH{=}CH}\cdots$$

アセチレン　　　　ポリアセチレン

ポリアセチレンの構造式では，単結合と二重結合が交互に並んだ形をしているが，この並びの結合には単結合と二重結合の間のような，強いて言えば1.5重結合のような性質がある．この結合が分子の端から端まで続いており，ここを電子が移動できる．

$$\cdots\mathrm{CH{\overset{\cdots}{-}}CH{\overset{\cdots}{-}}CH{\overset{\cdots}{-}}CH{\overset{\cdots}{-}}CH{\overset{\cdots}{-}}CH{\overset{\cdots}{-}}CH{\overset{\cdots}{-}}CH}\cdots$$

←　電子が移動できる　→

この性質を利用すると，電気を通す合成樹脂をつくることができる．ポリアセチレンに微量のハロゲンを混ぜてつくられた材料は，世界初の導電性高分子となった．その後，さまざまな導電性高分子が開発され，電子部品，電池，電子機器のタッチパネルなどに用いられている．読者のすぐ近くにも導電性高分子があるはずだ．

14.8.2 医療用高分子ポリエチレングリコール

エチレンオキシドの重合で得られるポリエチレングリコール（PEG）は，生命科学や医療のさまざまな場面で用いられている高分子である．主に重合度450以下のものが使用されている．

$$n\ \mathrm{H_2C{-}CH_2\ (\text{-O-})} \longrightarrow \mathrm{{-}\!\!\left(CH_2{-}CH_2{-}O\right)\!\!{-}}_n$$

エチレンオキシド　　　　ポリエチレングリコール（PEG）

2個以上の細胞が一体化して1個の細胞になる現象を，細胞融合とよぶ．PEGを用いて細胞を処理することにより，細胞融合を進行させることができる．また，PEGが存在する環境では，細胞の外部から内部にDNAが取り込まれやすくなる．この性質を利用して，細胞に外来遺伝子を導入することができる．いずれも，農業や畜産業の品種改良や再生医療に応用されている．

タンパク質分子にPEGを共有結合しておくことにより，体内のタンパク質分解酵素による加水分解を抑えることができる．これを利用して，医薬品としてはたらくタンパク質分子をPEGと共有結合させておく方法が用いられている．

PEGは水溶液の高分子であり，下剤としてPEG水溶液が使用されることがある．また，保湿剤や増粘剤として，医薬品や化粧品に添加されている．読者も一度はPEGに触れたことがあるだろう．

コラム 1 生分解性縫合糸で抜糸のいらない手術

傷口が開いたままにならないよう，糸で縫う処置が行われることがある．時間が経って傷口がふさがると糸がいらなくなるので，こんどは糸を抜く処置が必要になる．糸を抜く処置もそれなりに苦痛である．縫っておしまいにできればその方がよい．こういう考え方を実現したのが，生分解性縫合糸である．

生分解性縫合糸に用いられている材料の1つが，乳酸とグリコール酸を共重合させた高分子である．この高分子は体内でエステル結合が加水分解された後，代謝系によって二酸化炭素と水に変えられ，身体の外に追い出される．共重合させるときに乳酸とグリコール酸の比率を調節することによって，この分解速度を調節することができる．傷口がしっかり塞がった頃には，縫合糸もなくなっている，ということが可能である．

乳酸: $HO-CH(CH_3)-COOH$

グリコール酸: $HO-CH_2-COOH$

共重合 → $\cdots C(=O)-O-CH(CH_3)-C(=O)-O\cdots C(=O)-O-CH_2-C(=O)-O\cdots$（加水分解） 代謝 → $CO_2 + H_2O$

コラム 2 石油から紙をつくる：選挙の投票用紙

読者の多くも選挙に行って投票したことがあるだろう．選挙では投票用紙に鉛筆で必要事項を記入する．このときに，独特の書き心地の良さがあることに多くの人が気付く．これは投票用紙の材質によるものである．選挙の投票用紙には木材からつくられた「紙」ではなく，ポリプロピレンのフィルムの表面にたくさんの細かい穴が開いたシートが使われている．このシートには，「折っても反発して開く」という性質がある．そのため，投票箱から取り出したときにすでに開いた状態となっており，普通の紙と比べると開票作業に必要な時間が短くなる．

1960年代，高度成長期の日本では紙の需要が急増し，森林資源の将来に不安が生じていた．一方，当時の石油価格は現在と比べてはるかに安価であった．そこでたくさんの化学メーカーが，安価な石油から従来の紙の代わりになる「合成紙」を製造する技術の開発に取り組み始めた．ところがその直後に石油ショックが起きた．石油価格が急上昇し，従来の紙に代わる安価な合成紙を石油からつくる計画は中止となった．それでも，合成紙には従来の紙にはないさまざまな特性があり，それを活かした用途開拓と製品開発が続けられた．

合成紙には「折っても反発して開く」という性質があり，書籍や冊子などの印刷物には適していない．ところが，この性質は選挙の投票用紙として理想的なものである．そこで投票用紙に採用されるようになった．かつては投票日と開票日が別々であった．即日開票が可能になったのは，合成紙を使うようになって開票時間が大幅に短くなったためである．

投票用紙の書き心地の良さが好きだという人もいる（筆者もその一人である）．その体験をするためにも，ぜひ読者には選挙の投票に行くことをおすすめする．もちろん，民主主義選挙の貴重な一票を投じるためにも．

索　引

著者略歴

野島高彦（のじまたかひこ）

1968年　東京都生まれ
1996年　東京大学大学院工学系研究科博士課程修了
博士（工学）
現在　北里大学一般教育部准教授

専門：生体高分子化学
著書：『はじめて学ぶ化学』『誰も教えてくれなかった実験ノートの書き方』（以上 化学同人）他

X ID：@TakahikoNojima
web サイト URL：https://www.tnojima.net/

医療・看護系のための　やさしく学べる化学

2023年11月25日　第1版1刷発行

検印省略

定価はカバーに表示してあります.

著作者　野島高彦
発行者　吉野和浩
発行所　東京都千代田区四番町 8-1
電話　03-3262-9166（代）
郵便番号　102-0081
株式会社　裳華房
印刷所　創栄図書印刷株式会社
製本所　株式会社　松岳社

一般社団法人
自然科学書協会会員

ISBN　978-4-7853-3528-1